# LES PLANTES

UTILES & NUISIBLES

EN AGRICULTURE

MIRECOURT, IMPRIMERIE HUMBERT

# LES
# PLANTES

## UTILES & NUISIBLES

## EN AGRICULTURE

PAR

J.-B. PUGNET

Propriétaire-Cultivateur

MIRECOURT
HUMBERT, IMPRIMEUR-ÉDITEUR

1867

# AU LECTEUR

Je n'ai pas la prétention d'offrir au public un ouvrage scientifique capable d'asseoir des principes qui me sont personnels. Simple cultivateur, je ne m'adresse qu'aux simples cultivateurs, qui, comme moi, sont à même de faire, chaque jour, les mêmes observations.

Le lecteur me saura gré d'avoir, dans mes descriptions, écarté autant que possible, les termes techniques qui ne sont guère compris que des hommes versés dans la botanique.

Le but d'utilité que je me suis proposé d'atteindre, le sera-t-il par ces notes jetées sur le papier sans l'art ni l'agrément qu'offrent les auteurs spéciaux? Qu'il en soit ainsi et je serai amplement dédommagé des peines et des soucis que m'a coûtés ce travail.

J.-B. PUGNET,
Membre de la Société impériale d'Agriculture
de Saint-Étienne.

Saint-Romain-en-Jarret (Loire), le 15 juillet 1867.

met; fl. jaune-pâle, petites; graines piquantes, à style droit. Une plante produit en moyenne 50 à 70 graines. Cette plante vient dans les terrains humides et argileux ; elle se plaît parmi les céréales. Le moment favorable à sa germination est celui de la semaille du blé : si l'on sème par un beau temps, un peu sec, la terre se trouve alors convenablement préparée et on aperçoit combien sont nombreuses les plantes de renoncule : elles surpassent en nombre celles de blé. Au moment de leur floraison, qui arrive à peu près lorsque le blé monte à épi, elles causent alors, par leurs racines, un grand dommage ; le chaume reste petit et grêle et la grande quantité de cette herbe rend le sarclage presque impossible. À l'époque de la moisson les carpels sont en maturité et s'égrènent sous la faucille. L'année de récolte sarclée, pas une plante ne paraît, mais l'année qui suit elle recommence de nouveau. Très-commune. Je ne l'ai vu manger par aucun animal.

Renoncule cerfeuil. — *R. cherophyllos.* — Herbe vivace ; racine tuberculeuse; tige simple ; 1 ou 2 fl. jaunes. Terrains secs; peu commune.

Renoncule scélérate. — *R. scelerate.* — Herbe annuelle ; racines charnues, traçantes; tige peu élevée, glabre ainsi que les feuilles ; fl. petites, jaune-pâle ; graines en cône allongé. Très-commune dans les endroits aquatiques, les fossés, autour des étangs; elle participe à un haut degré à l'âcreté qu'ont les plantes de cette famille, aussi est-elle rebutée de toutes les bêtes.

Renoncule acre, bouton d'or. — *R. acris.* — Herbe vivace à feuillage découpé, un peu velu ; tige fistuleuse, haute de 5 à 9 déc., à pédoncules parfaitement ronds ; fl. d'un jaune brillant, comme vernissé ; carpels en tête arrondie ; styles droits. C'est l'une des plus abondantes dans les bons prés un peu humides. C'est au moment de la floraison qu'on peut se rendre compte de l'abondance de cette plante qui donne un mauvais fourrage.

Renoncule rampante. — *R. repens.* — Herbe vivace, couchée, drageonnante, fistuleuse; racines charnues ; feuilles épaisses, peu velues ; fleurs jaunes, peu abondantes ; carpels à styles réfléchis. Dans les lieux humides, prés irrigués. Mauvais fourrage.

Renoncule bulbeuse, bouton d'or. — *R. bulbosus.* — Herbe vivace ayant beaucoup de rapport avec la *R. âcre*; même élévation; collet bulbeux; racines charnues ; lobe médial des feuilles pétiolé ; fl. d'un beau jaune ; carpels terminés en hameçon. L'une des plus communes dans les prés, mais aussi des plus faciles à détruire en tant qu'il y a qu'à extraire le bulbe ; mauvais fourrage.

Renoncule a feuilles de gramen. — *R. gramineus.* — Herbe vivace à collet fibreux et racines fasciculées ; feuilles très entières, graminées. Dans les prés secs ; peu commune.

Renoncule flammula. — *R. flammula.* — Herbe vivace à feuilles radicales, pétiolées ; tige diffuse, petites ; fl. pâles. Dans les lieux humides, les prés ; mauvais fourrage.

Renoncule a feuilles d'aconit. — *R. aconitifolius.* — Herbe vivace à racines fibreuses ; tige multiflore ; fl. blanches. On ne la trouve que sur la haute montagne.

Renoncule a feuilles de lierre. — *R. hederaceus.* — Herbe vivace à racines traçantes ; feuilles entières à 3 ou 5 lobes ; petites fl. blanches ; peu d'étamines. Dans les mares, les fossés ; eaux stagnantes.

Renoncule aquatique. — *R. aquatilis.* — Herbe vivace, à racines traçantes ; tiges couchées, presque toutes à segments capillaires ; fl. blanches. Eaux vives, réservoirs, fossés, ruisseaux.

Ficaire, fleur jaune du printemps. — *Ficaria ranuculoïdes.* — Herbe vivace, à racines tuberculeuses, de la grosseur d'un petit haricot ; tige décombante, glabre ; feuilles entières, trilobées en cœur, pétiolées ; sépales au nombre de 3 ; fl. d'un beau jaune faisant un bel effet. Forme d'assez grands tapis dans les lieux humides et ombragés ; sa période de repos a lieu de juillet en octobre. Les labours semblent plutôt favoriser cette plante que la détruire, en tant qu'ils disséminent ses petits tubercules. Au reste elle cause peu de dommage dans les terres humides où elle se trouve et n'a pas toutes les mauvaises qualités des plantes de sa famille. Par un beau soleil de la fin de février la vue de sa fleur réjouit.

Anémone commune. — *Anemone nemorosa.* — Herbe vivace ; racines tuberculeuses ; feuilles peu nombreuses, 1 ou 2, glabres. Au milieu de la hampe florale qui a 8 à 12 centimètres de hauteur, il y a 3 feuilles appelées collerettes ; fleurs faisant un bel effet. Dans les bois, les prés, au bord des ravins. Fourrage à peu près nul, mais de mauvaise qualité.

CLÉMATITE DES HAIES. — *Clematis vitalba.* — Plante ligneuse et grimpante, s'élevant à 10 mètres lorsqu'elle trouve un arbre à sa portée; bois très-flexible, propre à faire des liens; il était fréquemment employé en vannerie, mais son emploi est tombé en désuétude; écorce grisâtre, se détachant facilement; feuilles opposées, pinnées, à folioles en cœur, accuminées et dentées; les fleurs blanches sont composées simplement de sépales pétaloïdaux. Graines ayant une longue arête velue, blanche; ces arêtes persistent après la chûte des feuilles et font un bel effet vues de loin, dans les mois de décembre et janvier. Dans les haies, au bord des ruisseaux. Son feuillage âcre n'est pas du goût des chèvres qui le dédaignent.

SOUCI D'EAU. — *Caltha palustris.* — Herbe vivace, à feuilles entières en cœur arrondi; fl. d'un beau jaune, nombreuses, pédonculées, se présentant en mars-avril; elles s'aperçoivent d'un vallon à un autre, car elles forment de grands tapis dans les prés humides, près des sources et des réservoirs. Donne un fourrage qui, sans être âcre, est pourtant de mauvaise qualité. Cette plante aime les lieux un peu froids : on la trouve rarement sous le climat de la vigne.

TROLLE D'EUROPE, renoncule de montagne, boule d'or. — *Trollius Europeus.* — Herbe vivace, à racine tuberculeuse, feuilles à 5 lobes incisés, glabres, luisantes, radicales; pétiole de 10 à 14 cent.; tige droite, de 3 à 5 déc., uniflore: sépales jaunes et décidents; pétales nombreux; fleurs en boule ayant un diamètre de 20 à 24 millim. Cette plante, l'ornement des hautes montagnes, donne un mauvais fourrage.

Le *genre Hellébore*, fournit des plantes peu communes, à grand feuillage, à odeur fétide et qui ne sont jamais mangées par les bestiaux.

1. HELLÉBORE FÉTIDE, pied de griffon, pisse-chien. — *Helleborus fetidus.* — Herbe vivace, haute de 5 déc. à 1 m.; tige charnue; grosse, 10 à 12 millim. de diamètre, décombante, verte et jaunâtre au sommet; feuilles grandes, caulinaires, glabres, luisantes, à 10 ou 11 digitations dentées, longues de 6 à 17 cent.; fl. vertes, à odeur fétide. On la trouvé fréquemment dans les bois, les haies et les côteaux pierreux. Cette plante doit être expulsée d'une propriété soignée. Des cultivateurs s'en servent pour quelques maladies de bestiaux; son usage réclame des précautions.

2. HELLÉBORE NOIRE, rose de Noël, herbe à fleurs roses. —

*Helleborus niger*. — Herbe vivace ; racines charnues ; feuilles radicales à 8 et 9 digitations ; hampe à 2 ou 3 fl. grandes, blanc-rosé, s'épanouissant de décembre à février. Terre franche, légère ; multiplication par éclat à l'automne. Elle ne réclame aucun soin ; on la trouve dans les jardins de cultivateurs.

3. Hellébore verte, herbe de la charge. — *Helleborus viridis*. — Herbe vivace, indigène de la Suisse et cultivée dans quelques jardins de ferme, à cause de son emploi en médecine vétérinaire : feuilles radicales ; fleurs vertes ou verdâtres. Assez rare.

Nigelle de Damas, barbe de capucin. — *Nigella damascena*. — Herbe annuelle d'une culture très-rustique, se reproduisant d'elle-même. Plante à effet minime, propre néanmoins à orner le jardin du cultivateur ; fleurs bleues ; involucre à segments capillaires ; capsule globuleuse et vésiculeuse. Commune.

Ancolie, cloche. — *Aquilegia vulgaris*. — Herbe vivace d'un mètre de hauteur, divisée en 3 rameaux ; feuilles 3 fois ternées ; en mai-juin fleurs pendantes ; pétales prolongés en cornets. Cette plante abonde dans les prés et pâturages ombragés et rapprochés des ravins, ruisseaux, dépressions de terrain. Elle fournit un fourrage de très-mauvaise qualité ; sa tige est dure et ses feuilles nuisibles, aussi est-elle refusée par le bétail. On la cultive comme plante ornementale pour sa fleur de diverses nuances. Variétés : *Ancolie du Canada* et *Ancolie de Sibérie*. Les placer à l'ombre et semer aussitôt la maturité des graines.

Le genre *Delphinium* présente des plantes rustiques et vulgaires ; elles se sèment en automne ou au printemps. Des personnes se font un scrupule d'en avoir dans leur jardin à cause de l'âcreté de la famille à laquelle elles appartiennent.

1. Pied d'alouette des blés. — *Delphinium consolida*. — Herbe annuelle, haute de 8 à 12 déc. ; tige à rameaux divergents ; fleurs bleues. Elle croît dans les blés qu'elle infeste et abonde dans les terrains qui lui sont propres.

2. Pied d'alouette vivace. — *Delphinium intermedium*. — Herbe vivace et alpine ; tige de 1-2 mètres ; feuilles à 5 à 7 segments élargis ; fleurs bleues, terminales, ayant quelque ressemblance avec l'*aconit napel*. Cette plante est rustique et cultivée pour sa fleur dans les jardins.

3. Pied d'alouette des jardins. — *Delphinium ajacis.* — Herbe annuelle, haute de 1 m. à 1 m. 50, à racine pivotante; feuilles à segments capillaires; fleurs bleues, roses, simples ou doubles. Il existe une variété naine ne s'élevant qu'à 3 à 5 déc. Cette plante originaire de la Suisse, est très-commune dans les jardins des cultivateurs.

Le *genre aconit* est propre aux hautes montagnes. Les qualités vénéneuses des plantes de ce genre les font éviter avec soin; s'il faut ajouter foi à tout ce qu'on en dit, elles auraient causé de graves accidents par méprise et faute de les connaître. Il serait prudent de ne point les cultiver dans les jardins.

1. Casque romain. — *Aconitum napellus.* — Herbe vivace, haute de 8 à 12 déc., à racine charnue ou tuberculeuse; tige droite; feuilles découpées à segments étroits; fleurs terminales, en grappes, bleues, en casque. Dans les bois, pâturages, entre les rochers des hautes montagnes. Elle est peu à redouter pour les bestiaux aux pâturages, attendu qu'ils se gardent bien de la manger.

Pivoine officinale, ivrogne. — *Pæonia officinalis.* — Herbe vivace, à racines tubéreuses, grosses et fasciculées; feuilles radicales, hautes de 2-3 déc., lobées; fleurs en grosses boules, cramoisies; 2 ou 3 carpels, droits, roux, pubescents, polyspermes. Cette plante, originaire des Alpes, se trouve fréquemment dans les jardins des cultivateurs : elle est bien en son lieu, car elle ne réclame aucun soin. Fleurit en avril-mai.

## FAMILLE DES BERBERIDÉES.

Epine-vinette. — *Berberis vulgaris.* — Arbrisseau de 2-3 m., à racines jaunes, flexibles, très-propres à retenir les terres; bois également jaunâtre, à écorce grise, se détachant; il repousse du pied des jeunes pousses droites d'un mètre de long, la première année; épines ternées, longues et acérées; feuilles alternes, fasciculées, entières, dentées; fleurs jaunes en grappe; baies rouges, renfermant de 1 à 3 graines. Cet arbrisseau est peu commun; on le trouve au bord des ravins. Son emploi pour haie vive est peu usité; je le crois un peu abandonné comme plante usuelle pour son fruit.

## FAMILLE DES MAGNOLIACÉES.

Tulipier de Virginie. — *Lyriodendron tulipifera*. — Bel arbre de l'Amérique septentrionale, haut de 18 à 26 mètres, à racines pivotantes; tronc très-droit et élancé; il craint les amputations; écorce crevassée, gris-cendré, fendillée; feuilles décidentes, alternes, stipulées, à 4 segments; fleurs terminales, munies de 2 bractées, 3 sépales caducs, 6 pétales jaunâtres, étamines nombreuses; le fruit est une espèce de cône long d'environ 7-8 cent., composé de samares ou graines surmontées d'ailes membraneuses, longues de 4-5 cent., au nombre de 50 à 60, stériles dans le département de la Loire. Les 2 spécimens que j'ai analysés sont déjà très-forts et paraissent se plaire dans un bas-fond, terrain argilo-sablonneux, un peu humide. Ils ont bravé, sans souffrir, la rigueur de nos hivers assez rudes, car c'est sur la limite de la culture de la vigne. Cet arbre ne commence à fleurir que vers sa quinzième année. Plante d'ornement offrant peu d'intérêt au cultivateur.

## FAMILLE DES NYMPHÉACÉES.

Les rares plantes composant cette famille n'étant ni utiles ni nuisibles en agriculture, j'allais les passer sous silence, mais après avoir considéré que de grands propriétaires peuvent avoir à leur disposition des lacs, des étangs et autres pièces d'eau, j'ai cru utile de les noter, ne serait-ce que pour mémoire. Ces plantes sont très-ornementales par leurs belles fleurs d'abord, ensuite par leur feuillage qui flotte sur l'eau et suit avec grâce les ondulations de sa surface agitée par le vent.

1. Nymphéa blanc. — *Nymphea alba*. — Herbe aquatique, vivace; racine grosse, charnue et radicante; feuilles orbiculaires, très-grandes, roulées en cornet et venant s'étaler à la surface, elles sont d'un vert éclatant qui fait ressortir agréablement la vive blancheur de la fleur, qui a un diamètre de 10 cent., 4 sépales sous le fruit, pétales nombreux (10-12), étamines nombreuses; la floraison a lieu de juin à août.

2. Nénuphar jaune. — *Nuphar luteum*. — Herbe aquatique, vivace, à grosse racine; feuilles en cœur, légèrement ovales, aplaties sur l'eau; fleurs jaunes; 5 sépales jaunes

bien plus grands que les pétales, qui sont très-nombreux, étamines nombreuses.

C'est dans un petit lac formé par les débordements de la Loire que j'ai pu étudier ces deux plantes : elles font un très-bel effet ; aussi sont-elles recommandées pour l'ornementation des eaux. D'ailleurs, leur culture est des plus faciles ; il suffit de prendre un tronçon de racine et de le fixer dans la vase, en ayant soin qu'il ne soit pas atteint par la gelée. En horticulture, plusieurs variétés exotiques sont venues prendre place dans les pièces d'eau et les *aquariums* des grands établissements, où elles se font remarquer par le grand nombre d'espèces introduites depuis peu ; mais elles réclament des soins spéciaux et qui ne sont point à la connaissance ni à la portée du cultivateur.

## FAMILLE DES PAPAVÉRACÉES.

Le *Genre Pavot* fournit des plantes herbacées, annuelles, ayant un suc blanc ou jaunâtre, qui est narcotique ; 2 sépales caducs et 4 grands pétales rouges que l'on aperçoit à une très-grande distance ; les boutons sont penchés avant la floraison ; capsules ovoïdes à stigmates en bouclier.

Les pavots se plaisent dans les terrains non humides, assez fertiles, notamment dans les blés ; lorsqu'ils abondent, et cela surtout les années sèches, la grenaison est diminuée d'une manière sensible. Dans les récoltes sarclées, on trouve parfois des plantes monstrueuses ; j'ai voulu me rendre compte approximativement du nombre de graines produites par un seul pied, elles se sont élevées au chiffre prodigieux de 90,000. Il serait très-utile de ne pas les laisser arriver à maturité par des binages répétés et de nombreux sarclages. Si les capsules sont déjà formées, il faut être prudent et ne pas les donner aux bestiaux. On rapporte que, dans une ferme où avait eu lieu une distribution abondante de fourrage vert, on remarqua bientôt une indisposition chez les vaches : elles tenaient la tête haute, renversée sur le cou ; elles avaient la bouche écumeuse. On les détacha, elles semblaient avoir perdu la vue et se heurtaient les unes aux autres. Après quelques instants, tous ces sypmtômes avaient disparu. On attribua, avec raison, ce malaise à la ration qui venait d'être consommée et dont la majeure partie se composait de coquelicots dont les capsules approchaient de la maturité.

1. Coquelicot, pavot des blés. — *Papaver rhœas.* — Capsules glabres, ovoïdes ; les poils sont ouverts ; stigmates de 10 à 15 rayons ; toute la plante est hérissée de poils, même les sépales. Très-commune dans les blés et autres cultures.

2. Coquelicot, pavot douteux. — *Papaver dubium.* — Capsules oblongues, en massue ; les poils du pédoncule sont couchés ; stigmates à 6 rayons. Mêmes lieux que le précédent avec lequel il se confond presque.

3. Argemone, coquelicot. — *P. argemone.* — Capsule en massue, à 6 côtés ; sépales presque glabres ; feuilles bi-pinnatifides. Champs de blé.

4. Pavot des jardins. — *P. somnifera.* — Plante annuelle, haute de 1 m. à 1 m. 50, à racine pivotante ; feuilles glauques, onduleuses et sinuées ; tige droite, rameuse au sommet ; calice glabre ; capsule souvent grosse comme une noix ; stigmates à 12 rayons et plus, autant de loges.

Le pavot est originaire d'Orient ; il est cultivé en grand dans le nord comme plante oléifère. Ne supportant pas le repiquage, il se sème en place, à la volée, dans un terrain bien préparé, le plus tôt possible, dès que la terre est un peu ressuyée, en janvier, s'il est possible, ou février. Il aime un terrain léger, sablonneux ou graveleux, mais néanmoins de bonne qualité. 2 k. ou 2 1/2 suffisent pour ensemencer un hectare. Dans le courant d'avril on procède, par un temps sec, à un premier sarclage et on éclaircit à 35 ou 40 cent. La récolte a lieu ordinairement en août. La moyenne d'une récolte est ordinairement de 12 à 15 hectolitres par hectare. La graine et l'huile de pavot, connue sous le nom d'huile d'œillette, sont l'objet d'un commerce assez important ayant cours dans les halles. Je donne ici le prix de ces produits en comparaison des produits du colza : ceci est extrait d'une mercuriale déjà ancienne, puisqu'elle date de 1856 :

Graine de colza, l'hect., 46 fr., d'œillette, l'hect., 28 fr.
Huile, id., les 100 kil., 125 fr.,  — les 100 k., 120 fr.
Tourteaux, id., — 15 fr., — — 14 fr.

Le cultivateur qui n'est pas initié à ce genre de culture fera bien de ne l'entreprendre qu'avec prudence, c'est-à-dire de ne point se lancer dans de grands ensemencements, crainte d'éprouver quelque déception, et, par suite, le découragement ; mieux vaut étudier son terrain et n'en semer qu'une petite quantité.

Le pavot, en horticulture, se sème en septembre et octobre pour donner sa fleur en juin-juillet ; elle est rose ou blanche, simple ou double, à pétales frangés. Il est d'une culture si facile, qu'on le voit souvent se reproduire spontanément dans les jardins. Ses capsules sont employées en pharmacie, et nous citerons pour mémoire, que c'est de cette dlante qu'on extrait l'opium des Orientaux.

Chélidoine. — *Chelidonium majus.* — Herbe vivace, haute de 3 à 5 déc., feuilles d'un vert glauque, à pinules arrondies; la plante forme une touffe étalée assez grande; fleurs jaunes, en ombelles; siliques uniloculaires, longues de 35 à 40 m. L'*Eclaire* ou *grande Chélidoine*, se trouve le plus souvent autour des habitations, jardins, murs de clôture, haies, à l'exposition du nord ou lieux mi-ombragés. Elle a un suc jaunâtre, corrosif et d'une odeur repoussante. On peut la classer parmi les plantes vénéneuses; aussi doit-on l'éloigner de toute propriété soignée.

Escholtzie. — *Escholtzia California.* — Herbe vivace, haute de 4 à 6 déc., à racine pivotante, charnue, jaunâtre; feuilles très-divisées, à divisions linéaires; pétiole canaliculé; tige glabre, rayée, rameuse dès la base; fleurs axillaires, terminales, s'épanouissant au soleil; calice monosépale coloré; corolle renfermée avant de s'ouvrir dans une enveloppe ou spathe; fleurs d'un beau jaune orangé, safrané au centre, réhaussé par l'effet des étamines; capsules de 8 à 10 cent. de longueur, à 2 valves, s'ouvrant avec élasticité par un temps sec et disséminant au loin les graines, qui sont au nombre de 100 à 150 dans chaque silique, où elles sont rangées sans symétrie.

Si j'ai insisté sur cette plante, c'est qu'elle a un mérite incontestable pour la floriculture du cultivateur, soit pour son jardin, soit qu'il en veuille orner un coin vague près de son habitation. S'il était question de luxe, cette plante forme des corbeilles d'un très-bel effet. Sa culture est si facile, qu'il suffit de semer la graine à l'époque que l'on veut : elle se reproduit d'elle-même et ne réclame plus aucun soin. Un semis que j'avais fait à la fin de février, a commencé de se mettre à fleur au commencement de mai; il est vrai que c'était à l'abri d'un mur, mais il me semble que c'est bientôt jouir. La graine est facile à se procurer; on la trouve chez presque tous les horticulteurs-fleuristes, au prix modique de 30 centimes le paquet.

Variété à fleurs blanches; fait moins d'effet.

## FAMILLE DES FUMARIACÉES.

Fumeterre. — *Fumaria officinalis*. — Herbe vivace, haute de 1 à 3 déc., à racine rameuse; feuilles alternes, d'un vert tendre, symétriquement découpées et à segments planes; tige très-rameuse, formant touffe, souvent décombante; les fleurs en grappes sont munies de bractées; corolle purpurine, à éperon; cariapse ou capsule indéhiscente.

La fumeterre n'est point par elle-même une plante bien nuisible; néanmoins, dans les bons terrains, elle infeste quelquefois les récoltes sarclées; mais elle n'y croît que comme plante annuelle, et ne prend par conséquent son développement que bien tard dans la saison : cela atténue le préjudice qu'elle pourrait causer aux récoltes.

Diélytre à belles fleurs. — *Dielytra spectabilis*. — Herbe vivace, à racines charnues et tuberculeuses; feuilles radicales, élégamment découpées et d'un vert tendre; pédoncule partant de la souche, long de 20 à 30 cent., portant 10 à 20 fleurs pendantes, rose tendre; elles ont une forme singulière que je ne sais comparer qu'à un sac à ouvrage de dame.

Cette fumariacée a été introduite à une époque peu reculée, mais immédiatement sa forme lui a fait prendre faveur, et aujourd'hui elle est très-répandue. Elle ne réclame aucun soin particulier, supporte la rigueur de nos hivers sans souffrir. Ses belles fleurs s'épanouissent successivement pendant une partie de la belle saison. On la multiplie d'éclats à l'époque que l'on veut. A tous ces titres, elle me paraît recommandable pour l'embellissement de la forme.

## FAMILLE DES CRUCIFÈRES.

Les plantes des familles que j'ai passées en revue sont, pour la plupart, nuisibles ou peu utiles, presque toutes rebutées par les bestiaux, qui refusent avec raison de s'en nourrir. Il n'en est pas de même pour celles qui composent la famille des *Crucifères*, et même les suivantes.

Les Crucifères offrent beaucoup d'intérêt aux cultivateurs, soit comme plantes oléifères ou alimentaires, soit pour la grande ou la petite culture.

Le genre *Brassica* est l'un des plus importants de cette famille, à cause de plusieurs plantes cultivées en grand, et qui sont d'un emploi journalier pour l'usage de la ferme et même pour la vente à la halle. Le calice est fermé et bossué; semences globuleuses; fleurs jaunes; feuilles plus ou moins incisées.

1. RAVE, rave plate, turneps. — *Brassica rapa*. — Herbe bissannuelle, haute de 1 m., à racine charnue; feuilles vertes, lyrées, rudes et à longues soies, lisses, entières; tige rameuse.

Quoique les raves se cultivent partout, elles semblent préférer un climat un peu froid, je dirai même qu'elles sont dans leur milieu à une altitude au moins de 700 mètres et au-dessus; là, si cette récolte est quelque peu favorisée par la température, il se fait des approvisionnements très-importants, et c'est avec ces raves que se font des engrais considérables de bœufs et de vaches; on puise au même tas pour l'usage de la maison, car, à ces altitudes, elles ont un goût agréable. Les raves se sèment dans la seconde quinzaine de juin et la première de juillet; elles aiment un terrain propre, bien préparé et fumé convenablement. Le semis se fait de deux manières. Celle qui paraît prévaloir, est de semer avant le labour : cette plante semble aimer un terrain peu uni; néanmoins, lorsque ce terrain réclame la herse, on sème sur le labour. A l'époque du semis, qui est celle des chaleurs, s'il se fait à la herse, il faut la faire suivre immédiatement pour que la semence profite de la fraîcheur.

Dans un champ ensemencé de raves, il n'y a presque rien à faire jusqu'au moment de la récolte, qui se fait le plus tard possible, ordinairement en novembre. Pendant la veillée, le personnel de la maison sépare les feuilles, qu'on donne aux bestiaux, de la pomme qui est emmagasinée dans un cellier ou autre lieu à l'abri de la gelée.

Pour la culture des raves, le choix des semences est ce qu'il y a de plus important. Pour nos localités du département de la Loire, celles d'Auvergne, sont estimées, mais rien n'égale celles que nous recevons des Hautes-Alpes. Des colporteurs parcourent nos campagnes et nous livrent des graines de bonne qualité : on ne se procure que rarement, dans les maisons de commerce, la rave plate, blanche en dessous et rose en dessus. La semence, qu'on tente souvent de récolter, n'égale jamais celle de Gap. Il arrive assez fréquemment que, lorsqu'on demande à un marchand grainier la rave plate, il ne se fait pas scrupule de livrer les *navets de Norfolk, gros noir d'Allemagne, long d'Alsace, etc.;* jamais ces variétés n'ont pu, dans nos localités, rivaliser avec la *rave plate*. Il est bon de signaler ici, que la récolte de céréales, qui suit celle des raves, n'est jamais bien belle, soit parce qu'elle s'ensemence très-tard, soit parce que les raves effritent le terrain.

2. NAVET. — *Brassica napus*. — Les navets sont un diminutif des raves, et ils ne sont guère cultivés qu'en jardinage. On les sème en terrain léger, du 15 mars au 1er septembre; pendant les chaleurs, ils réclament de fréquents arrosements. Les plus renommés sont le *navet long des Vertus*, *navet de Freneuse*, *navet de Meaux*, etc. Le *navet boule d'or* a peu réussi chez moi. Du reste, la ménagère se préoccupe peu de cette culture.

La *navette* a les feuilles rudes et semble appartenir aux raves ou plutôt aux navets mieux qu'au colza. Cette plante paraît être confinée au nord de la France; son produit est, dit-on, à peu près celui du colza. Je n'ai pas été satisfait de l'essai que j'en ai fait.

3. COLZA. — *Brassica campestris*. — Herbe bisannuelle, haute de 0m 80 à 1 m. 20, à racines pivotantes; feuilles lyrées, onduleuses, longues de 30 40 cent., à nervures très-prononcées, glauques ou recouvertes d'une poussière blanchâtre; celles de la tige sont amplexicaules, en cœur acuminé. Je n'ai rien à dire d'une plante dont la culture est parfaitement connue de tous les cultivateurs, sinon que j'ai cultivé comparativement avec le *colza commun*, *le colza froid de Russie* et le *colza en couronne* ou *couronné*.

Pour faire, sur ces deux variétés de colza, un travail concluant en grande culture, plusieurs ares d'ensemencement eussent été nécessaires; j'ai pris seulement le même poids de plantes, au moment de la moisson, et me suis rendu compte du produit. La différence a été si faible entre le *colza de Russie* et le *colza commun*, que je l'ai rayé de mon expérience. Donc, le 15 juin, moment de la moisson, j'ai pris, de chaque variété, la même quantité de tiges faibles ou grosses, sans choix :

|  | Colza commun. | Colza en couronne. |
|---|---|---|
| Poids des tiges, au 15 juin, | 4 k. 500 | 4 k. 500 |
| Le 6 juillet, à l'état sec, | 1 k. 400 | 1 k. 500 |
| Graines mondées, produit, gram. | 250 | gram. 284 |

Différence en faveur du colza en couronne, 34 grammes.

Deuxième expérience, faite en 1864, sur deux petites plantes d'égale grosseur :

Colza en couronne, 46 siliques, 30 graines par silique, 1,380
Colza commun, 35 — 22 — 770
Différence, 11 — 8 — 610

Le *colza en couronne* se distingue du *colza commun*, 1° par une couronne terminale de 6 à 10 siliques ; 2° par une tige moins élevée de 8 à 12 cent. ; 3° par des siliques un peu plus longues et bien plus grosses : les graines sont aussi mieux nourries et plus grosses. Le *colza en couronne* se distingue encore par une plante se ramifiant sur le collet, ou mieux, formant une touffe de 4 ou 6 branches partant de la base ; on sait que le *colza commun* porte une seule tige, qui est rameuse de la base au sommet.

Dans les départements où le colza réussit bien, il est l'objet d'une culture étendue. On évalue que son produit égale et dépasse même celui du froment : une terre, pouvant donner 15 hectolitres de froment, peut en fournir jusqu'à 18 de colza. Pour les endroits peu propres à cette récolte, sa culture devient très-chanceuse et sujette à manquer, et cela par les dernières gelées ou une pluie continue au moment de la floraison, ou encore par la sécheresse, qui favorise l'invasion des insectes.

Comme récolte dérobée, quelques personnes se sont avisées de semer, après la moisson du blé, du colza pour pâturer au printemps, mais cette nourriture est peu substantielle.

Le *colza de mars* peut rendre des services : il n'a donné, dans la Loire, que déception à ceux qui en ont tenté l'essai.

4. CHOU. — *Brassica oleracea*. — Herbe bisannuelle, haute de 1 m. et plus, à racines s'étendant assez loin et tronc sous-ligneux à la base ; feuilles radicales presque entières, incisées seulement à la base, toujours très-glabres.

En agriculture, la culture des choux pommés a pris, de nos jours, un développement sensible ; j'ai pu le remarquer principalement dans les départements de la Loire et du Rhône, et c'est dans les communes assez élevées et froides, à 2 à 300 mètres au-dessus de la culture de la vigne, qu'on se livre à ce genre de culture. Il n'est pas rare de voir des contenances de 10, 20, jusqu'à 30 ares, et plus, plantées de choux pommés. Voici comment on procède :

La préparation se fait à la charrue ; on fait suivre la raie par une espèce de fouilleuse, ou on pioche à la main pour faire un labour énergique; l'engrais, composé le plus souvent de gadoue des villes, est répandu dans la tranchée ouverte par la charrue; une nouvelle raie couvre le fumier et laisse la surface propre à la plantation, qui s'opère au fur et à mesure du labourage. La plantation terminée, les choux ne réclament presque plus de soins; les binages, quoique très-nécessaires, deviennent d'autant plus impraticables que les plantes prennent plus de développement; s'il y a besoin de sarclages, on ne doit pas les négliger.

La variété de chou pommé, qui est, pour ainsi dire, la seule répandue pour la culture en grand, c'est le *chou quintal*, estimé pour sa rusticité et la grosseur de sa pomme.

Le cultivateur sème très-rarement; il préfère s'adresser à l'horticulteur, dont les connaissances sont à la portée de ces minuties et qui a à sa disposition des moyens spéciaux, tels que ados, abris de mur, eaux d'arrosage, toutes choses dont est souvent dépourvu le cultivateur. D'ailleurs, pour se procurer de la bonne graine, il faut connaître les maisons de confiance ayant en ce genre une renommée bien méritée. Quoi qu'on puisse récolter la graine de chou pommé, les jardiniers ont la louable habitude de renouveler leurs semences, en les tirant de l'Alsace, principalement de Strasbourg.

On profite des beaux jours qui se présentent dans la dernière quinzaine de février, ou au commencement de mars, pour semer les choux pommés. On choisit, autant que possible, un emplacement abrité et exposé au midi; on terreaute pour faciliter la levée. Les semis sont souvent ravagés par un ennemi ailé, le pinson, qui les détruit quelquefois en entier, surtout ceux restreints, faits pour leur usage, par les cultivateurs. Le fusil paraît être le meilleur moyen de s'en débarrasser, mais on craint la rigueur de la loi.

Il est un proverbe trivial ainsi conçu : *J'irai planter mes choux*; et un autre : *Nous mangerons la soupe aux choux*. Cela ne signifie rien, mais j'ai remarqué que la soupe aux choux semble être du goût des personnes qui font beaucoup d'exercice et qui se livrent à des travaux pénibles, et, ce qui confirme ma conviction, c'est la grande quantité de choux qui se vendent sur les places de Saint-Etienne, Saint-Chamond et Rive-de-Gier, où cependant on ne fabrique pas de la choucroute : ce n'est donc que pour l'usage de la cuisine. On peut donc attribuer l'énorme consommation de choux qui se fait dans l'arrondissement de Saint-Etienne au genre de travaux qui s'exécutent dans sa circonscription, tels que dans les nombreuses usines d'armurerie, de fonderie, les aciéries, les verreries, les mines de houille, etc.

Le *chou cabu de Saint-Denis* est de bonne qualité; le *quintal* lui est préféré, parce qu'il devient plus gros.

Depuis quatre ou cinq ans, il a paru dans le commerce une nouvelle variété connue sous le nom de *chou pommé de Schwinfurt*. J'ai voulu apprécier cette nouveauté; aussi gros que le *quintal*, sa pomme n'est jamais aussi serrée. Le cultivateur en grand n'y trouverait pas son bénéfice; mais pour l'amateur, il est plus fin, plus délicat et beaucoup plus hâtif que le *quintal*.

Dans une plantation de choux un peu conséquente, on ajoute une plus ou moins grande quantité de choux dits *maigres*, tels que le *chou Milan des Vertus*, qui pomme très-bien, et devient assez gros, et des précoces, comme le *chou pain de sucre, chou cœur de bœuf;* on réserve pour le potager le plus printanier de tous, le *chou d'York*. Le cultivateur s'occupe rarement du semis et de la plantation d'automne; cette culture rentre dans les attributions de l'horticulture.

Les choux non pommés sont presque toujours la plante indispensable du potager de la ferme; mais ils ont aussi un autre usage comme plante fourragère. Il est des départements où ils sont l'objet d'une culture étendue; je l'ai tentée en petit; mais le sol léger et sec de ma propriété, lui étant peu favorable, je n'ai rien fait de bien concluant.

1. *Chou branchu du Poitou.* — Tige de 1 m. à 1 m. 40, très-rameuse; branches souvent inclinées. C'est celui qui m'a paru fournir le plus de fourrage vert.

2. *Chou cavalier.* — Beaucoup de rapport avec le précédent, mais moins ramifié.

3. *Chou caulet de Flandre.* — Se reconnaît à ses grandes feuilles à pétioles et nervures rouges.

4. *Chou moellier*, tige renflée. — Il a gelé chez moi, deux années de suite.

5-6. *Chou frisé vert et rouge du Nord.* — Ne viennent pas assez gros pour plantes fourragères.

7. *Chou à faucher.* — Bien inférieur aux précédents. Cultivé pour l'huile, son produit a été inférieur à celui du colza, et cependant il occupe le terrain quatre ou cinq mois de plus que lui. En horticulture, on vend des collections de choux d'agrément pour l'ornementation, pendant la saison des frimas, quand les fleurs font défaut.

8. *Chou vivace de Daubenton.* — N'offre rien de bien saillant.

9. *Chou de Poméranie.* — Doit être classé avec les choux pommés ; résultat minime.

10. *Chou à jets* ou *de Bruxelles.* — Cette variété, estimée pour la cuisine, appartient plus spécialement à l'horticulture.

Le *chou-rave* a la tige renflée immédiatement au-dessus de la terre, en forme de boule, de laquelle sortent les feuilles. Semer en mai et juin; planter à environ 40 cent.; arroser abondamment pendant les chaleurs. Le chou-rave est un bon mets; on le trouve rarement chez le cultivateur : il appartient plutôt à l'horticulture.

Les *choux-fleurs* sont presque de toutes saisons et sont rarement cultivés par le fermier à cause des soins qu'ils réclament et des arrosages, qu'ils aiment beaucoup. Ces dernières années, on en a créé une variété très-rustique, connue sous le nom de *choux-fleurs Lenormand.* Je l'ai cultivé dans un défoncement, sans lui accorder aucun soin, ni binage, ni arrosage; malgré cela, il m'a donné une belle récolte.

Les *brocolis* sont originaires d'Italie. Plus rustiques que les choux-fleurs, ils passent l'hiver en place; on se contente de les garantir de la rigueur du froid en les buttant avec des feuilles sèches ou de la litière peu consommée.

Les *rutabagas* se sèment en pépinière en mars, pour repiquer lorsqu'ils ont acquis une force convenable. La pomme est dans la terre; sa chair est jaune, et il n'est bon que pour le bétail. On délaisse la culture du *navet de Suède* dans les contrées où prospère celle des raves. La variété dite de *Skirving,* à pommes sortant de terre, comme une betterave, et qui devient très-grosse, m'a bien réussi.

Le *chou marin* ou *cambré maritime,* est indigène, mais il se plaît aux environs de la mer. L'essai que j'ai fait de cette plante, dans mon sol léger et sec, ne m'a pas réussi; du reste, il présente peu d'intérêt aux cultivateurs.

5. CHOU SAUVAGE. — *Brassica cheiranthos.* — Herbe vivace, haute de 1 m., à racines profondément enfoncées; feuilles pétiolées, hispides, pinnatifides, à lobes oblongs ayant jusqu'à 25 m. de long; fleurs jaunes, pétales arrondis, siliques en tout semblables aux choux, graines de même. Le *chou bâtard*

vient dans les côteaux secs, exposés au midi; les bestiaux le recherchent pour s'en nourrir.

Le *genre Sinapis* nous donne quelques plantes qui sont l'objet d'une culture spéciale pour le commerce; fleurs jaunes.

1. Moutarde des champs. — *Sinapis arvensis.* — Herbe annuelle, haute de 4 à 6 décim.; la tige et les feuilles sont poilues; siliques glabres, à plusieurs angles. La *moutarde sauvage* devrait être éloignée des champs qu'elle infeste; les bestiaux en sont peu friands. Des observations, faites par des hommes de science, ont fait connaître que, donnée seule aux chevaux ou aux vaches, cette plante pouvait devenir nuisible.

2. Moutarde blanche. — *Sinapis alba.* — Herbe annuelle, assez élevée, à feuilles lyrées, presque glabres; siliques hispides. Elle se sème en avril ou dans le courant de mai, à la volée, à raison de 10 litres par hectare. Sa croissance est rapide, et sa graine est l'objet d'un commerce assez étendu depuis que la médecine s'est mise à en faire un fréquent usage.

3. Moutarde noire. — *Sinapis nigra.* — Herbe annuelle, à feuilles lyrées à la base de la plante, les supérieures entières, pétiolées; siliques tétragones, à style très-court. La *moutarde noire* est l'objet d'une culture assez considérable dans le nord de la France. On sème en mars, sur un terrain bien préparé, très-meuble, riche et un peu humide, 5 à 6 k. par hectare. Le produit moyen est de 10 à 12 hectolitres par hectare.

C'est cette plante qui sert de condiment sur nos tables et dont l'usage est si commun en médecine; elle fournit aussi une huile employée à divers usages. En agriculture, elle est quelquefois mêlée à d'autres plantes pour donner en vert au bétail. Les essais que j'ai faits à ce sujet ne m'ont point satisfait; j'ai vu ses tiges devenir promptement dures et presque toujours rebutées par mes vaches laitières.

4. Roquette. — *Eruca sativa.* — Herbe annuelle, peu élevée, à feuilles lyrées, pinnatifides; tige hérissée; silique ovale-oblongue, de 6 ou 7 m. de longueur, contenant deux graines oblongues, rougeâtres. La *roquette* est originaire du midi de la France; on la cultive dans les jardins comme fourniture de salade. On sème depuis le printemps jusqu'à

la fin de l'été, selon le besoin. La majeure partie des cultivateurs ne font pas usage de cette plante.

Le *genre Raphanus* est composé de plantes de grande et de petite culture.

1. Radis. — *Raphanus sativus.* — Herbe annuelle, à racine charnue; pétales purpurins ou blancs; silique cylindrique, épaisse, sans étranglement. La *petite rave* appartient essentiellement à la culture jardinière; néanmoins, le potager d'un cultivateur ne doit pas en être défourni. Elle est originaire de la Chine. On la sème à la volée, de mars en août; dans un jardin bien entretenu, on récolte de 25 à 30 jours après le semis. Il y a diverses variétés, des blancs, des roses, des violets, des jaunes; des ronds, demi-longs ou longs. On les cultive tous de même, et tous ils aiment beaucoup les arrosements.

Dans les départements de la Loire, du Rhône, de l'Ardèche, on cultive en grand, pour la nourriture du bétail, une variété connue sous le nom de *raifort*, qui sort à moitié hors de terre. On coupe en quatre parties longitudinales cette racine, que les vaches laitières aiment beaucoup; très-jeune, elle a le même goût que les radis.

Le *radis gros noir* atteint parfois les dimensions d'une rave; il est recherché par les personnes dont les travaux sont pénibles; il peut aussi rendre des services en grande culture, pour les bestiaux.

2. Raifort sauvage. — *Raphanus raphanistrum.* — Herbe à racines pivotantes ou rameuses; feuilles lyrées ou pinnatifides; tige très-rameuse et étalée; pétales veinées; silique grosse, charnue, à étranglements. La *renavelle* est très-commune dans les champs, que souvent elle infeste; elle y cause quelquefois bien du préjudice aux récoltes sarclées, surtout s'il survient une sécheresse après un temps pluvieux.

3. Bunias. — *Bunias crucago.* — Herbe annuelle, à feuilles roncinées; tige très-rameuse; fleurs jaunes; silicule tétragone, indehiscente, à deux ou quatre graines. Le *bunias* se plaît dans les récoltes sarclées, mais il n'y est jamais si abondant pour qu'il puisse causer des craintes au cultivateur.

Le *genre Mathiola* est composé de plantes appartenant exclusivement à la floriculture; le cultivateur se plaît à les posséder dans son potager. Calice fermé; pétales à onglet; longue silique cylindrique; graines plates, à bord membraeux; fleurs purpurines ou blanches; feuilles blanches, entières, légèrement ondulées, longues de 10 à 20 centimètres.

1. Violier rouge. — *Mathiola incana*. — Herbe vivace, haute de 3 à 5 décim., à racines blanches, peu chevelues; tige droite rameuse, sous-ligneuse à la base; silique tronquée. Le *giroflier* se sème en avril-mai; on le repique en automne, ou on empote, car il supporte rarement les froids rigoureux. On doit d'abord le placer dans l'endroit le plus chaud du jardin et le garantir des fortes gelées en le couvrant de feuilles sèches ou de paille menue; les pots sont rentrés, mais on doit donner de l'air aux plantes aussitôt que le temps le permet.

Les plantes à fleurs doubles sont stériles; pour avoir des sujets à fleurs doubles, on place un pied double à côté d'un simple, pour que celui-ci soit fécondé par l'autre, sans cela, on n'aurait plus que des sujets à fleurs simples.

On vend des collections de la grosse espèce, de quatorze variétés, 5 fr. un paquet de chacune. Une autre collection est dite perpétuelle, *Empereur d'Urfurt*, 5 fr.

2. Quarantain. — *Mathiola annua*. — Herbe annuelle, à tige herbacée; pétales échancrés; silique pointue. Le *quarantain* se sème en avril et donne ses belles fleurs depuis la deuxième quinzaine d'août jusqu'en novembre; c'est une plante très-ornementale. On peut se procurer des collections de vingt-cinq variétés pour 6 fr., et de la *quarantaine d'Erfurt*, dix variétés, 3 fr.

La *giroflée grecque* diffère des précédentes par ses feuilles vertes et lisses comme celles du *violier jaune*. Une variété bisannuelle, qu'on cultive comme le *giroflier jaune*, nommée aussi *kiris*, a de très-belles fleurs. On se procure des graines soit séparément, soit en collections, chez les principaux marchands grainiers. La maison Vilmorin-Andrieux et C<sup>e</sup>, quai de la Mégisserie, 4, à Paris, a une réputation européenne.

3. Violier jaune. — *Cheiranthus cheiri*. — Linné. — Herbe vivace, haute de 2 à 4 décim.; feuilles entières, vertes, oblongues, presque glabres; fleurs jaunes, odorantes; silique comprimée; graines comprimées, sans bordures. Le *suissard* est indigène; il se plaît sur les vieux murs, les ruines, les rochers; c'est l'une des plantes les plus vulgaires du jardin et de la ferme. Malgré cela, il y a des sujets à fleur double d'un grand mérite; ne se reproduit que par bouture, en mai. On les conserve en pots. On remarque le *bâton*

d'or, la *giroflée brune*, la *giroflée pourpre*. Collection de quinze variétés, 6 fr.

4. Barbarée. — *Barbarea vulgaris*. — Herbe vivace, haute de 5 ou 6 déc.; feuilles radicales à pinules arrondies, glabres; tige droite, très-rameuse; fleurs jaunes; siliques tétragones de 6-7 cent. La *barbarée* est très-commune au bord des chemins, les terres cultivées, les vignes, les récoltes sarclées. Les bestiaux s'accommodent de son feuillage, mais ils dédaignent sa tige, qui devient dure. Elle est douée d'une grande rusticité : j'ai même remarqué, qu'après son arrachage, s'il survient une pluie, cela suffit pour la faire persister, et elle reprend vie sans presque adhérer à la terre. Une plante assez forte a fourni jusqu'à 525,000 graines, ce qui indique suffisamment qu'il ne faut pas la laisser arriver à maturité.

5. Cardamine des prés. — *Cardamine pratensis*. — Herbe vivace, haute de 5 à 8 décim., à feuilles pinnées; tige droite; fleurs lilacées; siliques droites. La *girarde sauvage* se trouve dans les prés humides des vallons; elle est printanière et s'élève au-dessus des autres herbes, et c'est par cela qu'il est facile de se rendre compte combien elle est nombreuse dans les prés bas, aux endroits humides, dont elle fait l'ornement. Quoique son fourrage soit inférieur à celui des graminées, il n'est pas, néanmoins, de mauvaise qualité.

6. Erophile. — *Erophyla vulgaris*. — Herbe annuelle, haute de 6 à 10 centim., à petites feuilles dentées, en rosace; pétales blancs; silicule ovale, oblongue, à valves planes; graines nombreuses; hampe multiflore. L'*érophile* épanouit sa fleur au pied des murs, aux premiers rayons du soleil de février. En mai, elle a déjà parcouru les phases de sa végétation, et, si elle ne peut être classée parmi les plantes utiles, on ne peut la ranger parmi les nuisibles; elle semble venir au cœur de l'hiver pour réjouir la vue et annoncer le retour du printemps.

7. Corbeille d'or. — *Alyssum saxatile*. — Herbe vivace, formant touffe, à feuilles blanchâtres, longues et duvetées; fleurs jaune doré très-éclatant, petites, en bouquet, dans le courant de mai. L'*alisson*, originaire de Crète, demande une exposition chaude, un terrain pierreux, un peu sec; on multiplie d'éclats. Cette plante est très-propre à orner le jardin de la ferme.

8. Lunaire. — *Lunaria biennis*. — Herbe bisannuelle, haute de 5 à 10 décim., à feuilles entières, les supérieures

sessiles; tige rameuse; fleurs violacées; silicule arrondie. La *monnayère* est originaire de la Suisse, on la rencontre dans les jardins comme plante curieuse, à cause de sa silicule.

Le *genre Heris* est encore composé de plantes ornementales; les pétales extérieurs sont plus grands; silicule comprimée, échancrée; style persistant.

1. Thlaspi. — *Heris umbellatum.* — Linné. — Herbe annuelle, haute de 3 à 6 décim.; feuilles lancéolées, acuminées, longues de 30 à 35 m.; fleurs en ombelles d'un diamètre de 3-4 cent., d'un beau blanc ou rose, selon la variété. L'*héride* est originaire d'Espagne. Elle ne réclame presque aucun soin; j'en ai semé le 12 avril, et elle s'épanouissait déjà le 15 juillet; ses fleurs se succèdent pendant très-longtemps dans la saison. On sème en place, ou si on replante, on a soin d'enlever la motte. Recommandée pour la floriculture du cultivateur.

2. Thlaspi vivace. — *Heris sempervirens.* — Linné. — Plante sous-ligneuse, à feuilles linéaires, persistantes; fleurs en corymbe, puis en grappe. L'*héride toujours verte* est originaire des Alpes; on en fait des bordures ou des massifs, qui, alternés avec la *corbeille d'or*, qui fleurit à peu près à la même époque, font un bel effet; il est bon de tondre la plante après la floraison. Multiplication par boutures et par graines.

3. Thlaspi toujours fleuri. — *Heris semperflorens.* — Linné. — Plante ligneuse; touffes de 4-5 décim.; feuilles épaisses, spatulées, persistantes; fleurs blanches en corymbe d'octobre à mars. Cette plante, réclamant l'orangerie, je ne la mentionne que pour mémoire..

Tabouret. — *Thlaspi perfoliatum.* — Herbe bisannuelle, feuilles entières; fleurs blanches; silicule ovale. Champs pierreux; mauvais pâturages.

Capselle. — *Capsella bursa pastoris.* — Herbe annuelle, haute de 4 à 7 décim.; feuilles incisées; tige rameuse; fleurs blanches; capsule parfaitement triangulaire; graines nombreuses. La *bourse à pasteur* est très-commune dans les champs, au bord des chemins, des prés. Sans être bonne plante fourragère, les bestiaux la mangent volontiers.

Cresson alénois. — *Lepidium sativum.* — Herbe annuelle, à feuilles à odeur et goût agréables; tige glauque et consistante; silicule orbiculaire. Le *passerage des jardins* est originaire de Perse et a été introduit dans la culture en 1562. Ses pousses jeunes et tendres se mangent en salade ou en fourniture. On sème en rayon; la graine se conserve cinq ans.

CAMELINE. — *Camelina sativa*. — Herbe annuelle, haute de 7 à 9 cent., à feuilles entières, amplexicaules, à oreillettes; tige droite, rameuse au sommet; fleurs jaunes; silicule courte; valves ventrues; graines nombreuses. La *cameline* est cultivée en grand comme plante oléifère. Elle aime un sol léger et sablonneux; on sème cinq kil. de semences par hectare; l'époque la plus favorable pour la semer, est du 15 au 22 juin. Cette culture est à peu près inconnue dans le département de la Loire et ceux qui sont limitrophes.

JULIENNE DE MAHON. — *Malcomia maritima*. — Herbe annuelle, haute de 2-3 décim.; feuilles blanchâtres et spatulées, à poils; calice fermé; pétales échancrés; silique cylindrique. La *giroflée de Mahon* est venue de Minorque; on la sème en bordure; elle donne de bien belles fleurs, très-propres à décorer le jardin du cultivateur : elles sont roses, blanches ou lilas. Semée en avril, elle donne ses fleurs en été; semée à l'automne, elle fleurit au printemps. En la tondant après la floraison, elle donne de nouvelles fleurs.

JULIENNE DES DAMES. — *Hesperis matronalis*. — Linné. — Herbe vivace, haute de 6 à 8 décim., feuilles entières, rudes, à petites dents; tige souvent rameuse, droite; fleurs purpurines ou blanches; silique cylindrique. La *girarde* croît naturellement dans les Alpes; elle était naguère la fleur des cultivateurs, mais elle est bien passée de mode, et on la délaisse. Il n'en est pas de même d'une variété à fleur double, qui fait un effet charmant, et qui, comme tant d'autres plantes doubles, est stérile. On la multiplie d'éclats sujets à périr, parce que nous, cultivateurs, ne pouvons guère leur accorder les soins qu'ils réclament.

SISYMBRE OFFICINAL. — *Sisymbrium officinale*. — Herbe annuelle, haute de 7 à 9 décim.; feuilles en hallebarde; tige à rameaux divergents; fleurs jaunes; siliques en alêne, pressées contre l'axe. L'*herbe aux chantres* se trouve autour des habitations, bordures des prés, des chemins, les terres cultivées. Cette plante, étant dure, est rebutée par les bestiaux.

CRESSON. — *Nasturtium officinale*. — Herbe vivace, haute de 3 à 5 décim., à racines axillaires; tige couchée ou penchée; fleurs blanches; silique cylindrique, assez longue. Le *cresson* est une plante indigène, aquatique. Le cultivateur intelligent tire parti de tout, et celui qui se trouve à proximité d'agglomérations ou centres populeux, trouve toujours un écoulement facile de ce produit, qui semble appartenir à la petite culture. D'ailleurs, le *cresson* ne demande ni soin, ni culture; il suffit de le récolter. La propriété que je cultive de mes propres mains, était dépourvue de cette plante, j'en jetai quelques fragments dans le petit ruisseau qui traverse mon pré; les graines qui en provinrent furent entraînées par le courant, dans le biez d'irrigation, qui en fut bientôt garni d'un bout à l'autre. Le *cresson* est l'objet d'une culture suivie aux environs de la capitale : on cite Saint-Denis, Saint-Gratien, Enghien, Fontaine, Senlis et même Orléans, d'où viennent des quantités considérables de cette crucifère. On construit des cressonnières en faisant des fossés d'environ 3 mètres de largeur sur 40 centimètres de profondeur; on les fait alimenter par des sources naturelles ou artificielles.

## FAMILLE DES CISTINÉES.

Les plantes que nous offre cette famille sont de peu d'intérêt pour l'agriculture; je dirai même plus : le cultivateur ne voudrait jamais voir, dans son pré, l'*Hélianthème* nonchalamment couché, car c'est un indice qu'il ne rapporte pas beaucoup de fourrage, qu'il a besoin d'engrais et surtout qu'il manque d'irrigation.

Le *genre ciste* se compose en partie de plantes sous-ligneuses ou ligneuses, qui croissent la plupart dans les lieux arides et incultes, et par cela même semblent n'être ni nuisibles ni utiles à l'agriculture; mais au point de vue de l'ornementation, on ne peut se dispenser de les mentionner. C'est durant les mois de mai et juin que les cistes brillent de tout leur éclat; leurs fleurs éphémères ne durent qu'un jour pour toutes les variétés, et pour quelques-unes, quelques instants seulement; mais, par compensation, elles se renouvellent sans interruption pendant longtemps. L'horticulture s'est emparée de ce beau genre; je ne parlerai point des variétés exotiques; je ferai seulement une courte description des cistes indigènes qu'on trouve plus particulièrement dans le midi de la France et en Corse.

1. CISTE VELU. — *Cistus hirsutus.* — Lamarck. — Plante à

rameaux grêles; feuilles lancéolées, opposées, sessiles; fleurs jaunes; capsule à 5 valves. Se trouve dans la Bretagne.

2. Ciste a feuilles d'halimé. — *Cistus halimifolius*. — Linné. — Sous-arbrisseau rameux, à feuilles ovales, oblongues; fleurs jaunes, à macule violette à la base; capsule à 3 valves. Se rencontre en Corse.

3. Ciste a feuilles d'alysse. — *Cistus alissoides*. — Lamarck. — Plante ligneuse, à rameaux penchés; feuilles oblongues, légèrement pétiolées; grandes fleurs jaunes; capsule velue à 3 valves. Bretagne.

4. Ciste a fleurs roses. — *Cistus incarnus*. — Linné. — Petit arbrisseau, à feuilles opposées, cotonneuses; grandes fleurs roses; capsule à 5 valves. Littoral méditerranéen.

5. Ciste crispé. — *Cistus crispus*. — Linné. — Arbrisseau à feuilles amplexicaules à la base et sessiles vers le haut; petite fleur purpurine; capsule à 5 valves. Départements du Gard et de l'Hérault.

6. Ciste blanchatre. — *Cistus albidus*. — Linné. — Arbrisseau à tige et feuilles couvertes d'un *tomentum* blanc, ces dernières sont sessiles, lancéolées, oblongues; fleurs roses; capsule velue à 5 valves. Se trouve dans le Languedoc.

7. Cilte blanchatre crispé. — *Cistus albido crispus*. — Delille. — Arbrisseau également à tige blanchâtre; fleurs pourpre-foncé; capsule velue à 5 valves. Aux environs de Montpellier et de Narbonne; un peu rare.

8. Ciste en ombelle. — *Cistus umbellatus*. — Linné. — Rameaux grêles; feuilles linéaires, opposées; fleurs petites, blanches; capsule velue à 3 valves. Loire-Inférieure.

9. Ciste a feuilles de laurier. — *Cistus laurifolius*. — Linné. — Arbrisseau de 1 m. à 1 m. 15, à feuilles ovales, lancéolées, pétiolées, soyeuses en dessous; grandes fleurs blanches; capsule à 5 loges. Pyrénées-Orientales.

10. Ciste visqueux. — *Cistus ladaniferus*. — Linné. — Arbrisseau à tiges glutineuses au sommet; feuilles opposées, lancéolées, sessiles, cotonneuses en dessous; fleurs blanches, très-grandes; capsule cotonneuse à 10 loges. Var.

Enfin, la nomenclature devenant longue, je me contenterai de nommer les *cistus pouzzolii*. Delille. Près d'Alais. — *Cistus monspelliensis*. Linné. Abondant à Montpellier. — *Cistus corboriensis*. Pourret. Près de Narbonne. — *Cistus longifolius.* Lamarck. Aussi aux environs de Narbonne. — *Cistus salvifolius.* Linné. Cette variété se trouve dans les localités les plus chaudes des départements de la Loire et du Rhône.

Le genre *hélianthème* est composé de plantes naines, sous-ligneuses pour la plupart ; on les rencontre dans les lieux arides et incultes ; elles sont peu intéressantes pour l'agriculture. Leurs feuilles sont opposées.

1. Hélianthème commun. — *Helianthemum vulgare.* — Pers. — *Helianthemum variabile.* — Spach. — Herbe vivace, sous-ligneuse, couchée ; feuilles vertes en dessus, un peu blanchâtres en dessous, entières, longues de 15 à 20 millim., à stipules très-courts ; fleurs jaunes, à pétales chiffonnés ; capsule à graines nombreuses. L'*hélianthème* fleurit de bonne heure au printemps, et donne une succession de fleurs presque continuelle jusqu'en novembre, que les froids viennent arrêter. Bords des chemins, des haies incultes, rochers, bois, prés secs. Cette plante est mangée au pâturage par les espèces ovine et caprine.

2. Ciste bruyère. — *Helianthemum fumana.* — Herbe vivace, à tiges couchées, tortueuses, sous-ligneuses ; feuilles alternes, dures. Il croît dans les terrains pierreux ; offre peu d'intérêt.

3. Hélianthème annuel. — *Helianthemum guttatum.* — Herbe annuelle, haute de 12 à 18 cent., toute velue : feuilles sessiles, longues de 15 à 25 millim. ; tige droite ; fleurs jaunes, tachées vers l'onglet. Cette plante fleurit en mai ; elle fait l'ornement des rochers exposés au couchant, où elle se plaît, mais elle est nulle pour le cultivateur.

Comme les cistes, les hélianthèmes sont propres au midi de la France ; on cultive en orangerie l'*hélianthemum à feuilles d'halime,* à fleurs jaunes, arbuste d'un bel effet. L'*hélianthemum italicum* est très-rare dans le département de la Loire : trouvé à Saint-Julien-Molin-Molette. (Loire).

## FAMILLE DES VIOLARIÉES.

Le genre *viola*, seul, compose cette famille, qui ne fournit que des plantes de peu d'intérêt pour le cultivateur ; le fourrage qui en provient, quoique de bonne qualité, est trop peu abondant.

Dans la dernière quinzaine de mars et le courant d'avril,

par un beau soleil, il n'est pas rare de voir la mère de famille conduire ses jeunes enfants dans le pré du vallon, émaillé d'innombrables fleurs de violettes ; et, pendant que sa progéniture se livre à ses jeux, elle fait une ample provision de ces fleurs, dont sa prévoyance maternelle lui fait pressentir l'utilité pour tout le personnel de sa maison. La cueillette des fleurs de violette, ne portant aucun préjudice au cultivateur, semble, par cela même, appartenir à tout le monde ; aussi voyons-nous beaucoup de pauvres gens se livrer à cette petite industrie. C'est surtout dans les prés des hautes montagnes que se récoltent les quantités considérables qui sont livrées au commerce.

1. Violette des marais. — *Viola palustris.* — Herbe vivace, racine à articulation ; petite fleur bleue. Montagnes ; lieux humides ; un peu rare.

2. Violette odorante. — *Viola odorata.* — Linné. — Herbe vivace, drageonnante ; feuilles en cœur arrondi ; en mars-avril ; fleur violette et odorante. La violette commune se plaît dans les prés exposés au midi. Qui n'a souri en apercevant la première violette que souvent sa suave odeur a seule fait découvrir !

3. Violette velue. — *Viola hirta.* — Herbe vivace, à feuilles en cœur très-velues ; pétales inférieurs barbus. Lieux ombragés et couverts.

4. Violette de chien. — *Viola canina.* — Herbe vivace ; toutes les feuilles en cœur ; stipules acuminés ; tige rameuse, longue de 10 à 20 cent. Lieux couverts, au bord des chemins et des haies.

5. Pensée. — *Viola tricolor.* — Linné. — Herbe annuelle, haute de 7 à 11 cent., à feuilles inférieures en cœur ; stipules pinnatifides ; petites fleurs. Les pensées abondent dans les champs de blé ; petite plante ne se développant qu'après l'enlèvement de la récolte ; elle ne peut être nuisible et semble être là pour réjouir la vue par sa fleur, en août et septembre. La pensée joue un rôle important en horticulture ; elle réclame des soins un peu minutieux pour le cultivateur. Il faut d'abord terrauter le semis, lui accorder quelques arrosages à propos et sarcler assidûment : c'est un peu s'astreindre, et on manque de loisir ; pourtant, on aime cette belle fleur, qu'il faut semer en août pour avoir une riche floraison en avril et mai suivants.

En floriculture, on cultive fréquemment la *violette à fleurs doubles*, la *violette double rose*, la *violette double blanche*.

## FAMILLE DES RÉSÉDACÉES.

1. Gaude. — *Reseda luteola.* — Linné. — Herbe annuelle ou bisannuelle, haute de 6 à 10 cent.; feuilles linéaires, onduleuses; fleurs en long épi; pétales peu apparents, jaunâtres; capsule à lobes alternativement relevés et abattus. Le *Réséda jaunissant* se plaît au bord des chemins; on le trouve quelquefois dans les champs. Cette plante est l'objet d'une culture assez étendue dans le Midi et dans la Normandie, comme plante tinctoriale. Les dimensions qu'elle atteint sont plus grandes que celles des sujets qui croissent spontanément dans nos champs. La *Gaude* se sème en août pour être récoltée en juin ou juillet de l'année suivante; ou encore en mars pour arriver à maturité la même année; la première méthode semble préférable. On assure que la *Gaude* d'automne et celle de printemps sont deux variétés distinctes, produites par le mode de culture. Elle aime un sol riche et de bonne qualité, parfaitement ameubli par des cultures préparatives. La jeune plante restant longtemps petite, il ne faut pas négliger les sarclages. On n'est pas d'accord sur la quantité de semences à employer, les uns trouvent suffisante la quantité de 4 kil. par hectare, d'autres soutiennent qu'il en faut 7, et plus. La récolte doit être effectuée par un temps au beau fixe, car une pluie survenue inopinément sur cette plante lorsqu'elle est arrachée, porte un grand préjudice à sa valeur. Les graines qu'on peut récolter servent à faire une huile propre à brûler.

2. Réséda annuel. — *Reseda pyteuma.* — Herbe annuelle, peu élevée, à feuilles entières ou trilobées; tige faible; fleurs inodores, blanchâtres; capsule très-renflée. Le *Réséda des champs* se trouve dans les terrains sablonneux et offre peu d'intérêt.

3. Réséda odorant. — *Reseda odorata.* — Linné. — Herbe annuelle peu élevée; feuilles oblongues, entières ou à 3 lobes; tige décombante; fleurs verdâtres, d'une odeur très-suave. Le Réséda se sème de lui-même et n'est pas difficile sur le terrain; sa fleur fait peu d'effet et se trouve rarement dans le potager de la ferme.

## FAMILLE DES POLYGALÉES.

1. Polygala vulgaire. — *Polygala vulgaris.* — Herbe vivace à racine sous-ligneuse ; feuilles alternes, entières, petites ; tige couchée ou penchée ; fleurs terminales en grappes, bleues ou purpurines. L'*herbe à lait* est recherchée par les moutons ; elle abonde dans les prés secs, les pâturages et lieux vagues.

## FAMILLE DES DROSÉRACÉES.

Parnassie des marais. — *Parnassia palustris.* — Herbe vivace, à feuilles radicales, glabres, en cœur ; hampe uniflore, haute de 10 à 15 cent., ayant à son milieu une feuille amplexicaule ; 5 sépales ; pétales munis à leur base d'une écaille portant 9-12 cils glanduleux ; 5 étamines ; 4 stigmates sessiles. L'*Epatique blanche* fleurit d'août à octobre ; elle se trouve dans les prés humides des montagnes. Par sa belle fleur elle mériterait bien d'être cultivée, mais elle s'est toujours montrée rebelle à la culture.

## FAMILLE DES CARYOPHYLLÉES.

Si cette famille nous offre des plantes d'un intérêt bien secondaire en agriculture, du moins ne sont-elles pas nuisibles et sont très-propres à embellir la campagne, et sans les rechercher, les bestiaux s'en nourrissent très-bien.

Gypsophile des murs. — *Gypsophila muralis.* — Linné.— Herbe annuelle, haute de 6 à 12 cent., à feuilles très-petites ; tige très-rameuse ou plutôt paniculée ; fleurs roses. Cette plante se trouve de préférence près des murs ; c'est une gracieuse miniature se couvrant de nombreuses fleurs, d'un bel effet. On a tenté de l'introduire dans les jardins ; dans ce cas on sème en place en avril-mai.

Le genre *Dianthus* jouit d'une juste renommée comme plante ornementale. Il occupe une large place dans l'embellissement de nos jardins et sert beaucoup à l'ornementation des rochers, des montagnes, des bois et terrains incultes.

1. Œillet giroflée. — *Dianthus caryophyllus.* — Linné. — Herbe vivace, haute de 5-6 déc., à longues feuilles

glauques, canaliculées, en alène ; tige rameuse, multiflore; 4 écailles à la base du calice, très-courtes ; fleurs en juillet-août de plusieurs couleurs, simples, semi-doubles ou doubles. L'*œillet des fleuristes* est originaire d'Afrique; c'est l'une des plantes que le cultivateur se plaît à posséder dans son potager. On choisit les plus beaux pour porter graine ; le semis a lieu au printemps et donne sa fleur la deuxième année. L'œillet joue un rôle important en horticulture ; mais je dois m'abstenir sur ce point.

2. Œillet des bordures. — *Dianthus plumarius*. — Linné. — Herbe vivace à racines drageonnantes, ou du moins formant de fortes touffes ; feuilles glauques ; écailles très-courtes et mucronnées; en mai et juin fleurs abondantes, simples ou doubles, rouges, blanches ou rosées, très-odorantes. L'*Œillet plume* est une ancienne plante très-commune en floriculture agricole; il tient un des premiers rangs dans le jardin du cultivateur qui aime les fleurs. Comme il tend beaucoup à s'étaler, on doit tous les 3 ou 4 ans refaire les bordures qui finiraient par devenir envahissantes.

3. Œillet prolifer. — *Dianthus prolifer*. — Herbe annuelle, haute de 3 à 5 déc., à feuilles finement dentées ; tige rameuse ; écailles très-larges, recouvrant plusieurs calices ; pédoncules à tête compacte ; fleurs en faisceaux; pétales roses, très-petits. Très-commun et abondant dans les coteaux à sol léger ; s'il n'est pas d'utilité en agriculture, il n'est jamais nuisible et les bestiaux le mangent volontiers.

4. Œillet des chartreux. — *Dianthus carthusianorum*. — Herbe vivace, à racines profondes, feuilles sans dent de scie ; écailles ovales, terminées en arête ; fleurs très-rouges. Se plaît sur les éminences, les coteaux, même sur les rochers : je l'ai remarqué implanté dans les fissures de la roche, et il y brillait d'un vif éclat. Les moutons le mangent.

5. Œillet barbu, œillet de poète, œillet jalousie, bouquet parfait. — *Dianthus barbatus*. — Linné. — Herbe trisannuelle, haute de 3-4 déc., à feuilles glabres, ovales, linéaires, légèrement onduleuses, longues de 10 à 12 cent., larges de 20 à 22 mil.; fl. en faisceau très-garni, au sommet des rameaux, en forme de corymbe aplati. Cette plante fait un effet charmant; j'ai eu l'occasion d'en admirer une bordure assez étendue dans les magnifiques parterres de Bellecour, à Lyon ; ses fleurs dans tout leur éclat attiraient les regards des amateurs. L'horticulture a su tirer parti de

l'*Œillet barbu* et chaque année on en crée de nouvelles nuances. Il est bien à la portée du cultivateur ; semer au printemps, peu difficile sur le terrain ; fleurit la seconde année, en juin-juillet.

6. Œillet de la chine. — *Dianthus sinensis.* — Linné. — Herbe vivace ou seulement bisannuelle, haute de 3-4 d., à feuilles entières, ovales, oblongues, pointues, longues de 7-8 c., vertes et glabres, les caulinaires presque glauques ; fleurs rapprochées en bouquet ; écailles linéaires, foliacées de la longueur du calice ; pétales frangés ; ces jolies fleurs sont veloutées, violet clair, rouge vif, pourprées, tachées, panachées ou ponctuées ; la corolle a un diamètre de 4 c. On ne saurait trop recommander au bon goût des amateurs de fleurs la culture de cette plante, qui m'a paru plus rustique qu'on ne le suppose généralement. J'ai semé l'*Œillet de Chine* au printemps, avec mes autres graines ; quoique le pays ne soit pas chaud, il a résisté à l'hiver et a fleuri à l'automne de l'année du semis. A ces divers titres, je le recommande aux cultivateurs. On le traite aussi comme plante annuelle, mais alors il faut un semis précoce et abrité par un mur.

7. Œillet armeria, œil de perdrix. — *Dianthus armeria.* — Herbe annuelle, haute de 3 à 5 déc., à feuilles velues, étroites, en alène, de 6 à 8 cent. ; tige rougeâtre en vieillissant ; fleurs rouges en faisceaux. Se trouve dans les terrains secs, au bord des haies, des pâturages et même dans les champs cultivés ; peu recherchée par le bétail.

Saponaire. — *Saponaria officinalis.* — Herbe vivace, haute de 5 à 7 déc., feuilles ovales à 3 nervures ; calice de l'œillet ; fleurs odorantes, rose violet. C'est aux bords des eaux, lieux humides, les ravins qu'on trouve la *Saponaire*. Une variété à fleurs doubles, traçant beaucoup, est commune dans les jardins des cultivateurs ; elle s'implante sur les vieux murs.

Le *genre Silène* est composé de plantes qui se rencontrent dans les champs, les prés et les jardins ; on les reconnaît au calice à 5 dents, 5 pétales, 10 étamines, 3 pistils et la capsule à 3 loges.

1. Silène a calice enflé. — *Silene inflata.* — Herbe vivace, à tiges décombantes, hautes de 4 à 6 déc., racines blanches ; feuilles glabres ; pétales blancs ; calice gonflé en ballon. Cette plante se plaît dans les champs cultivés au

terrain sec et en vallon ; elle est parfois très-abondante et fait le désespoir du cultivateur, car sa racine très-grosse s'implante dans les fentes de la roche jusqu'à un mètre de profondeur. Elle se plaît aussi en compagnie de l'*Arrête-bœuf* qui la surpasse encore en méfaits ; une terre infestée de ces deux plantes est dans de mauvaises conditions de culture.

2. Silène armeria. — *Silene armeria.* — Linné. — Herbe annuelle, haute de 4 à 6 déc. ; feuilles glauques, semi-amplexicaules, oblongues ; calice glabre, visqueux et en massue ; fleurs en faisceau, d'un rouge vif, rosées ou blanches. Le Silène armeria est originaire de l'Europe méridionale ; des jardins, il est passé dans les champs secs et sablonneux. Se reproduit de lui-même et fait un bel effet dans le jardin.

3. Silène de France. — *Silene gallica.* — Herbe annuelle, haute de 3 à 5 déc., à feuilles obtuses ; calice velu, à courtes dents ; pétales entiers. Se trouve dans les bois et les lieux secs.

4. Silène des montagnes. — *Silene ciliata.* — Herbe vivace, haute de 5 à 7 déc. ; feuilles opposées de 9 à 11 cent. de longueur ; tige rameuse ; calice renflé en massue à 10 stries et dents renversées. Produit un assez bel effet par ses fleurs roses ; on le trouve sur les montagnes, au bord des champs.

On cultive dans les jardins le Silène à fleurs roses, — *Silene bipartita.* Desf. — ; de Barbarie, annuel ; — Silène à fleurs pendantes, — *Silene pendula.* Linné ; du midi de l'Europe ; annuel ; — Silène à bouquets, — *Silene compacta.* Horn. ; du Caucase, bisannuel ; enfin les *Silene orientalis, muscipula, schafta, virginica, ornata, hispida.* Tous les *Silene,* étant d'une culture des plus faciles, sont très-propres à l'ornementation du jardin de la ferme.

Le *genre Lychnis* fournit des fleurs presque toujours purpurines ; pétales à onglet ; 5 pistils.

1. Lychnide laciniée. — *Lychnis flos cuculi.* — Linné. — Herbe vivace, haute de 3-4 déc. ; feuilles linéaires ; tige rougeâtre ; calice campanulé, à 10 stries ; pétales frangés. La *Véronique des jardiniers* est une très-jolie fleur qui orne admirablement les prairies un peu humides où elle se convient mieux que cultivée, car elle est d'une conservation assez difficile.

2. Nielle des blés. — *Lychnis githago.* — Herbe annuelle, haute de 7 à 9 déc. ; tige droite, rameuse ; plante tallant beaucoup si elle est en terrain riche ; pédoncules très-longs ; calice velu, à dents foliacées, plus longues que les pétales. La Nielle des blés fait la joie des enfants, car sa fleur leur dit que les cerises sont arrivées à maturité. Cette fleur fait un bel effet dans les blés, considérée au point de vue de l'ornementation ; mais quand on sait jusqu'à quel degré elle est l'objet des malédictions du cultivateur, on n'éprouve aucun plaisir en l'apercevant et l'on plaint sincèrement le maître du champ où elle abonde. Le progrès, il est vrai, s'est fait sentir à cet égard, et la meunerie met à la disposition de l'agriculture des trieurs perfectionnés qui ne laissent rien à désirer. Aussi admire-t-on la propreté des céréales qui sont présentées dans les concours ; pas un seul grain de Nielle ne s'y montre. Les échantillons nombreux qui figuraient par hectolitres au concours agricole de la ville de Lyon, étaient, sur ce point, d'une propreté irréprochable.

Quoique cette plante se trouve encore dans nos champs, elle n'est guère abondante que dans les terrains de cultivateurs négligents et routiniers. La culture est détestable quand la Nielle se montre avec son compagnon l'Oignon des blés, et même le Chardon. Si la récolte de blé manque par l'effet de quelque intempérie, la Nielle résiste très-bien et talle à merveille. Une plante produit 250 à 600 graines.

3. Croix de Malte. — *Lychnis chalcedonica.* — Linné. — Herbe vivace, haute de 8 à 10 déc., à feuilles ovales, lancéolées, dentées ; tige simple, droite ; fleurs fasciculées ou en cime, en juin-juillet, corolle à 5 pétales échancrés, opposés en forme de croix de Malte. La Lychnide de Chalcédoine vient très-bien à une exposition sèche ; multiplication d'éclats ou de graines.

4. Lychnide des jardins. — *Lychnis coronaria.* Desr., *Agrostemma coronaria.* — Linné. — Herbe bisannuelle, haute de 4-5 déc. ; tige très-rameuse ; feuilles blanches, cotonneuses, ayant 4 à 6 c. de longueur sur une largeur de 25 à 35 millim. ; pédoncules très-longs ; calice campanulé ; en juin-septembre ; fleurs nombreuses, simples ou doubles, blanches, pourpres ou écarlates. La *Passe-fleur* est originaire des montagnes d'Italie. Semer aussitôt la maturité des graines, très-propre au jardin du cultivateur.

5. Fleur de Jupiter. — *Lychnis flos jovis.* Desr., Agros-

*lemma flos jovis.* — Linné. — Herbe vivace, à feuilles linéaires, amplexicaules ; calice cylindrique; fleurs en tête, de juillet à octobre. De la Provence. Culture de la précédente ; multiplication par éclats en mars ; moins appropriée aux cultivateurs.

On cite encore en floriculture la *Lychnis dioïca*; Linné, indigène ; — la Lychnide éclatante, — *Lychnis fulgens*; Fisch, de Sibérie ; mi-soleil.

Le *genre Cerastium* est caractérisé par un calice à 5 divisions, 5 pétales, 5 pistils, capsule en forme de corne ouverte au sommet et couronnée par 10 dents. Les plantes de ce genre sont nombreuses et sont à tiges décombantes et blanchâtres.

1. Ceraiste aquatique. — *Cerastium aquaticum*. — Herbe vivace; feuilles sessiles en cœur ; capsule globuleuse. Bords des étangs, marais.

2. Argentine. — *Cerastium tomentosum*. Lam. — Herbe vivace; feuilles soyeuses, oblongues; tige rampante. Le *Ceraiste cotonneux* est d'Italie ; il forme des touffes arrondies, remarquables par la blancheur de ses feuilles étroites et nombreuses et ses fleurs blanches, terminales, en mai-juin. Terrain sec ; très-propre à faire des bordures ; appartient plutôt à l'horticulteur qu'au cultivateur.

3. Ceraiste des champs. — *Cerastium arvense*. — Herbe vivace ; feuilles lancéolées ; pédoncules penchés, pubescents. Très-commun dans les champs; les bestiaux le mangent.

4. Ceraiste des terrains secs. — *Cerastium vulgatum*. — Herbe annuelle, à feuilles ovales, très-obtuses. Abonde dans les terrains secs; propre à faire pâturer.

5. *Cerastium semidecandum*. — Herbe annuelle ; fleurs à 5 étamines ; capsule réfléchie. Se plaît aux endroits chauds et abrités. Tous les Ceraistes sont communs dans les champs cultivés.

Le *genre Stellaria* comprend des herbes fort communes dans les prairies et autres lieux. 5 sépales, 5 pétales fendus, 3 à 10 étamines, 3 styles, capsule à 3 ou 6 valves.

1. Stellaire holostée, langue d'oiseau. — *Stellaria holostea*. — Herbe vivace de 6 à 8 déc. de hauteur; feuilles vertes, en alène, longues de 4 à 6 cent.; fleurs blanches, en étoile, à longs pédoncules. Se fait remarquer par la précocité et le brillant de sa fleur; elle se cache dans le fourré

des haies et des bois ; je l'ai vue abondante au fond des vallons et à l'exposition du midi sur les hautes montagnes.

2. Stellaire glauque. — *Stellaria glauca.* — Herbe vivace de 3 à 5 déc. ; à feuilles lancéolées, linéaires, longues de 2-3 cent. Se plaît dans les fossés, les prés humides où elle donne un fourrage qui n'est pas de mauvaise qualité.

3. Stellaire media. — Herbe annuelle ou vivace, couchée ; feuilles ovales, glabres, lancéolées ; tiges marquées d'une ligne de poils. Le *petit mourron* fleurit toute l'année ; abonde surtout dans les jardins, les lieux fertiles et au pied des murs où il devient très-incommode.

Le genre *Arenaria* donne des plantes ordinairement couchées sur le sol, et petites. 5 sépales ; 5 pétales entiers ; 5-10 étamines ; 3 styles.

1. Arenaire a feuilles de serpolet. — *Arenaria serpifolia.* — Herbe annuelle de 2-3 déc., très-rameuse, décombante, formant touffe ; feuilles vertes, courtes, sessiles, sans nervures ; fleurs blanches. Cette plante se plaît près des murs, au bord des chemins secs, dans les lieux arides et même dans les champs de blé, mais à cause de sa petite taille et surtout de ses tiges filiformes, elle ne nuit pas aux récoltes. Elle est pâturée.

2. Arenaire rouge. — *Arenaria rubra.* — Herbe annuelle, très-petite ; feuilles filiformes, fasciculées ou verticillées ; tige velue et couchée. C'est sur des rochers secs et au bord des chemins que se trouve cette plante.

Spergule des champs. — *Spergula arvensis.* — Linné. — Herbe annuelle, haute de 12 à 18 cent., à racines pivotantes ; feuilles verticillées et stipulées ; calice à 5 cloisons ; 5 pétales entiers. La Spergule se plaît dans les terrains sablonneux et les sols légers, c'est pour cette raison qu'on la sème dans les Pays-Bas, à la quantité de 12 k. de graines par hectare pour faire pâturer. On la sème généralement au printemps ou après un labour au moment de la moisson. Elle n'a pas réussi sur le sol que je cultive.

Moehringie. — *Mœhringia muscosa.* — Herbe vivace, haute seulement de 1 à 3 cent. ; feuilles cônées, linéaires ; tige filiforme, gazonneuse ; calice à 4 divisions ; 4 pétales entiers ; fleurs blanches, solitaires, axillaires. Quoique la Mœhringie n'ait aucun intérêt agricole, je ne puis me dispenser de la mentionner, et si son habitat n'était pas les hautes montagnes elle pourrait figurer avec grâce parmi les massifs en miniature que l'on se plaît à former pour la décoration des paysages; mais je la crois rebelle à la culture.

SAGINE DÉCOMBANTE. — *Sagina procumbens.* — Herbe annuelle ou vivace, formant touffe, haute de 3 à 4 centim.; feuilles très-étroites; pédoncules longs eu égard à la plante; boutons réfléchis avant l'épanouissement; 4 sépales obtus; pétales nuls ou à peu près invisibles; capsule ressemblant à celle de l'Arenaire. Cette plante aime les lieux humides et sablonneux; elle abonde partout : au bord des ruisseaux, dans les fentes des rochers humides, au milieu des champs de blé, sur les hautes montagnes; je l'ai vue en fleurs en janvier et toute l'année. Offre peu d'intérêt à l'agriculture; on peut la classer comme plante inutile.

### FAMILLE DES LINÉES.

Cette famille est de peu d'importance pour l'agriculture française, car le Lin cultivé ne se récolte qu'exceptionnellement. Sépales, pétales, étamines et pistils au nombre de 5; préfleuraison contournée.

1. LIN PURGATIF. — *Linum catharticum.* — Herbe annuelle, haute de 10 à 15 cent., à feuilles opposées, petites; fleurs terminales, calice persistant. J'ai fréquemment trouvé cette plante dans les prés où elle s'allie aux graminées par son fourrage.

2. LIN DE NARBONNE. — *Linum Narbonense.* — Herbe vivace ayant 5-6 déc. d'élévation; feuilles raides, très-pointues, pressées contre la tige; fleurs bleues. Se trouve sur les coteaux stériles et offre peu d'intérêt.

3. LIN VIVACE. — *Linum montanum.* D. C. — *Linum perenne.* — Linné. — Herbe vivace, à tiges nombreuses, hautes de 5 à 7 déc.; feuilles assez ouvertes, lancéolées; fleurs d'un joli bleu, depuis le mois de mai jusqu'à celui d'octobre, se balançant avec grâce au plus léger souffle du vent. Il lui faut une terre franche et légère; cependant il m'a donné de beaux résultats dans un sol argileux. On devrait le changer de place chaque année; je recommande cette belle fleur aux cultivateurs; on multiplie par graine ou par éclats. Je n'ai point cultivé le *Lin de Sibérie* que l'on dit plus haut et plus robuste.

4. LIN CULTIVÉ. — *Linum usitatissimum.* — Linné. — Herbe annuelle, sépales à bords membraneux; fleurs en

corymbe. Le *Lin cultivé* est l'objet d'un grand commerce et remonte à la plus haute antiquité; on ne sait point d'où il est originaire. L'Egypte, la Sicile, la Hollande, la province de Riga, en Russie, sont les pays où se récolte du Lin en plus grande quantité. On connaît les divers usages de cette plante : les tissus qui se fabriquent avec sa filasse, l'huile extraite de sa graine et la farine de cette graine, si répandue en médecine. Sa culture m'est tout à fait étrangère, j'ai voulu seulement par fantaisie semer quelques graines qui ont levé sans difficulté.

On cultive en horticulture plusieurs variétés de Lins comme plantes ornementales. Ce sont le *Linum campanulatum*, Linné; de la France méridionale; fleurs jaunes; orangerie; — le *Linum suffruticosum*, Linné; d'Espagne; fleurs blanches; orangerie; — le *Linum trigynum*, Roxb.; Inde; fleurs jaunes; serre tempérée; — le *Linum grandiflorum*, Desf., d'Algérie; fleurs rouges; — le *Linum viscosum*, Linné; de la Hongrie; et plusieurs autres. Tout est beau dans les Lins : tiges grêles, élancées, terminées par une panicule de fleurs élégantes, et surtout la succession de celles-ci pendant plusieurs mois.

## FAMILLE DES MALVACÉES.

Elle est caractérisée par un calice double, persistant, mais à plusieurs segments; les feuilles sont alternes, stipulées et à nervures palmées.

Le *genre Malva* est commun dans les prés et les champs; calice extérieur à 3 segments oblongs, pistils nombreux; graines en cercle autour de l'axe.

1. Mauve musquée. — *Malva moscata*. — Linné. — Herbe vivace de 7 à 2 déc.; feuilles radicales, arrondies, réniformes, les caulinaires découpées; tige dressée; fleurs roses, en panicule au sommet des rameaux. Elle est commune dans les prés un peu secs et dans les vallons; fournit un fourrage de qualité médiocre.

2. Mauve élevée. — *Malva sylvestris*. — Herbe bisannuelle ou vivace, haute de 6 à 9 déc.; pétiole canaliculé, long de 5-6 cent.; feuilles caulinaires à 5 lobes découpés profondément et aigus, les radicales réniformes; calice interne à 5 lobes aigus. Commune.

3. Mauve a feuilles rondes. — *Malva rotundifolia*. —

Herbe annuelle; feuilles à lobes arrondis; tige couchée ou abattue; fruits penchés. Abondante autour des habitations rurales où elle se plaît. Tous les cultivateurs savent que l'emploi des mauves est souvent prescrit pour le traitement des maladies des bestiaux de la ferme; il est prudent d'en avoir une bonne provision lorsqu'elles ne croissent pas à proximité de la maison.

Genre *Altœa* : calice extérieur de 5-9 segments.

1. ROSE TRÉMIÈRE. — *Altœa rosea*. Cav. — *Alcea rosea*. — Linné. — Herbe trisannuelle, à grosse racine pivotante; feuilles larges, arrondies; tige simple droite, de 2 à 3 m.; en juillet-septembre, fleurs grandes, simples, semi-doubles ou doubles et de diverses nuances, du blanc au noir. La *Rose d'outre-mer* n'est nullement difficile sur le terrain, mais pour obtenir une végétation vigoureuse, on doit la planter dans une terre franche, légère et substantielle; multiplication par graine. Elle est originaire de la Syrie. On trouve des listes de nombreuses variétés obtenues depuis peu et qu'on peut se procurer dans le commerce.

2. GUIMAUVE OFFICINALE. — *Altœa officinalis*. — Herbe vivace, à grosses racines blanches et flexibles; feuilles à duvet moëlleux; tige très-velue, haute de 4 à 6 déc.; pédoncules avillaires très-courts; fleur blanc rosé, assez petites. La Guimauve croît spontanément dans les lieux humides du midi de la France. On aime à en posséder quelques pieds dans son jardin pour s'en servir au besoin; elle tient le premier rang parmi les plantes émollientes.

MAUVE LAVATÈRE. — *Lavatera trimestris*. — Herbe annuelle à feuilles presque glabres, les inférieures arrondies; longs pédicelles solitaires, tige très-rameuse, décombante; calice extérieur très-ample, plié à 3-6 segments; graines recouvertes par un disque central en parasol. La *lavatère* se sème au printemps et ne demande aucun soin particulier, très-propre au jardin du cultivateur.

Genre *Hibiscus* : involucre extérieur de 6-12 segments; graines réunies en une seule capsule à 5 loges.

1. HIBISQUE DE SYRIE. — *Hibiscus syriacus*. — Linné. — *Altœa fructex*. — Hortul. — Arbrisseau de 1 m. 50 à 2 m. 50, à racines blanches et flexibles: feuilles ovales à 3 lobes; en août-septembre, fleurs simples et doubles, rouge, violet, nankin; multiplication par graines : on ne met en pleine terre que la 2ᵉ ou 3ᵉ année. L'*Altœa* est très-ornemental

dans un jardin pendant la période de sa floraison qui dure assez longtemps, j'en ai vu d'assez grandes dimensions. Les variétés à fleurs doubles me paraissent plus délicates que celles à fleurs simples. J'ai des jeunes plants qui m'ont donné des fleurs lorsqu'ils n'avaient que 4 déc. d'élévation. La floriculture est en possession de nombreuses espèces de ce beau genre.

2. Ketmie vessiculeuse. — *Hibiscus trionum*. — Linné. — Herbe annuelle; feuilles à 3 lobes, dentées; tige droite, poilue, haute de 3-4 déc.; fleurs axillaires ou terminales; larges de 35 mill., jaune-soufre à onglet brun; 5 pistils réunis à la base, divergents au sommet; stigmates ronds, velus, cramoisis. La *Ketmie vessiculeuse* est originaire d'Italie; je la considère comme très-belle, par l'effet gracieux qu'elle produit. Elle est d'une culture tout à fait à la portée des cultivateurs : il suffit de la semer en place, en pleine terre dans la 2$^e$ quinzaine de mai; à la fin de juillet, elle étalera de nombreuses et belles fleurs.

## FAMILLE DES AURANTIACÉES.

Les arbres composant cette famille ne sont cultivés en pleine terre qu'à l'extrémité la plus méridionale et la plus chaude de la France, la nouvelle annexion de Nice et en Algérie ; mais leur port si gracieux, leur beau feuillage persistant, leurs fleurs à odeur suave et leurs fruits qui s'expédient par tout le monde, font qu'on ne peut se dispenser d'en dire un mot.

1. Oranger. — *Citrus aurantium*. — Linné. — Arbre de moyenne grandeur, à racines nombreuses et chevelues; fruit globuleux, doux. L'oranger tient un rang élevé dans les grands jardins où il donne des fruits qu'on ne peut manger que rarement; ils n'ont pas le goût de ceux qu'on achète. Bon nombre de personnes ignorent que 3 années sont nécessaires à la complète maturité des oranges. D'abord l'oranger fleurit en juin; le fruit qui s'ensuit acquiert tout au plus la grosseur d'un marron d'Inde et reste vert-foncé; la 2$^e$ année, il atteint sa grosseur naturelle et jaunit; la 3$^e$, il arrive à maturité, on le récolte. Depuis l'établissement des chemins de fer les oranges sont devenues communes presque partout.

L'oranger est très-rustique, si l'on considère l'exiguité

des caisses où on le plante; peu d'arbres placés dans de semblables conditions atteindraient un pareil développement. On le rentre vers le 15 octobre; il se contente du local disponible pourvu qu'il n'y gèle pas; mieux vaut le laisser souffrir un peu de la sécheresse que de pourrir ses racines par un excès d'humidité. J'en ai vu de très-forts appartenant à la ville de Grenoble (Isère).

2. CITRONNIER. — *Citrus vulgaris.* — Même port que l'oranger; feuilles lancéolées à crénelures et pétiole ailé; fruit ovoïde, à saveur acide. Le Citron arrive à maturité dans les caisses.

## FAMILLE DES HYPÉRICINÉES.

Ce sont des herbes à tiges sous-ligneuses à la maturité; par conséquent, elles fournissent un fourrage assez grossier; le mieux est de les expulser d'une exploitation rurale.

Le *genre Hypericum* est facile à reconnaître par les nombreux points diaphanes dont ses feuilles sont criblées.

1. MILLE-PERTUIS VELU. — *Hypericum hirsutum.* — Herbe vivace à racines drageonnantes; tige sous-ligneuse, droite, d'un mètre d'élévation; feuilles entières, ovales, perforées, ayant 5 cent. de longueur; toute la plante est velue; sépales à petites dents; pétales peu brillants, moins que ceux de ses congénères; fleurs en panicule. Au bord des ruisseaux; lieux ombragés. Peu de mérite.

2. MILLE DE MONTAGNE. — *Hypericum montanum.* — Herbe vivace à feuilles perforées; tige verte, droite; entre-nœuds supérieurs plus longs. Les bois.

3. MILLE COUCHÉ. — *Hypericum humifusum.* — Herbe annuelle ou vivace, à petites feuilles perforées, à points noirs; tiges couchées; styles divergents. Très-commune dans les champs.

4. MILLE COMMUN. — *Hypericum perforatum.* — Herbe vivace, à racines fibreuses; tige dressée, ramifiée, sousligneuse; se flétrissant chaque année; fleurs jaunes nombreuses. Dans les pâturages secs; plus rarement dans les prés non irrigués.

5. MILLE A GRANDES FLEURS. — *Hypericum calycinum.* — Linné. — Herbe vivace à feuilles ovales, persistantes, sans points diaphanes; fleurs très-ouvertes en août-septembre;

longues étamines. Le *Mille à grandes fleurs* est très-ornemental; cultivé dans les jardins; multiplication par éclats. Il est originaire du Levant. On cultive encore les *Hypericum prolificum, hircinum, sinense, balearicum*, etc.

## FAMILLE DES TILLIACÉES.

Le seul *genre Tillia* est composé d'arbres assez élevés et forts, d'un fréquent usage pour avenues et salles d'ombrage; ils tiennent un des premiers rangs comme arbres de luxe en tant qu'ils se prêtent facilement à la taille. Leur bois tendre et souple est beaucoup employé dans les arts, et les statuaires en font un usage presque exclusif. Les fleurs servent fréquemment en médecine. Les bestiaux mangent volontiers les branches feuillées. On évalue à 3 siècles la durée des tilleuls et on en cite d'énormément gros.

Le Tilleul prospère bien partout; j'en ai remarqués qui étaient placés sur un col élevé où le vent souffle avec violence, ils n'en souffraient nullement; j'en ai planté deux au fond d'un vallon, dans un terrain d'alluvion composé de sable humide; là, à mon étonnement, ils donnent chaque année des pousses de 40 cent.; on en voit quelquefois placés tout près de murs de soutènement, braver les plus grandes sécheresses et perdre leurs feuilles en septembre et octobre, sans périr pour cela.

5 sépales décidents; 5 pétales; style et ovaire uniques ; une foliole membraneuse accompagne le pédoncule et sert à la dissémination du fruit. — Multiplication de graines en terrain frais et léger.

1. TILLEUL COMMUN. — *Tillia platyphyllos*. — Vent. — Grand arbre à feuilles pubescentes en dessous; fruits ligneux, à côtes prononcées. Le tilleul de Hollande est celui qui est employé le plus généralement pour promenades et avenues.

2. TILLEUL A PETITES FEUILLES. — *Tillia microphylla*. — Grand arbre, feuilles de grandeur moyenne; fruit coriace à côtes peu saillantes. Ce tilleul a un port plus élancé que le précédent; il croit spontanément dans les forêts, ainsi que le *Tilleul des bois* (*Tillia sylvestris*. H. P.)

On cultive plusieurs variétés qui ont été introduites, entre autres le *Tilleul argenté* (*Tillia argentea*. H. P.) originaire de la Hongrie; fleurit après les autres et a un beau feuillage blanchâtre.

## FAMILLE DES ACÉRINÉES.

Feuilles opposées; fleurs verdâtres, de peu d'effet; fruits secs, ailés.

1. SYCOMORE. — *Acer pseudoplatanus.* — Linné. — Grand arbre de 18 à 22 mètres d'élévation; feuilles à 5 lobes aigus; fleurs en grappes pendantes; samares glabres, très-divergentes. L'*érable blanc* se plaît dans les montagnes; son bois est de bonne qualité comme bois blanc. On le voit employé parfois pour avenue, bosquet, etc.

2. ÉRABLE CHAMPÊTRE. — *Acer campestris.* — Linné. — Arbre de 5 à 9 mètres; feuilles petites à lobes obtus; écorce subéreuse, crevassée; cime large; samares pubescentes, tout à fait opposées; fleurs en panicule. L'érable vulgaire est très-commun dans les bois, les haies; son bois est très-dur, propre à divers usages.

3. ÉRABLE PLANE. — *Acer platanoïdes.* — Linné. — Cette espèce a quelque ressemblance avec le Sycomore, mais elle est moins élevée.

NEGUNDO. — *Acer negundo.* — Linné. — *Negundo aceroïdes.* — Moench. — *Negundium fraxineum.* — Rafin. — Grand arbre; feuilles palmées à 5 folioles, la terminale trilobée; fleurs vertes, pendantes; fruits petits, disposés en longues grappes pendantes. Le Negundo nous est venu de l'Amérique du Nord. Son écorce glabre, d'un beau vert, ainsi que son feuillage en font un arbre ornemental. Sa croissance est très-rapide dans un sol substantiel un peu humide; une plantation que j'en ai faite dans un terrain sec et léger a échoué au complet.

## FAMILLE DES OLÉINÉES.

Elle se compose d'arbres ou arbrisseaux qui, à simple vue, semblent assez hétérogènes; car on trouve une certaine dissemblance entre le Frêne et l'Olivier. On peut juger de l'importance de cette famille par les deux arbres que je viens de citer.

Feuilles opposées, simples ou composées; préfleuraison valvaire; 2 étamines; ovaire à 2 loges.

1. FRÊNE COMMUN. — *Fraxinus excelsior.* — Linné. — Grand et bel arbre de 20 à 25 m., à feuilles composées;

folioles sessiles au nombre de 11, 13 ou 15 ; racines traçantes, blanches, très-flexibles, ayant beaucoup de chevelus ; tronc lisse, droit, élancé, dioïque ; la fleuraison du pied mâle a lieu avant que le feuillage ait paru ; le pied femelle est chargé d'un nombre infini de samares oblongues, ayant une échancrure oblique ; chaque samare est pédicellée et pendante, longue de 3 cent. ; l'amande qu'elle contient est roux-marron, ridée et a 13 à 15 mill. de long.

Le Frêne croît abondamment au bord des ravins, des ruisseaux, dans les haies qui bordent les champs ; il est peu ornemental et ne réussit bien que dans les sols humides ou à proximité de l'eau. Quoiqu'il ne soit pas difficile sur le terrain, j'ai pourtant vu des avenues plantées de Frênes rester dans un état de langueur décevant ; néanmoins il est tout à fait rustique, et il n'est pas rare d'en voir des pieds placés dans les fissures de la roche au bord de ravins taris par la sécheresse, perdre toutes leurs feuilles au commencement de septembre et au printemps suivant, repousser avec vigueur. La proximité de cet arbre est très-nuisible aux récoltes, soit par ses racines, soit par son ombrage. On sait que c'est le meilleur des bois pour la charronnerie et en général pour tous les instruments aratoires, chars, charrettes, charrues. C'est un bois indispensable à la carrosserie. C'est sur le Frêne que se récoltent les cantharides dont l'usage est connu et pratiqué de tout le monde. Les feuilles de cet arbre sont mangées avec avidité par le bétail ; les chèvres et les brebis se nourrissent très-bien des fagots feuillés que l'on a soin de faire sécher à cet effet, pour être consommés à l'étable pendant l'hiver.

On doit être sobre d'élagage et laisser au Frêne toujours 5 ou 6 couronnes de branches qui lui fassent une grosse tête ; s'il est élagué jusqu'au sommet, on lui fait un tort notable. Je suis peu avancé en sylviculture, et sans en faire un précepte, je penche pour laisser un chicot aux branches coupées, de quelques centimètres au moins. Lorsqu'on a coupé un Frêne par pied, la souche donne des rejetons qui forment de grosses touffes et qu'on doit laisser tels pendant 2 ans ; la 3e année on éclaircit en laissant les plus beaux brins ; si on le faisait de suite on nuirait à la souche qui a besoin de nombreuses branches pour élaborer la grande quantité de sève que fournissent les racines. Le Frêne se reproduit spontanément de graines qui sont disséminées au loin par le vent, au moyen d'une aile dont elles sont garnies. Ces graines sont tellement nombreuses que l'arbre en paraît ployer sous le poids ; comme elles sont terminales, un seul bout de rameau long de 2 à 3 cent. en porte 150 à 200 : un fort pied en fournit des quantités innombrables; leur maturité s'effectue en septembre et octobre.

Si on voulait faire un semis, il faudrait semer aussitôt la maturité, en terrain un peu humide; mais si on retarde un peu, on s'expose à ne voir lever ses graines que la 2e année. La 1re année le jeune plant reste petit, la 2e il commence à progresser, et la 3e il s'élance avec vigueur. Il souffre très-bien la transplantation.

On ne saurait trop recommander aux cultivateurs possesseurs de terrains un peu humides, ravinés ou d'un accès difficile, la propagation de cet arbre précieux dont le bois a toujours un écoulement assuré et lucratif. Les éclaircies sont recherchées par les tonneliers.

2-3. FRÊNE DORÉ. — *Fraxinus jaspidea*. Desf. — Le Frêne jaune se distingue par son écorce rayée de jaune ou entièrement jaune. On le multiplie de greffes. Il n'a de mérite que pour l'ornementation, et à ce titre, offre peu d'intérêt au cultivateur. La variété suivante est encore moins intéressante étant exclusivement ornementale ; c'est le *Frêne pleureur*, (*Fraxinus pendula*. Ait.) dont les branches pendantes vont toucher le sol; se multiplie aussi par greffe.

4. FRÊNE BLANC D'AMÉRIQUE. — *Fraxinus Americana*. — Lindl. — Port à peu près égal au *Frêne commun* dont il diffère peu; on dit que son bois lui est encore supérieur. J'en ai reçu quelques pieds de la Maison Jacquemet-Bonnefond, d'Annonay (Ardèche); ils ont admirablement bien prospéré.

Il existe de nombreuses variétés dans le commerce; mais ne les ayant pas étudiées, je dois les passer sous silence.

Quelques auteurs ont classé le genre *Fraxinus* dans la famille précédente des *Acérinées*.

Le prix commercial de la graine de frêne et celui des jeunes plants sont peu élevés : graines, le kil., 1 fr.; — plants d'un an, le mille, 7 fr.; — 2 ans, 10 fr. et 15 fr. à 3 ans, plants repiqués.

OLIVIER. — *Olea Europœa*. — Linné. — Arbre de 7 à 9 mètres de hauteur; feuilles persistantes, ovales, oblongues, raides, blanches en dessous; fleurs axillaires; petit calice denté; corolle à tube court, à 4 lobes; fruit ovoïde, verdâtre, à long noyau, unisperme.

L'Olivier appartient principalement à la région méditerranéenne d'où il s'avance plus ou moins vers le nord en suivant les sinuosités des vallons. Le port de cet arbre est assez difforme; son tronc est souvent tortueux ; de grosses protubérances se montrent à sa base; ajoutons de nombreux rejetons, et nous avons un arbre qui n'est point fait pour plaire.

Il y a quelques années, je descendais un matin à la gare de Nîmes (Gard). Sans y penser, je me trouvai en face des imposantes Arènes, où le voyageur, tant indifférent fût-il pour les antiquités, se dispense rarement de pénétrer ; là, assis sur d'énormes blocs de pierre disjoints, il médite un instant sur les efforts qu'il a fallu tenter pour construire un monument aussi vaste. On visite la Maison-Carrée toute sculptée. J'ai toujours préféré aux chefs-d'œuvre de l'art ceux de la nature, aussi je ne pourrais rendre l'impression que je ressentis à l'aspect de la source du Gard qui sort en bouillonnant au bas d'une montagne et forme immédiatement un cours d'eau claire et limpide qui laisse voir le lit qu'on reconnaît avoir été dallé ; aux côtés on conserve les antiques constructions de bains des Romains. A quelques pas plus loin, moyennant une modique contribution, le touriste monte au sommet de la Tour-Magne, d'où la vue embrasse toute la ville en même temps qu'un vaste horizon. C'est de là que je pus me rendre compte combien sont nombreux les Oliviers dans le Languedoc. Autant que ma vue put se prolonger, je reconnus l'Olivier planté tantôt symétriquement, tantôt sans ordre, au bord des propriétés, des vignes; et si mes souvenirs sont fidèles, je crois l'avoir vu croître dans les lieux vagues. Aussi dit-on que l'huile d'olive est l'objet d'un commerce important et fait la prospérité des départements du sud de la France.

TROÈNE. — *Ligustrum vulgare*. — Linné. — Arbrisseau de 2 à 3 mètres; feuilles entières, lancéolées, aiguës, longues de 2 à 5 cent.; racines blanches, nombreuses; tiges sarmenteuses, flexibles, gris-cendré; petit calice à 4 dents; fleurs blanches, en grappe serrée, terminales; baies noires. Le *Troène* est très-commun dans les haies, les bois, lieux incultes; ses feuilles se conservent très-tard en hiver, celles qui sont près du sol sont presque persistantes; j'ai vu des rameaux qui ne s'étaient point encore dépouillés en mars. Les baies, en grappes de 5 cent. de long sur un diamètre de 4 cent., d'un beau noir brillant, persistent très-longtemps; j'en ai observé d'une année à l'autre; elles font l'ornement de la campagne pendant l'hiver. On emploie quelquefois le Troène en vannerie ; les chèvres se plaisent à brouter son feuillage.

Il est employé en ornementation dans les massifs des jardins anglais, quoiqu'on lui préfère le plus souvent les *Ligustrum Japonicum*, Thumb., — *Ligustrum Nepalense*, Wall.; ces variétés sont à feuilles persistantes, mais réclament quelques précautions pour les garantir des grands froids.

## FAMILLE DES HYPPOCASTANÉES.

Arbres exotiques à feuilles opposées et palmées, à pétiole cylindrique de 15 à 30 cent. de longueur ; folioles de 5 à 9, sessiles, entières, dentées, longues de 10 à 20 cent.; fleurs nombreuses, terminales, en thyrse ou grappe, s'épanouissant en mai ; capsule coriace, hérissonnée, du poids moyen de 40 gram., à 3 valves ; fruit globuleux, pesant 14 gram., à écorce lisse, luisante; pédoncule gros, long de 2 à 6 cent.; le hyle est très-prononcé puisqu'il a 20 à 25 mill. de diamètre; l'embryon est courbé, et a au moins 15 mill. de longueur ; la maturité a lieu fin septembre et courant d'octobre.

1. Marronnier d'Inde. — *Æsculus hyppocastanum*. — Linné. — Arbre de 18 à 25 mètres, à racines pivotantes et étalées, paraissant quelquefois à la surface du sol; tronc droit et assez élevé. Le Marronnier est originaire de l'Asie ; on l'emploie souvent pour avenues, salles d'ombrage, car il supporte très-bien la tonte. Il n'est pas rare d'en apercevoir un pied isolé près de l'habitation du cultivateur : on aime posséder cet arbre pour son feuillage, l'ombre qui en résulte, ses fleurs en mai et son fruit en automne. Il aime un terrain un peu frais et substantiel : j'en avais planté dans un terrain sablonneux humide, ils n'ont point réussi. Son bois est léger et de mauvaise qualité.

On le multiplie par semence; le fruit doit être semé aussitôt la maturité ou stratifié pendant l'hiver; il n'aime pas à être recépé ; j'en ai perdu par cette opération.

2. Pavia. — *Æsculus pavia*. — Lam. — Arbrisseau rameux; feuilles plus lisses que celles du Marronnier et ayant de petits pétioles ; fleurs jaunes; capsules glabres. Les *Pavias* sont de l'Amérique septentrionale et ne sont cultivés que

dans les parcs et jardins paysagistes ; ils se trouvent rarement chez les cultivateurs. Il en existe plusieurs espèces qui nous offrent trop peu d'intérêt pour être nommées.

## FAMILLE DES AMPÉLIDÉES.

Vigne porte-vin. — *Vitis vinifera*. — Linné. — On croit que la Vigne a été cultivée d'abord en Asie et que de là elle s'est répandue par toute la terre où le climat permet sa culture. Je l'ai trouvée croissant spontanément dans les bois entre Grenoble et Bourg-d'Oisans (Isère); elle s'étendait au loin parmi les bois et les épines; les grappes en étaient petites, rondes, à grains noirs et serrés ; elles étaient laissées à l'amusement des enfants et servaient de nourriture aux oiseaux.

Les lignes qui vont suivre comme celles qui précèdent ne s'adressent exclusivement qu'aux cultivateurs qui ne font pas une spécialité de la culture de la vigne; car je suis loin de me croire viticulteur moi-même. Un bon viticulteur doit d'abord habiter une localité dont la vigne fait le principal revenu, ensuite il doit pratiquer, ou avoir pratiqué s'il ne le fait plus. Quant aux vignerons, ils ont pour les guider des sommités scientifiques sur l'Ampéologie. Il suffit pour s'en convaincre de citer les noms de M. le comte Odart à la Dorée, qui a consacré sa vie à la recherche d'une nombreuse collection réunie par de longs voyages dans les principaux pays vignobles ; et M. le docteur Jules Guyot qui, par ses écrits, a perfectionné la culture, la taille et la vinification.

La Société Impériale d'agriculture de la Loire paraît vouloir encourager la culture de la vigne dans les localités même froides de ce département. En 1864, au Concours agricole de Saint-Héand, elle a décerné une médaille d'argent avec prime à M. Bessy, Jacques, pour son vin des Brossettes, à la Tour-en-Jarret, pays où la culture de la vigne est inconnue.

A la quatrième séance des trois Sociétés d'agriculture de la Loire, tenue à Saint-Chamond, le 27 août 1865, M. le vicomte de Meaux, président, annonça qu'il était saisi d'une demande ayant pour but l'institution d'une commission spéciale de viticulture départementale. L'assemblée consultée adhéra à sa proposition; on était en bonne voie, la commission était presque formée, lorsqu'un arrêté de M. le Préfet de la Loire vint dissoudre l'association fédérative et eut la triste conséquence d'annuler dès son début l'étude de la viticulture dans le département, étude qui était appelée à éclairer cette branche importante de l'agriculture.

La commune que j'habite n'est pas un pays vignoble et la plupart des terrains plantés de vigne ne le sont que pour l'usage de chaque ferme ; on peut comprendre par là que le perfectionnement n'y est pas à son apogée. Je me contenterai donc de dire deux mots sur les observations que j'ai faites sur cette ampélidée.

Ma propriété est à la dernière limite de la culture de la vigne ; sans pouvoir en préciser l'altitude, je l'évalue approximativement entre 6 à 700 mètres, au-dessus du niveau de la mer. Il y a 50 ans, on était surpris de voir la vigne là, la localité paraissait ne pas lui convenir ; et maintenant, on fait de la vigne à 100 et 150 mètres plus haut, avec la satisfaction d'avoir tenté cette culture. Les raisins y arrivent à maturité et se conservent sur les ceps jusqu'à un mois après les vendanges des pays vignobles ; et, comme les raisins sont rares sur les marchés, ils sont vendus pour la table, à des prix bien plus élevés ; et ces vignes, qui font hausser les épaules aux vignerons émérites, rapportent de bons bénéfices à leurs propriétaires.

Souvent nos moyens sont restreints, à nous petits cultivateurs ; on vise aux économies ; on a une nombreuse et jeune famille, et s'il s'agit d'acheter quelques hectolitres de vin, on le trouve d'un prix trop élevé, on hésite devant une dépense qu'on regarde presque comme superflue!... Et pourtant que de force et de courage on puise dans un verre de vin au moment de la fenaison, la moisson et les autres travaux pénibles des champs! Il n'est pas jusqu'à la mère de famille qui n'éprouve le généreux effet de quelques gouttes de vin, lorsque des soins multiples ont éprouvé ses forces. Et puis si un ami, un voisin se présente, quelle satisfaction n'éprouve-t-on pas à lui offrir du vin de son crû qu'on sait ne pas être frelaté? Pour ces diverses considérations, j'engage beaucoup les petits cultivateurs, c'est la classe la plus nombreuse et à laquelle je m'honore d'appartenir, à planter une petite vigne, pour récolter le vin qui leur est nécessaire ; dès lors ils n'auront plus à débourser pour l'achat.

Le cultivateur qui n'est point initié à la culture de la vigne, doit débuter avec beaucoup de circonspection. Il doit d'abord suivre autant que possible les méthodes qui se pratiquent chez ses voisins et laisser les expérimentations pour des hommes plus aptes que lui en ce genre. Quant au cépage, ne nous écartons guère de ceux employés dans la localité; n'imitons point ces seigneurs Russes qui plantent le Syra en Crimée, leur Terre-promise, pour réparer les désastres causés par les armées alliées; ils ne parviendront probablement jamais à produire du vin de l'Hermitage. Celui qui ferait venir à grands frais des boutures de l'Espagne, pour avoir du vin de Malaga, ferait une grande extravagance. Laissons le fortifiant Bordeaux ainsi que le Champagne mousseux à leurs terrains privilégiés; parce que tels cantons produisent les Pommard, les Chambertin, et les Clos-Vougeot, ne cherchons pas à les imiter.

*Exposition.* — Le sud est tout naturellement l'exposition par excellence. Quoique le levant soit favorable, il me paraît inférieur au couchant qui profite des rayons du soleil jusqu'à la disparition de cet astre, tandis que le levant en est privé quelquefois dès 4 heures du soir. Les lieux bas, rapprochés des ruisseaux sont sujets à souffrir des premières rosées froides qui font tomber les feuilles et retardent la maturité des raisins, lorsqu'elles ne l'empêchent pas.

*Préparation.* — Lorsqu'on a arrêté le plan de faire une vigne, il est très-utile, 2 ou 4 ans d'avance, d'ensemencer le terrain de trèfle; cette récolte améliore sensiblement le sol et le rend très-propre à recevoir une jeune vigne.

*Défoncement.* — Dans une plaine, un terrain graveleux ou sablonneux rend l'opération des plus faciles; mais il n'en est pas de même d'un sol où la roche est presqu'à fleur de terre, tel que celui sur lequel j'opère. Dans ce dernier cas, il faut bien chercher le côté de la pierre, selon l'expression usitée; on sait que le sous-sol est composé de couches successives, variant un peu, mais presque toujours se dirigeant de l'est à l'ouest. Il faut alors découvrir la couche supérieure; sans cette précaution indispensable on s'exposerait à un excédant de travail onéreux. Si on est obligé de commencer par le sommet, en terrain accidenté, ce qui rend le travail pénible et difficile en temps de pluie, à cause des éboulements, on oblique un peu, et c'est là justement ce que j'ai fait l'hiver passé: je me suis applaudi d'en avoir agi ainsi.

La largeur des tranchées n'a rien de fixe; elle est généralement de 80 cent.; mais si la pierre est dure et qu'il soit nécessaire de se servir du carreau et même de la poudre, ce qui n'est point rare, on fait des tranchées de 1 m. 25 et même plus d'ouverture; il y a plus de jeu pour travailler.

Dans un chantier de *mineurs*, l'œil du maître est tout à fait nécessaire pour veiller à ce que tout bloc de pierre, tout fragment de racine soit scrupuleusement rejeté hors de la tranchée. Il est une autre chose à laquelle il doit être apporté une grande attention; c'est qu'en pays accidenté, le fond de la tranchée présente la même déclivité que celle qu'offre le sol à sa surface; sans cette surveillance assidue, l'ouvrier est sujet à faire des espèces de petites cuvettes qui peuvent retenir l'eau d'autant plus que le terrain est plus ou moins imperméable, et on sait que l'eau est préjudiciable à la vigne. Pour remédier à cet inconvénient, on est dans l'habitude louable et consacrée par l'expérience, de former le lit de la tranchée en rejetant au fond, derrière soi, la pierraille, les graviers, ou, à défaut, 6 à 8 cent. du terrain le plus grossier; cette couche forme un drainage parfait, toujours très-bon pour la vigne.

On doit avoir soin qu'aucun ouvrier, par indolence, ne cache aucune pierre; car les pierres qu'on déterre sont d'une utilité incontestable pour clore la pièce défoncée en murs de pierre sèche : on ne devrait jamais clore par une haie vive. Dans les terrains en pente, ces pierres servent à faire des murs de soutènement. Le voyageur qui traverse le département de l'Ardèche est tout étonné de voir le grand nombre de murs de cette nature.

J'ai dit qu'il était nécessaire de veiller à l'expulsion des racines; je le répète et crois devoir mentionner, comme incommodes, les suivantes : — La *grande fougère* qui, une fois implantée au fond d'un miné, est d'une destruction, pour ainsi dire, impossible; à côté de ma vigne, j'ai un voisin dont la vigne est en grande partie envahie par cette plante, à tel point que cette vigne est perdue; — l'*hièble* est moins commun; il m'a donné beaucoup de peine pour m'en rendre maître; il s'enfonce et trace; la *chondrille joncée* est une composée à fleurs jaunes, presque sans feuilles; elle est laiteuse et s'élève de 1 m. à 1 m. 50; ses racines très-cassantes sont d'une extraction difficile; le plus petit fragment suffit pour reproduire, aussi recommande-t-on aux ouvriers de ne point l'enfouir; — je dois encore citer le *liseron commun*; ses racines moins grosses sont plus sujettes à être enterrées. J'ai une vigne qui le produit et je ne vois pas de moyens de m'en débarrasser.

La profondeur du défoncement dépend de la position et de la qualité du terrain; il est plus profond s'il est plat ou argileux, moins s'il est en pente et perméable. J'avais un angle de vigne où la maturité du raisin s'effectuait mal, parce qu'on avait défoncé et planté trop profondément. Ordinairement dans les sols en pente et légers on mine de 65 à 75 cent.; cette profondeur est tout à fait suffisante. Un cultivateur de ma connaissance, se plaisait à défoncer à 1 m. 25; ce surcroît de dépenses a été inutile : sa vigne n'a pas plus rapporté que celles de ses voisins.

*Plantation.* — Le défoncement terminé, on enlève les pierres pour la clôture et on nivelle le terrain. Préalablement on trace la plantation, à l'aide d'un cordeau, par de légers sillons, coupés à angles droits par des lignes transversales. Les lignes sont distantes de 75 à 85 cent., la moyenne étant de 80 cent., on aura donc autant de carrés de 80 cent. de côté, qu'il en peut entrer dans l'espace à planter. Dans un terrain plat et uni, le cultivateur un peu intelligent, peut faire une plantation bien alignée ; mais il n'en est plus de même sur un sol où il existe des dépressions, des proéminences, et surtout des penchants opposés. Il faut, dans ce dernier cas, s'adresser à quelque homme expert comme il s'en trouve partout où il y a des vignes; ils ont le tact, l'habitude et surtout le goût à ce genre de travail, et ils se mettent de grand cœur à la disposition des inexpérimentés; ils apportent même un léger amour-propre à bien tracer une vigne. Le jour de la plantation est un jour de petite réjouissance, et on fait un faible extra à la ferme, car on dit *que pour qu'une vigne pousse bien, il faut bien l'arroser.*

En mars dernier, pendant quatre journées consécutives, j'ai travaillé avec trois ouvriers que j'employais à tailler ma vigne; pendant le travail on discourait sur les divers travaux de la vigne et sur les cépages. La connaissance des ouvriers agricoles est plus avancée qu'on ne le suppose généralement; j'avoue mon incapacité et j'ai appris d'e.. de très-bonnes choses. L'ouvrier agricole est jugé un peu légèrement et l'on s'empresse trop de lui jeter à la face l'épithète de routinier; il faut avoir travaillé et vécu avec lui pour l'apprécier à sa juste valeur; s'il a les mains calleuses, c'est selon moi un titre de plus à l'estime publique. Les mêmes ouvriers ont conduit le tracé de ma plantation du printemps avec un aplomb qui m'a émerveillé, mon terrain était à déclivités tout à fait opposées.

Je reviens à la plantation. Un premier ouvrier suit une ligne en faisant un trou avec le pal de fer; un 2e vient enfonçant la bouture à 70 cent. environ de profondeur; un 3e *terraute*, c'est-à-dire met de la terre végétale à l'orifice du trou ; enfin 2 autres ouvriers *baguettent*, c'est-à-dire, pressent la terre fortement contre la bouture, de telle sorte qu'en la tirant, elle casse plutôt que d'être arrachée.

Il est rare qu'il ne manque pas quelques boutures, soit par accident ou autres causes, mais on repique à l'année suivante.

La plantation terminée, on coupe les boutures à environ 15 cent. de hauteur.

Pendant la première année, le terrain planté en vigne, n'a besoin d'aucune culture; on se contente, en août et septembre, d'arracher à la main les rares plantes annuelles qui prennent un trop grand développement. Si quelques boutures ont tellement bien repris, qu'elles soient parvenues à une longueur de 50 à 60 cent., il serait très-bien de les rabattre à 20 ou 30; cette opération renforce le pied. Notons en passant qu'on doit peu planter de légumes, car ils nuisent à la nouvelle plantation.

*Taille.* — La 1re taille peut être exécutée par le moins habile; elle consiste à laisser un courson long de 5 à 7 millimètres. La 2e n'offre rien de bien sérieux, mais à la 3e, il faut absolument mettre la jeune vigne entre les mains d'un vigneron qui connaisse son métier ; c'est le temps de la former et de là dépend la conduite pour toute sa durée qui peut être de 60, 80 ou 100 ans. On forme la charpente d'une vigne à 15 cent. de hauteur ; au-dessous, elle est enterrée, selon l'expression, et les grappes peuvent toucher le sol; au-dessus, la chaleur se fait moins sentir pour la maturité. Un cep bien conduit, doit avoir 4 branches placées symétriquement et presque horizontales, de manière que l'on puisse s'asseoir dessus, ainsi que je l'ai entendu dire aux vignerons. Les coursons de cette jeune vigne doivent être courts : 12 à 14 millim. sont suffisants; celui qui n'a pas l'habitude de la taille pèche toujours par trop de longueur.

La jeune vigne a grandement besoin de rester pendant 3 ans entre des mains habiles ; après il n'y a plus qu'un chemin tracé et unique à suivre. Si cette vigne est conduite par un cultivateur intelligent, il ébourgeonnera lorsque les sarments auront atteint 20 à 30 cent. de longueur et il ne laissera à chaque bras que 2 branches qui n'auront chacune qu'un raisin, ce qui fait 8 grappes par cep ; ces grappes seront belles, nourries, aérées, pénétrées par les rayons solaires et donneront un produit équivalent en poids à 12 à 16 grappes, maigres, ombragées et pressées.

*Façons*. — Les façons que l'on doit donner à une vigne bien entretenue, sont au nombre de trois :

La 1re, appelée dans ma localité, tout simplement, le *piochage*, se pratique ainsi que les autres avec la pioche (je ne décris pas cet outil). Elle se commence après la taille, dans la première quinzaine d'avril et se poursuit jusqu'en mai. Cette façon consiste à déchausser le pied de la vigne et à réunir la terre au milieu des rangs de ceps. On enlève les herbes printannières que l'on met sécher.

La 2e façon est nommée *binage* et consiste à aplanir le monticule qui a été fait lors de la 1re et à étendre la terre sur les racines en nettoyant toujours les herbes. Cette 2e opération a lieu dans les vignobles dans le courant de juin, presque aussitôt après avoir terminé le piochage.

La 3e, connue sous le nom d'*hivernage*, se pratique en faisant un fossé au centre des sillons et en rejetant la terre à droite et à gauche. L'ouvrier commence par le haut et va à reculons. On procède à l'hivernage aussitôt après la chute des feuilles ; ordinairement en novembre.

L'*échalassage* s'effectue à la 3e année de la vigne : à cet âge elle a besoin d'un support. La longueur de l'échalas n'a rien de fixe ; elle est ordinairement de 1 m. 25 c. Trois sortes sont employées dans ma localité : 1° Ceux provenant des émondages des sapins de Pilat, montagne assez élevée où abonde ce résineux. Ils ne sont pas droits ; on les redresse au feu, mais, exposés à la pluie, ils redeviennent tordus et font un mauvais usage. Le prix moyen est de 2 fr. le 100 ; leur emploi tend de jour en jour à disparaître ; 2° les échalas de pins refendus ons pris faveur et remplacent avantageusement les premiers : ils ne se contournent jamais ; il s'en fabrique des quantités considérables et se vendent à raison de 3 fr. le 100. Enfin une 3e sorte bien moins connue et bien préférable aux autres, ce sont les échalas en bois de châtaigner qui sont d'une durée double des autres et qui, après avoir élevé une vigne, peuvent en élever une seconde ; leur prix varie entre 4 fr. 50 et 5 fr. le 100.

Le *relevage* s'opère en attachant les sarments à l'échalas ; on y procède dès qu'ils ont atteint une longueur suffisante.

L'effet de ce travail est de mettre la vigne hors des atteintes du vent ; d'aérer le raisin et de le disposer à recevoir les rayons du soleil qui lui sont si nécessaires, et enfin d'abriter un peu les grappes contre l'éventualité d'une grêle désastreuse. Cette opération est à peu près indispensable et donne un aspect agréable à la vigne, surtout lorsque le vigneron a rabattu les sarments à hauteur égale.

Il est encore une opération que le plus grand nombre des vignerons ne pratiquent point. Je ne sais trop comment la nommer sinon l'*ébourgeonnement*. C'est lorsque les branches sont encore à l'état herbacé et qu'elles n'ont que 15 à 20 cent., qu'il est utile de se livrer à ce travail. Il faut peu d'effort pour retrancher avec la main les rejetons qui viennent du pied, les brindilles, les jets gourmands, les branches inutiles et même les bonnes lorsqu'elles excèdent le nombre de 8, soit 2 par courson ; si quelques petits raisins sont supprimés les autres seront mieux nourris : il y aura compensation. L'ébourgeonnement doit être pratiqué par une personne connaissant la taille.

La vigne est docile et semble se prêter à tous les climats et se façonner de toutes manières. Dans les pays froids, on la cultive en serre ; à une altitude moins froide, c'est en espalier ; à Odessa, en Russie, les ceps de vigne sont recouverts de terre en entier pour les garantir de la gelée ; parmi nous la vigne est très-basse, afin que la chaleur soit plus forte ; sur les bords du Rhône et en Provence, ce sont des hautains, c'est-à-dire qu'elle est élevée de 2 et 3 m. ; en Languedoc on ne la relève (attache) jamais afin de tenir le raisin ombragé ; et si nous passions les Alpes, nous verrions sous le beau ciel d'Italie, la vigne s'élever à perte de vue, sur les ormeaux.

En petite culture de vigne, — c'est celle dont je parle, — le moment de la récolte est pour tous un plaisir ; le personnel de l'exploitation fait trêve aux travaux ordinaires parce qu'on fait vendange. Si le temps est favorable, que le soleil se montre, on s'adjoint quelques parents ou voisins et on fait une espèce de fête à la ferme. Dans nos contrées, un peu élevées, la récolte a lieu ordinairement dans la dernière quinzaine de septembre, cette année, la première d'octobre.

Si je conseille aux cultivateurs peu au courant de la viticulture de se servir d'hommes connaissant cet art, pour tracer le plan d'une vigne et pour la *marcher* les premières années, à plus forte raison en auront-ils besoin lorsque les raisins sont dans la cuve, terme des travaux de toute l'année. Aussi ne dirai-je pas un mot de la vinification : je craindrais de donner de faux conseils ou peut-être de ne pas me faire comprendre.

On ne saurait apporter trop de soins à la propreté de tous les ustensiles servant à la fabrication du vin, tels que cuves, pressoirs, tonneaux, bennes, seaux, etc. La cave même doit être nette ; rien ne nuit au vin comme l'eau croupissante qui se trouve parfois dans les caves de cultivateurs négligents. On doit s'abstenir aussi de placer dans la cave du vin, les produits agricoles, pommes de terre, betteraves, choux, pommes, etc., qui sont toujours plus ou moins fermentatifs.

Chaque localité a une manière particulière pour mesurer la surface d'une vigne. Dans mon canton on dit une *hommée* de vigne ; c'est à peu près ce qu'un homme peut travailler en une journée. Cette dénomination locale comprend 800 ceps de vigne (640 m. de superficie). Un hectare planté en vigne contient 12,500 ceps.

Le produit courant d'une vigne et de 4 hectolitres de vin par hommée, ce qui ferait un produit de 78 hectolitres par hectare. En supposant qu'il se vende au prix minime de 15 fr. l'hectolitre, on a un revenu de 1170 fr. par hectare : on voit par là que la culture de la vigne est passablement rémunératrice.

Je crois que des sociétés d'horticulture ou de pomologie ont émis le vœu, ou se sont déjà peut-être occupées, de rendre uniforme la synonymie des fruits. C'est un acte trèslouable et qui mérite la sympathie de tous les cultivateurs : rien n'entrave la marche du progrès pomologique, comme cette confusion de noms variant de canton à canton, je dirai même d'une localité à une autre. On se procure avec beaucoup de peine, sous telle dénomination, un arbre fruitier ou une bouture de vigne, puis après 4 à 6 ans d'attente on reconnaît un fruit que l'on possédait sous un nom différent.

Je viens de faire la récolte (6 octobre) d'une plantation de 2 hommées (1600 pieds de vigne) qui était à sa 6e feuille, comme on dit, c'est-à-dire qui avait 6 ans. J'ai voulu me rendre compte du produit comparatif des variétés peu nombreuses, il est vrai ; pour cela, j'ai compté et pesé les grappes d'un pied de chaque variété. J'en donne le résultat en dénommant chacune des variétés du nom qu'elle porte dans ma localité, faute de connaître le véritable.

1. GAMAY ORDINAIRE. — Susceptible de donner un vin de

première qualité, mais son produit est si faible que sa culture est entièrement abandonnée dans notre canton. Son cépage est de courte durée; le pied vieillit plus tôt que celui des autres plants; il ne donne alors que fort peu de bois et partant beaucoup moins de raisins. Il lui faudrait un terrain fertile et d'abondants engrais, mais son produit ne couvrirait pas les frais.

Raisin noir; grappe oblongue; grains de grosseur ordinaire, mais en petit nombre: les trois quarts restent très-petits, de la grosseur d'un plomb de chasse. Quoique le *Gamay* ait un goût qui plaît, plusieurs autres lui sont préférés pour la table.

Produit comp. et moy. d'un pied: 7 grappes; poids: 225 gram. On suppose qu'il faut 150 kilog. de raisins pour faire un hectolitre de vin, ce qui ferait pour le *Gamay* un rendement à l'hectare de 18 hectol. de vin.

2. Gamay de la Chassagne. — Le cépage est peu différencié du n° 1; les gros grains sont plus nombreux. Il demande aussi un terrain substantiel.

Produit comp.: 15 grappes, pesant ensemble 700 gram.; par hectare 58 hectol. de vin.

3. Gamay picard. — J'ai reçu cette variété par l'intermédiaire d'un ami qui m'a laissé ignorer sa provenance et je cite son nom sous toute réserve. Plant vigoureux; s'est mis à fruit dès la 2e année; un peu précoce; grain noir, brièvement ovoïde; pédoncule gros et court; feuilles profondément incisées. Cette variété me paraît avoir un avenir.

Produit comp: 8 grappes pesant ensemble 1 k. 600 gr., soit à l'hectare, 133 hectol. de vin.

4. Isabelle noir. — Ce cépage est, dit-on, d'origine américaine; il est vigoureux; feuilles grandes, très-cotonneuses; grappe très-longue; grains gros, mais très-peu serrés; une taille courte lui ôte beaucoup de fruits. Il a un goût de cassis très-prononcé, ce qui caractérise cette variété; les uns aiment beaucoup cette particularité, d'autres la craignent; mais comme vigne d'amateur, ce plan est recherché, et il est devenu indispensable au collectionneur.

Produit comp. d'un cep: 11 grappes pesant ensemble 500 gr. soit par hectare 41 hectol. de vin.

5. Persignat a bois clair. — Propre à donner du très-bon vin; cépage fort; taille longue ou plutôt un pleyon. Il demande un terrain substantiel; je l'ai vu donner de bien

faibles produits en terrain pauvre; dans le sol qui lui convient, il donne souvent des grappes de 4 à 500 grammes.

Produit comp. d'un cep : 9 grappes, 2 k. 225 gr. soit à l'hectare, 185 hectol. de vin.

6. Persignat a bois gris. — C'est une sous-variété du précédent; il en diffère par son bois qui est gris ou plutôt couvert de petits points noirs; le pédoncule est comme rouillé ou grisaillé, tandis que celui de l'autre est d'un beau vert-clair; les raisins et le reste sont parfaitement identiques. Le *Persignat gris* est considéré comme inférieur à l'autre sous le rapport du produit, ce que j'ai pu constater par une différence en moins de 425 grammes.

Produit comp. d'un cep : 10 grappes, 1 k. 800 gr.; soit à l'hectare, 150 hectol. de vin.

7. Pique-poule. — Me trouvant à Montélimart (Drôme), je voulus rapporter quelques boutures du cépage le plus commun de cette localité; on me le désigna par le nom que je viens de citer. Bois très-gros, grisâtre; plant fort et vigoureux; raisin noir, à grains moyens, d'inégale grosseur; maturité un peu tardive.

Produit comp. d'un cep, 10 grappes, 2 k. 200 gr. ; soit à l'hectare, 183 hect. de vin.

8. Teinturier. — Ce cépage est peu vigoureux et réclame un bon sol; je l'ai remarqué en treillage comme bordure de vigne; son principal mérite consiste à colorer les vins. Tout participe de sa couleur : son bois est rouge et son feuillage se colore de même à l'automne. L'amateur se plaît à posséder ce plant.

Produit comp. d'un cep : 7 grappes, 400 gr. soit par hectare, 33 hect. de vin.

9. Serine. — Cépage à bois assez dur; taille longue; feuilles cotonneuses en dessous, fortement découpées. Des vignobles entiers sont plantés de *serine*; le vin que ce raisin donne est de bonne qualité : c'est lui, dit-on, qui fournit le vin renommé de Côte-Rôtie.

Produit comp. d'un cep : 11 grappes, 1 k. 150 gr., soit à l'hectare, 95 hectol. de vin.

10. Monéri. — Ce cépage doit avoir un nom propre dans les grands crûs; je ne puis l'affirmer, mais il est très-ancien. Le bois est dur; il se taille long; raisin noir, doux lorsqu'il est bien mûr; grappes longues; grains ovales, peu serrés.

Produit comp. d'un cep, 12 grappes, 1 k. 50 gr. ; soit à l'hectare, 87 hectol. de vin.

11. Corbeau. — Cépage de vigueur moyenne ; sans être très-commun, il est assez répandu dans notre canton ; feuillage se colorant prématurément ; le pétiole est très-long (10 à 15 cent.), eu égard à la feuille qui est moyenne ; fruit noir-foncé ; grappe moyenne ; grains assez gros, ronds, peu serrés ; pédoncules colorés à la maturité ; raisin assez hâtif, doit faire du bon vin ; très-bon pour la table.

Produit comp. d'un cep : 13 grappes, 750 gr. ; soit à l'hectare, 62 hect. de vin.

12. Mornin noir. — De nos jours on plante la vigne dans des terrains vagues où ne croissent que des genêts, des bruyères et même des genevriers aux feuilles persistantes ; le sol a tout au plus 6 à 10 cent. de terre végétale. Si on y plante le *Persignat* au gros bois, le fin *Gamay* ou la *Serine*, bientôt on ne pourrait plus vendanger. Le *Mornin noir* est appelé à remplir cette lacune ; il ne donnera pas abondamment, mais il donnera, c'est déjà quelque chose. Dans nos plantations en côte, dans une terre extrêmement légère et perméable, c'est le *Mornin noir* qu'il nous faut. Est-ce à dire qu'il ne réussisse pas dans les terrains meilleurs ? loin de là ; il y donne d'abondants produits ; aussi dans nos localités, en bien des vignes, il figure pour les 9 dixièmes. Il laisse peut-être à désirer sur la qualité du vin qu'il fournit ; mais il est facile de mélanger la plantation et d'y mettre des plants à fort cépage par 2 ou 3 dixièmes. Le *Mornin noir* est très-bon pour la table. Il se taille à bois court et offre l'avantage pour les vignes élevées, qui sont quelquefois atteintes par les gelées tardives, de donner encore quelques fruits par les sous-bourgeons qui repoussent après.

Produit comp. d'un cep : 17 grappes, 1 k. 700 gr. ; soit par hectare, 141 hect. de vin.

13. Mornin blanc, Chasselas blanc ou Chasselas de Fontainebleau. — Il est rare de trouver une vigne où ne figurent pas quelques pieds de Chasselas. Aussi n'a-t-il pas besoin de recommandation ; il s'est tellement multiplié que son prix est devenu accessible à toutes les bourses : dans nos grands centres populeux, il n'est point rare de le voir vendre 10 cent. le kilogramme. Dans le nord, il reste vert ; dans le midi, il perd son bon goût ; dans le département de la Drôme, il acquiert un coloris que l'on trouve rarement ailleurs ; aussi, depuis l'établissement des voies ferrées, il s'en

— 63 —

exporte des quantités considérables qui sont dirigées sur Paris pour aller de là alimenter le nord de la France (1).

14. Muscat noir. — Les *Muscats* sont des raisins de table; on en plante quelques pieds dans les vignes, mais ils restent toujours en petit cépage comparé aux autres plants. J'ignore même s'il se fait du vin muscat; dans tous les cas, il ne peut être qu'en faible quantité. Grappe rouge, passant au noir à complète maturité ; grains craquants, assez gros et serrés; goût de muscat très-prononcé.

Produit comp. d'un cep : 7 grappes, 125 gr. soit à l'hectare 10 hectol. de vin.

15. Muscat blanc. — Ce cépage assez semblable au précédent et n'en différant que par la couleur, m'a paru un peu inférieur en produit. Il en existe plusieurs variétés; je n'en possède qu'un seul pied d'un plant qui est assez vigoureux, à grains vert-clair, peu serrés, mais énormément gros.

16. Chêne, persignat de chêne. — Toujours prohibé dans nos vignes, on le rencontre néanmoins partout, mais en petit nombre; voici pourquoi : le choix des boutures est presque toujours confié à une personne étrangère à la taille, et ce cépage étant vigoureux, donne des boutures bien conditionnées qui sont récoltées de préférence aux autres. Comme ce plan est vigoureux et peu aimé des vignerons, on se plaît à le *charger*, c'est-à-dire, à lui donner jusqu'à deux pointes; il donne alors un produit abondant. Raisins blancs, à grains petits, serrés ; ce raisin est si doux que les autres lui sont préférés pour la table.

Produit comparatif d'un cep : dans un terrain substantiel, donne peu dans un sol pauvre, 23 grappes pesant ensemble 1 k. 750 gr.; soit à l'hectare, 145 hectol. de vin.

17. Pointu. — Je considère ce cépage comme très-ancien dans nos localités; plant vigoureux ; taille longue; fruit noir, mais tardif; grappes longues, à grains ovales, gros, peu serrés.

Produit comp. d'un cep : 17 grappes, 2 k. 125 gr. ; soit à l'hectare, 177 hectol. de vin.

(1) Le but que je me suis proposé en livrant à la publicité les simples observations que j'ai faites sur les plantes nuisibles et utiles, est : 1° de les faire connaître, d'abord; 2° d'encourager à extirper les mauvaises et à cultiver les bonnes ; 3° de répandre celles-ci par semences ou par plantes dont je puis disposer. Ainsi je mets à la disposition des cultivateurs des boutures des vignes qui précèdent, en petite quantité, à 5 centimes la pièce. Le n° 12, *Mornin noir*, à volonté, à 3 f. le cent.

18. Gros rouge. — Je crois que cette variété est le *Gros grommier du Cantal* du commerce. Il forme un cépage très-fort; le bois est gros et rougeâtre; il réclame la taille longue et un terrain substantiel. Quelques treilles, adossées aux constructions rurales, se font admirer par leur grosseur et le nombre prodigieux de grappes qu'elles produisent. Grains très-gros, rouges du côté frappé par le soleil et restant verts à l'ombre; bon pour la table. Ce cépage n'est jamais bien nombreux dans une vigne. J'ai remarqué que des ceps sont sujets à la coulure, et chaque année, à la fleuraison, la grappe avorte et demeure stérile; cela arrive toujours sur le même pied: on doit le remarquer et le greffer ou le remplacer par un provignage.

Produit comp. d'un cep: 4 grappes, 2 k. 400 gr.; soit à l'hectare, 200 hect. de vin.

19. Rousse. — J'ai comparé le plant de notre localité avec la *Roussane* du commerce qui donne le vin blanc de l'Hermitage, mais ils ne se ressemblent pas. La *Rousse* est très-productive, et, plantée dans une juste proportion, elle donne du montant à notre vin trop *plat* du *Mornin noir;* du moins, tel est le jugement porté par les personnes compétentes en cette matière. Elle se taille à bois court. J'ai également fait la remarque de quelques pieds stériles qui doivent être remplacés. Grappes moyennes; grains ovoïdes devenant roux à la maturité.

Produit comp. d'un pied: 13 grappes, 1 k. 730 gr.; soit à l'hectare, 144 hect. de vin.

20. Liverdon. — Ne possédant qu'un seul pied de cette espèce, ainsi que de la suivante, et mon appréciation étant trop superficielle, je me contenterai de dire que ce raisin a beaucoup de rapport avec les gamays, et si je ne me trompe, il est aussi nommé *Gamay de Liverdun*. Il doit fournir d'excellent vin. Produit bien moyen.

21. Frankenthal noir de Hambourg. — Gros grains ronds, belles grappes. On en dit du bien; mais je ne puis asseoir mon jugement sur une première récolte.

Le chiffre indiquant le rendement par hectare peut paraître exagéré au premier abord; j'avoue que moi-même, j'ai voulu m'assurer de l'exactitude des chiffres; après avoir rempli ma première, mais bien petite cuvée qui contient 25 hectolitres, j'ai compté les pieds de vigne vendangés, ils étaient de 3,000.

Le pesage, ainsi que la description sommaire, ont été effectués le même jour qu'a eu lieu la vendange (6, 8 et 9 octobre). Je prenais des notes au crayon, et le soir, après ma journée, je rédigeais ces lignes. Telles sont, sur la vigne à ses dernières limites, les simples observations d'un cultivateur qui est peu vigneron.

La famille des *Ampélidées* ne fournit qu'une autre plante qui est exotique et ne se trouve que rarement chez le cultivateur ; c'est la *Vigne vierge (Cissus quinquefolia,* — Desfontaines ; — *Hedera quinquefolia,* — Linné. — Arbrisseau sarmenteux, à racines s'implantant contre les murs, s'élevant de 3 à 6 mètres ; feuil. palmées, à folioles dentées, longues de 8 à 12 cent., ovales acuminées ; pétiole cylindrique, rouge, long de 6-7 cent.; fl. en grappe, de peu d'effet ; baies noires. On l'emploie dans les jardins à couvrir les tonnelles ; multiplication de couchage. De l'Amérique du Nord.

## FAMILLE DES GÉRANIACÉES.

Ce sont des plantes herbacées qui se rencontrent assez souvent dans les champs, les prés secs, aux bords des ruisseaux et le long des haies. Elles se plaisent dans les cultures sarclées, mais ne sont jamais si nombreuses qu'elles puissent nuire aux récoltes. Les bestiaux s'en nourrissent sans les rechercher.

Le genre *Geranium :* 5 sépales ; 5 pétales ; 10 étamines ; arêtes se roulant en spirale élastique, de la base du bec au sommet ; feuil. à nervures palmées.

1. Bec de grue, Herbe a Robert. — *Geranium Robertianum.* — Linné. — Herbe bisannuelle, haute de 2 à 5 déc., couchée ou penchée, rarement droite, rougeâtre principalement sur les nœuds qui sont gros ; feuil. à 3 ou 5 segments, pinnatifides qui sont eux-mêmes incisés ; pétales entiers, roses ; fleurit d'avril à octobre. Cette plante se plaît dans les lieux un peu ombragés, non loin des ruisseaux et dans les haies : on la trouve presque partout. Si elle n'est pas utile, du moins elle réjouit la vue par ses fleurs et ne fait de mal à personne. Elle semble se cacher dans les fourrés, où le rossignol fait entendre ses bruyantes et harmonieuses cascades.

2. Bec de grue mollet. — *G. molle.* — Linné. — Herbe annuelle, à feuil. réniformes, palmatifides, à 5 ou 7 divi-

sions partagées en lobes inégaux ; tige de 1 à 4 déc., faible et penchée ; en mai, fl. roses. Très-commun ; se plaît dans les prés chauds, fertiles et abrités où je l'ai vu en abondance ; il passe inaperçu parmi les autres plantes fourragères, et si on ne cherche pas à le multiplier, il serait inutile de lui faire la guerre.

3. Bec de grue à feuil. rondes. — *G. rotundifolium.* — Linné. — Herbe annuelle, à feuilles réniformes, palmatilobées, à 5 ou 7 lobes obtus ; tige de 1 à 4 déc., diffuse ou dressée, molle. De mai à octobre fl. roses, petites ; pétales entiers, dépassant peu le calice. Cette plante se trouve partout ; elle n'est point nuisible, mais n'offre aucune utilité.

4. Bec de grue colombin. — *G. colombinum.* — Linné. — Herbe annuelle, à feuil. profondément palmatisequées, à 5 ou 7 segments découpés en lanières linéaires ; tige faible, pubescente, haute de 2 à 5 déc. En mai-septembre fl. roses. Très-commun ; se plaît dans les champs cultivés, quelquefois au bord des haies.

5. Bec de grue à feuil. de ciguë. — *Erodium cicutarium.* — L'Héritier. — *Geranium cicutarium.* — Linné. — Herbe annuelle ou bisannuelle, à feuil. pennées ; folioles pennatisequées, à segments incisés ; tiges généralement couchées, rougeâtres, de 1 à 5 déc.; sépales striés ; avril-octobre, fl. rouges. Cette plante abonde dans nos coteaux, parmi nos récoltes sarclées, dans les vignes, aux bords des chemins ; elle est mangée par les bestiaux.

On sait que la floriculture est en possession de près de 600 espèces de Géraniums, plutôt connus sous la dénomination de Pélargoniums. — L'Héritier ; — presque tous sont venus du Cap. Comme ces fleurs réclament la serre tempérée, le cultivateur n'a guère le loisir de s'en occuper.

## FAMILLE DES OXALIDÉES.

Plantes herbacées à 5 sépales, 5 pétales, 10 étamines et capsule à 5 loges et 10 valves.

1. Oxalide aigrelette. — *Oxalis acetosella.* — Linné. — Herbe vivace, à racines rampantes ; feuil. radicales, à folioles obcordées ; pétales plus longs que le calice. Avril-juin, fl. blanches. Intérêt nul en agriculture. Montagnes ; lieux humides ou ombragés.

2. O. DRESSÉE. — *O. stricta*. — Linné. — *O. Europea*. — Jordan. — Herbe annuelle ou bisannuelle, à racines pivotantes et fibreuses; feuil. ternées, à folioles obcordées; tige de 1 à 3 déc., rougeâtre à la base; pédoncules axillaires; juin-octobre, fl. jaunes. L'*O. dressée* se plait dans les terres à blé un peu ombragées; on la trouve fréquemment; elle est peu préjudiciable aux récoltes.

On cultive un grand nombre d'Oxalides pour l'usage de la cuisine, telle est l'*Oxalis tuberosa* cultivée dans le midi de la France pour ses feuilles qui sont mangées comme celles de l'oseille et ses tubercules qui sont employés à divers usages culinaires. Diverses variétés sont également cultivées comme plantes d'ornement; mais, en résumé, toutes les Oxalides offrent peu d'intérêt aux cultivateurs. J'avais reçu quelques tubercules, mais, par défaut de soins, les plantes qui en provinrent périrent la 2e année.

## FAMILLE DES BALSAMINÉES.

BALSAMINE DES JARDINS. — *Balsamina hortensis*. — Desp. *Impatiens Balsamina*. — Linné. — Herbe annuelle; feuilles oblongues, lancéolées, dentées; tige grosse, charnue, simple ou rameuse, de 2 à 4 déc.; fl. rouges, roses, blanches, violettes ou panachées, simples ou doubles, en juillet-août. Les Balsamines sont bien à la portée de la floriculture du cultivateur. On sème fin avril et mai; on repique ou on laisse en place. La variété dite *Camélia* est fort belle. Originaire de l'Inde.

Le genre *Impatiens* fournit une plante indigène qui se trouve assez rarement près des ruisseaux, des montagnes (à Pilat, Loire). Elle n'offre qu'un intérêt botanique; c'est l'Impatiente n'y touchez pas; — *Impatiens noli tangere*. — Linné. — Les autres espèces sont exotiques et réclament de copieux arrosements pendant les chaleurs; mais nous, cultivateurs, avons peu de temps à leur accorder, et elles sont rarement cultivées dans nos jardins. Ce sont les Impatientes glanduleuses, — *I. glanduligera*, — Royle, — de Cachemire, vigoureuse, plante de 1 m. à 1 m. 80, rameuse; lieux un peu ombragés; — l'Impatiente à trois cornes, — *I. tricornis*, — Wall., — de l'Inde, haute de 90 cent. à 1 m. 50; fl. jaunes; à l'ombre. La Balsamine des jardins, qui a servi à désigner cette famille, a été introduite en Europe au commencement du seizième siècle.

## FAMILLE DES RUTACÉES.

Rue puante. — *Ruta graveolens.* — Linné. — Herbe à base sous-ligneuse; feuil. découpées à segments charnus; tiges formant touffe; fl. d'un jaune-pâle, en corymbe. Cette plante a une odeur nauséabonde, une teinte qui déplaît, des fleurs qui n'attirent point les regards; elle croît sur les coteaux du midi qu'elle n'embellit guère. Elle est cultivée dans les jardins pharmaceutiques pour son emploi en médecine humaine et vétérinaire.

Le Dictame ou Fraxinelle (*Dictamus fraxinella*, Pers.), est une plante ornementale qui se trouve rarement dans le jardin de la ferme.

## FAMILLE DES CÉLASTRINÉES.

Le genre *Evonymus* se compose d'arbustes d'ornement très-propres à la décoration des jardins en paysage.

1. Fusain d'Europe. — *Evonymus Europœus.* — Linné. — Arbuste de 3-4 mètres, à racines blanches; feuil. glabres, entières, à très-petites dents; fl. petites, vert-blanchâtre, en mai-juin; capsule à 4 angles obtus, d'abord verte, et rose à la fin; graines totalement enveloppées par l'arille qui est d'un jaune-orange. Cet arbuste a différents noms, tels que *Bonnet de prêtre, Bois à lardoire, Cache carré.* Il est commun dans les haies et les taillis, où son fruit très-abondant fait de l'effet en octobre-novembre. En horticulture, il sert de sujet pour greffer les espèces exotiques. On doit semer la graine aussitôt qu'elle est à sa maturité.

2. F. a larges feuilles. — *E. latifolius.* — Scopoli. — Arbuste de 3 à 5 m. à feuil. plus larges que le précédent; capsule à 5 angles; fruits en août-septembre; hautes montagnes.

3. F. du Japon. — *E. Japonicus.* — Thumb. — Arbrisseau de 60 cent. à 1 m., à feuil. persistantes, panachées, épaisses, obtuses, glabres, légèrement ondulées. Supporte bien nos hivers dans le climat de la vigne, et fait un bel effet. On cite encore le F. nain, — *E. nanus,* — Marsch., — du Caucase.

Le genre *Ilex* forme, suivant les auteurs modernes, une famille nommée *Ilicinée* selon les uns, *Aquifoliacée* selon d'autres.

Houx commun. — *Ilex aquifolium.* — Linné. — Arbre touffu de 8 à 10 m.; feuil. d'un beau vert luisant, les inférieures sinuées, longues de 9-10 cent., épineuses (ordinairement 13 piquants); tronc à écorce verte; calice à 4 ou 5 petites dents, autant d'étamines et de pétales; fl. blanches en petits paquets axillaires, en mai-juin; fruit en octobre, d'un beau rouge. Cet arbre est commun dans les haies et les bois des montagnes.

Pendant la saison des frimas, lorsque la terre est couverte de neige, on ne voit plus que la teinte sombre et monotone des pins, mais tout à coup apparaît le Houx chargé de ses innombrables fruits rouges, et la vue s'y repose agréablement; tout autour, la nature semble plongée dans le sommeil, et ces fruits rouges seuls sont là pour attester le travail continuel qui se fait au sein de la terre. Le Houx résiste aux froids les plus rigoureux; il vit plusieurs siècles, et son bois est lourd et dur. La graine doit être semée dès la maturité, en terre légère, il faut couvrir le semis avec de la mousse. L'horticulture s'est emparée de cette plante, et de nos jours le commerce en offre au moins 150 variétés.

## FAMILLE DES RHAMNÉES.

Le *Jujubier*, qui ne mûrit son fruit que dans le midi de la France, appartient à cette famille; c'est le *Zizyphus vulgaris*, — Lamk.

1. Nerprun alaterne. — *Rhamnus alaternus.* — Linné. — Arbuste de 2 à 5 m.; feuilles alternes, persistantes, très-glabres, entières, à petites dents. Souvent employé dans les plantations d'ornement.

2. N. des Alpes. — *R. Alpinus.* — Linné. — Arbuste de 1 à 3 m.; feuil. alternes, décidentes, ovales crénelées; 4 sépales; 4 pétales; en mai-juin, fl. verdâtres en paquets axillaires; baies noires en août-septembre. Dans les bois des montagnes.

Paliure épineux. — *Paliurus aculeatus.* — Lamk. — *Rhamnus Paliurus.* — Linné. — Arbrisseau épineux; feuil. ovales, aiguës; tige droite; rameaux tortueux; fl. jaunes en petite grappe; fruit sec, arrondi, entouré d'une aile membraneuse qui ressemble à un chapeau rabattu, d'où le nom de *Paliure porte-chapeau*; on l'appelle encore *Epine-du-Christ.* Du midi de la France. Il a très-bien levé, fleuri et fructifié chez moi, en pleine terre ; mais il n'est propre qu'à un amateur ; n'a pas d'intérêt agricole.

## FAMILLE DES TÉRÉBINTHACÉES.

Arbres ou arbustes propres au midi de la France ; de peu d'importance pour le cultivateur. Ce sont le Pistachier (*Pistacia terebinthus*, L.) ; le Sumac des corroyeurs (*Rhus coriaria*, L.) ; le Sumac fustet (*Rhus cotinus*, L.) ; propres aux jardins anglais.

**Ailanthe glanduleux.** — *Ailanthus glandulosus*. — Desf. — Arbre de 18 à 20 m., d'un beau port ; feuil. imparipennées, à folioles oblongues, aiguës, dentées ; fl. verdâtres, en panicule, ayant une odeur désagréable.

Cet arbre est très-propre à la décoration des grands jardins ; si on l'élague, il s'élève droit et fait un bel effet. J'ai mesuré des feuilles qui avaient 90 cent. de longueur. Un pied que j'avais recépé a fait un jet de 1 m. 80 de hauteur.

Depuis les expériences faites par M. Guérin-Menneville, sur le ver à soie qui vit sur cet arbre, en plein air, l'Ailanthe a pris de l'importance, et de nombreux essais ont été et sont encore tentés sur lui ; on ne le connaît guère que sous la fausse dénomination de *Vernis du Japon*. Le prix-courant commercial de la graine de l'Ailanthe est de 4 fr. le kilog. ; les jeunes plants d'un et de deux ans se vendent 2 fr. le cent et 12 fr. le mille. La culture en grand de cet arbre est recommandée ; il réussit à peu près partout, excepté sur les hautes montagnes.

## FAMILLE DES LÉGUMINEUSES.

La famille des Légumineuses est aussi appelée des Papilionacées. Elle joue un rôle important en agriculture et en jardinage par ses plantes herbacées, cultivées en grande et petite culture, ses plantes fourragères et ses arbres et arbustes.

Le genre *Ulex* fournit des arbustes épineux, à fl. jaunes et feuil. simples.

1. **Ajonc marin**, A. commun, A. d'Europe. — *Ulex Europœus*. — Linné. — Arbuste de 1-2 m., à racines étalées, très-flexibles ; feuil. linéaires, épineuses ; tige droite d'abord,

décombante ensuite ; calice très-velu ; fl. jaunes, axillaires en mai-juin.

L'Ajonc marin est propre aux départements de l'ouest, où il couvre de vastes terrains incultes. J'avais une pièce de terre vague tellement stérile que rien ne pouvait y croître ; j'essayai l'avoine, je ne retirai que ma semence ; alors je pensai à la boiser et j'y semai des graines de conifères et de chêne, ce fut vainement ; je tentai un dernier effort avec l'Ajonc marin, et aujourd'hui j'ai un fourré garni et verdoyant. Les feuilles d'un bois limitrophe y sont entraînées par le vent, et là, jointes à celles des ajoncs, elles tendent par leur décomposition à bonifier un terrain qui était tout à fait improductif. Il me fournit déjà un bon combustible. Les chèvres n'étant pas élevées à cette nourriture, redoutent les épines et ne peuvent s'en accommoder dans nos départements du sud-est. Comme haie vive, l'Ajonc se dégarnit en peu d'années et laisse des éclaircies.

Dans certains départements, cette culture paraît être une ressource pour le bétail lorsqu'il y a été habitué dès sa jeunesse : on le fauche chaque année. Le semis a lieu ordinairement en mars, dans une avoine ; 10 à 12 k. par hectare. La graine se vend 4 fr. le k.

2. AJONC NAIN. — *Ulex nanus*. — Linné. — Arbuste épineux, à racines profondes, feuil. linéaires, terminées en épines comme l'A. marin ; tige de 4 à 6 déc., penchée ou couchée ; fl. jaunes, axillaires, réunies en longue grappe, en août-septembre. L'Ajonc nain n'a de remarquable que ses fl. nombreuses qui font un bel effet ; mais il doit être chassé avec soin de toute propriété qu'il infeste avec ses épines ; il se plaît dans les pâturages ; peu commun.

Le genre *Genista* est composé de plantes ligneuses ou sous-ligneuses, à fl. jaunes et nombreuses qui embellissent les lieux où elles croissent.

1. GENÊT FLÈCHE. — *Genista sagittalis*. — Linné. — Plante sous-ligneuse, à racines traçantes ; feuil. simples ; tige de 1-2 déc., à rameaux herbacés et ailés, comme articulés à l'insertion des feuilles ; fl. jaunes, en grappes terminales, courtes et serrées, en mai-juillet. Le Genêt flèche est très-commun dans les lieux secs, les bois, les bruyères ; lorsque c'est sur une éminence, il envahit des espaces assez grands, et au moment de sa floraison, on le voit à de grandes distances. Les bestiaux refusent cette légumineuse.

2. G. des Teinturiers. — *G. tinctoria.* — Linné. — Plante sous-ligneuse, formant touffe, à racines profondes, très-flexibles ; feuil. simples, oblongues ; tiges dressées ou décombantes ; fl. jaunes, en grappes serrées ; gousses glabres, contenant 3 à 6 graines. Cette plante fleurit en mai et prolonge sa floraison très-tard ; au moment où j'écris ces lignes (8 novembre), une parcelle de terrain est toute émaillée de ses belles fleurs jaunes. Comme fourrage, elle est un peu ligneuse ; comme pâturage, les bestiaux ne la mangent pas ; en résumé, un pré en bon état ne devrait jamais avoir le Genêt des teinturiers.

3. G. griot. — *G. purgans.* — De Candolle. — *Sarothamnus purgans.* — Grenier et Godron. — Sous-arbrisseau à racines profondes, très-flexibles ; feuil. peu nombreuses, simples ou trifoliées, petites, tombant facilement ; tige rameuse, de 3 à 5 déc., à rameaux très-glauques et sillonnés, fl. jaunes, très-nombreuses en juin-juillet. Le Genêt griot fait un effet magnifique au moment de sa floraison, par le nombre de fleurs dont il se couvre ; je l'ai aperçu à 10 kilom. sur une montagne que l'on voyait jaunissant à cette distance. Généralement parlant, il est assez rare ; dans le département de la Loire, il croît en abondance sur le versant du mont Pilat. Il est particulier aux terrains incultes, bois, rochers ; on le trouve implanté dans les fentes de la roche. Comme combustible, il est d'un faible revenu.

G. d'Espagne. — *Sparticum junceum.* — Linné. — Arbuste à racines longues et pivotantes ; tige très-rameuse, de 2-3 mètres ; feuil. petites, à petits pétioles ; en mai-juillet, fl. jaunes, grandes, odorantes, en grappes terminales. Cet arbuste abonde dans les bois du midi ; on le trouve croissant spontanément dans quelques localités du département du Rhône. Il est peu de jardins un peu grands qui n'aient leur Genêt d'Espagne. Se reproduit facilement de graines qu'il convient de semer en place ; on peut repiquer en ménageant le pivot. Très-rustique et ornemental ; il convient au jardin de la ferme.

Le genre *Cytisus* fournit des arbrisseaux et des petits arbres qui n'ont guère de mérite que pour l'ornementation ou l'emploi des terrains vagues.

1. Cytise a fleurs en tête. — *Cytisus capitatus.* — Jacquin. — Arbrisseau à feuil. pétiolées ; tige droite de 3 à 6 déc.; rameaux grêles ; fl. jaunes, nombreuses, en têtes terminales, en juin-juillet. Cet arbrisseau est particulier au

midi de la France ; on le trouve pourtant dans les départements de l'Ain et de l'Isère. Il est très-employé en ornementation et les horticulteurs le greffent en tête sur le *Cytisus laburnum*. Il se plaît en terrain un peu humide et ombragé.

2. GENÊT A BALAIS. — *Cytisus scoparius*. — Link. — *Spartium scoparium*. — Linné. — *Sarothamnus vulgaris*. — Wimm. — Sous-arbrisseau à petites feuil. trifoliées et pétiolées, les supérieures sessiles et entières ; tige et rameaux d'un beau vert, ces derniers effilés et sillonnés ; fl. jaunes, abondantes, en mai-juin.

Le Genêt semble se prêter à toutes les formes afin de vivre partout où il se trouve ; on le voit au sommet de monticules exposés à tous les vents et où aucun autre végétal ligneux ne peut prendre racine ; seul, le Genêt s'y trouve, mais rabougri, trapu, aplati sur le sol, il n'a que 3-5 déc. de hauteur ; c'est près de lui que niche l'alouette au chant matinal. Lorsque bien de pauvres gens voient, à la fin de février, leur petite provision de fourrage toucher à sa fin, et n'ayant, pour nourrir une ou deux chèvres avec quatre ou cinq brebis, que le Genêt, c'est alors qu'on apprécie cet arbrisseau : la terre est durcie par la gelée, souvent couverte de neige, pas un brin d'herbe ne s'y montre, mais le Genêt dresse ses rameaux verts, et les bestiaux font leur régal de cette nourriture verte et très-saine. Si la litière fait défaut dans les chaumières, on a encore recours au Genêt, dont on coupe les sommités pour cet usage. Comme combustible, il fournit un feu qui a le désavantage de passer trop vite, mais on peut s'en servir au besoin, et il est d'un fréquent usage pour la cuisson du pain dans les fermes. Mes souvenirs d'enfance me rappellent un riche célibataire, notre voisin, qui, au moment de la fleur du Genêt, en récoltait abondamment et la donnait à son cheval en guise d'avoine. J'ai remarqué que les moutons prennent ordinairement de l'embonpoint au moment de la floraison du Genêt. Le Genêt est très-commun ; il aime un terrain granitique ; on le trouve à profusion du fond du vallon au sommet de la montagne. Il atteint jusqu'à 4 m. dans les taillis et 1-2 m. dans les vallées. Par un soleil ardent au moment de la maturité des graines, on entend un bruit continu comme un pétillement vif ; ce sont les valves des siliques qui, par un mouvement brusque, se dessoudent et se contournent en spirales en lançant obliquement au loin les semences qu'elles contiennent. O n e peut s'empêcher d'admirer cette Providence qui a tout prévu pour la reproduction et la conservation de ce qu'elle a créé, et on bénit l'auteur de tant de merveilles.

Les auteurs modernes ont composé un genre à part où ils ont classé le Genêt dont nous nous occupons, ainsi que le Genêt griot ; ce genre porte le nom de *Sarothamnus*.

3. C. aubours. — *C. Laburnum.* — Linné. — Arbre de 3-6 m., à feuil. ayant des folioles oblongues ; fl. jaunes en grappes pendantes, en mai. Le bois de l'aubours est assez estimé pour divers ouvrages ; on le trouve croissant spontanément dans les bois, mais non partout ; il est d'un usage très-commun dans les plantations d'ornement. Semer au printemps ; repiquer à un an parce que le pivot grossit trop si l'on attend plus longtemps. De peu d'intérêt pour l'agriculture. Il en est de même du C. des Alpes (*C. Alpinus*, Mill.). De nombreuses variétés exotiques sont cultivées en horticulture.

Arrête-Bœuf. — *Ononis procurrens*, — Walbroth. — *O. repens.* — Linné. — Plante sous-ligneuse ; racines flexibles, mais très-fortes, à écorce noir-gris ; feuil. trifoliées à la base, les supérieures simples ; tiges couchées de 2 à 6 déc.; fl. roses, axillaires, solitaires, en juin-septembre. L'*Ononide* ou *Bugrane* est très-commune dans nos champs pierreux et en pente. Il existe des terrains stériles où se plaisent pourtant les arbres fruitiers et qui ont tout au plus 6 à 12 cent. de terre ; le sous-sol est granitique, même un peu quartzeux, mais ce granit se fendille, et dans ces fentes s'enfoncent les racines des arbres fruitiers et aussi celles de l'Arrête-Bœuf, qui vient là à profusion. Son nom est très-significatif, car les racines, souvent de la grosseur d'un doigt, arrêtent facilement un attelage ; si c'était dans un sol profond, le soc pourrait les trancher, mais dans nos terrains rocailleux, elles échappent toujours.

L'époque la plus convenable pour le détruire est celle où il est en pleine sève : en avril-mai ; un homme suit la charrue et le coupe aussi profond qu'il peut. Les racines vont jusqu'à un mètre de profondeur ; je l'ai observé maintes fois en faisant des défoncements. Dans l'un de mes prés existe une énorme touffe d'Ononide, qui a 3 mètres de diamètre ; je la fauche chaque année comme d'autre fourrage ; les épines, n'étant pas durcies au moment de la fenaison, ne nuisent en rien à la qualité du foin qui en provient ; mais il n'en est pas de même dans un champ de blé où la récolte est plus tardive, les épines ont acquis une consistance ligneuse et font cruellement souffrir les moissonneurs ; on s'en aperçoit aussi au moment du battage. Les racines sont employées en médecine. Je passe sous silence, pour ne les avoir pas étudiés, les *O. rotundifolia, fruticosa, natrix* et *columne.*

1. ACACIA COMMUN. — *Robinia pseudo-acacia.* — Linné. — Arbre droit de 15 à 25 mètres ; racines flexibles, traçant au loin, à écorce grise, se détachant ; branches très-cassantes, munies d'épines acérées très-redoutées ; feuil. imparipennées de 17-21 folioles ovales et glabres ; en mai-juin fl. blanches, très-odorantes, en grappes pendantes ; gousses allongées, aplaties, un peu bosselées par les graines.

A son arrivée de la Virginie en Europe, au dix-septième siècle, l'Acacia fut un objet d'admiration, on le prôna outremesure : il allait remplacer une partie de nos bois ; mais il fut bientôt apprécié à sa juste valeur, et on peut dire que cette essence est inférieure à celles connues auparavant.

Nous, cultivateurs, gardons-nous bien de le planter autour de nos pièces de terre et même d'en faire des clôtures, qui, du reste, se dégarnissent par le bas, car ses racines traçantes deviennent très-incommodes et surtout nuisibles : un pied qui était planté à la bordure de ma vigne a émis des rejetons à dix mètres de la tige ; on peut juger par là combien il serait dangereux de le planter près des terrains cultivés. Il est néanmoins capable de rendre quelques services en certains cas ; ainsi, je l'ai vu planté dans des remblais de routes où il ne nuisait à aucune récolte et où il poussait vigoureusement et donnait beaucoup de bois ; on peut le planter dans les clairières de taillis pour garnir les vides ; on en voit des plantations considérables sur les lignes des chemins de fer où il retient la terre sur les talus. Un pied ou deux près d'une habitation rurale, sont assez agréables, d'autant plus que son ombrage est faible. Dans les villes on le plante sur les places publiques, et il n'est pas rare de voir des avenues se composer entièrement d'acacias ; on le plante aussi à profusion dans les jardins paysagers. Le prix commercial de cet arbre est peu élevé ; le kilog. de graine épurée, 1 fr. 50 ; — jeune plant d'un an, le cent, 2 à 3 fr.; le mille, 12 à 16 fr. On le multiplie par semence en terrain de bonne qualité, un peu humide et ombragé ; il donne des pousses qui atteignent jusqu'à 2 m. l'année du semis.

2. A. PARASOL. — *Robinia inermis.* — Hortul. — *R. umbraculifera.* — D. C. — Arbuste à rameaux serrés, formant

naturellement une tête ronde comme s'il était taillé ; sa fl. est excessivement rare. Cet arbuste est bien de mode ; comme il ne se reproduit que par greffe sur l'A. commun, il forme alors un petit arbre qui est assez répandu autour des habitations de luxe, dans les promenades et les bosquets.

3. A. VISQUEUX. — *R. viscosa.* — Vent. — Arbre peu épineux, à rameaux rougeâtres et visqueux ; feuil. à 19-21 folioles, glauques en dessous ; fl. blanc-rose, en grappes courtes, en mai-juillet. De la Caroline ; multiplication de racines et rejetons ; jardins anglais.

4. A. ROSE. — *R. hispida.* — Linné. — Arbrisseau de 1-2 m.; inerme, poils rudes et rougeâtres ; fl. roses, disposées en longues grappes pendantes, en mai-juillet.

BAGUENAUDIER. — *Colutea arborescens.* — Linné. — Arbrisseau de 3-4 m., à racines blanchâtres, flexibles ; feuil. imparipennées ; fl. jaunes, au nombre de 2 à 6, en très-petites grappes axillaires et pédonculées, en mai-juillet ; gousse gonflée en vessie transparente. Le *faux séné* est indigène et propre aux paysages, mais il a peu d'attrait pour le cultivateur. Multiplication de graines en mars-avril.

RÉGLISSE ORDINAIRE. — *Glycyrrhisa glabra.* — Linné. — Plante sous-ligneuse à racines traçantes, flexibles, à saveur douce et sucrée ; feuil. imparipennées, à folioles ovales-lancéolées ; fl. purpurines, en grappes, en juillet-août ; gousses glabres. C'est surtout parmi les cultivateurs qu'il se fait un fréquent usage de la réglisse pendant les maladies ; sa saveur sucrée fait qu'elle remplace souvent le sucre de canne. Mais pour la cultiver, il lui faut un terrain substantiel, doux et profond ; dans mon sol pierreux, sec et léger, les quelques pieds que j'ai voulu expérimenter, n'ont pas seulement donné des résultats favorables, mais ont entièrement péri au bout de trois ans. Multiplication par éclats ou drageons, au printemps ; par lignes espacées de 25 à 35 cent.; récolter la 3ᵉ année, en fouillant le sol et faire sécher. La Réglisse hérissónnée. — *G. echinata,* — Linné, — est propre au midi de la France.

ACACIA DE SIBÉRIE. — *Caragana frutescens.* — D. C. — Arbuste de 2 m.; feuil. digitées, à 4 folioles ; fl. jaunes, solitaires, latérales en mai. Les *Caraganas* ont beaucoup de rapports avec les *Robinias*, propres aux jardins paysagers et aux bosquets. On cultive encore le *C. altagana,* poirier de Sibérie ; 3 à 7 m.; fl. jaunes en petites grappes.

Glycine de la Chine. — *Wistaria sinensis*. — D. C. — *Apios sinensis*. — Spreng. — Plante ligneuse et sarmenteuse, s'élevant très-haut contre un mur ou un arbre ; feuil. imparipennées ; fl. bleu-lilacé, odorantes, en longues grappes pendantes, en avril-mai. Cette plante de haut ornement ne se rencontre guère chez les cultivateurs, et appartient plutôt aux grands propriétaires. Ses rameaux, qui, dans leur jeunesse sont en zig-zag, se redressent avec l'âge comme une corde tendue. J'ai plusieurs fois admiré le spécimen que possède le jardin de la ville de Rive-de-Gier ; chaque promeneur s'extasiait devant ses grappes de fleurs de toute beauté. Le premier échantillon de cette plante, apporté en Europe en 1818, existe encore dans le jardin de la Société horticulturale de Londres. M. Fortune l'a trouvé sur les pentes de l'île Chusan.

Le genre *Pisum* (Pois) fournit des plantes si bien connues que je me dispense de les décrire.

1. Pois cultivé. — *Pisum sativum*, — Linné ; — vulgairement *Pois gourmand; Pois mange-tout ; Pois goulu; Pois à écosser*.

Les Pois étant originaires de l'Europe méridionale, sont en quelque sorte indigènes parmi nous ; aussi leur introduction dans la culture remonte-t-elle à la plus haute antiquité.

Maintes fois j'ai entendu répéter que les pois *dégénèrent*; je le crois bien qu'ils dégénèrent ; de la manière qu'ils sont traités, ils ne peuvent trop faire autrement. Dans nos fermes, c'est ordinairement la fille de service qui est chargée de faire la cueillette de pois pour chaque jour ; — les pois étant des premiers légumes de l'année, on les aime beaucoup ; — elle cueille d'abord les cosses qui sont le mieux à sa portée et toujours les plus grosses de préférence ; tant qu'il y en a, elle les amasse. L'époque écoulée de ce bon légume, on arrache pois et rames, et quelques maigres cosses échappées ou dédaignées sont mises de côté pour la semence de l'année suivante. Faut-il s'étonner, d'après cette méthode, de voir les pois dégénérer? S'il est vrai que dans le règne végétal, comme dans le règne animal, on doive choisir pour reproducteurs les sujets les plus beaux et les plus féconds, que peut-on attendre de pareils pois qui sont le rebut de la récolte? En horticulture, on agit différemment : une ou plusieurs planches sont réservées intactes pour la semence.

Cependant, je crois qu'une autre cause non moins importante influe sur cette prétendue dégénérescence ou abâtardissement ; c'est l'*hybridation*. Ce mot peut être nouveau pour quelques personnes : je le développerai. On voit sur les marchés de belles cosses de pois ; le jardinier propose des variétés supérieures ; ou bien encore on lit dans les colonnes des journaux agricoles des articles séduisants sur les pois ; on hésite, puis enfin on se décide à sacrifier 60 centimes ou 1 fr. pour renouveler la semence, comme on dit. On plante à côté des autres planches composées d'anciens pois ; tout va pour le mieux : on a de belles cosses charnues et tendres ; on conserve pour semence ; mais au bout de 2 ou 3 ans de culture, tout est revenu à l'ancienne variété, et cela parce que la proximité des planches a été cause qu'il y a eu hybridation des gros pois par les petits ; voilà un mélange inextricable et inexplicable. La séparation des variétés est de rigueur, sans cela on ne peut conserver pure aucune espèce. A vrai dire, peu de personnes se livrent à ce genre de culture, mais il y en a et peut-être plus que l'on ne pense. Ce sont de modestes cultivateurs pour la plupart et qui se cachent pour ainsi dire ; à ceux-ci je dirai : Courage ! poursuivez votre œuvre de bien ; je leur indiquerai même le moyen particulier dont l'idée m'est venue et qui m'a servi cette année, sauf à eux à le modifier ou à ne pas s'en servir.

J'ai un voisin de propriété, qui est étranger à l'horticulture, mais qui s'est adonné à la culture des pois. Il a choisi 15 des meilleures variétés ; j'en dois à son obligeance quelques-unes très-méritantes ; il a bien cultivé ; ses planches étaient alignées et présentaient un beau coup d'œil, mais il avait fait la faute commune de tout mélanger. C'était une planche des gros pois *gourmands* dits *4 à la livre*, suivie du pois à écosser *serpette* ou *d'Auvergne*, ensuite le *géant à cosses jaunes* ; enfin des pois à fl. rouges à côté d'autres à fl. blanches. Je suis persuadé que dans quelques années cette belle culture sera bien abâtardie par ce mélange de variétés qui s'hybrident entre elles.

Qu'est-ce donc que l'hybridation ? Je vois cette question sur les lèvres de plus d'un lecteur. Eh bien ! ami lecteur, venez me prendre par un beau jour de mai ou de juin, et nous irons étudier une page de la nature, ce grand livre toujours ouvert et qui offre sans cesse des aliments à la science. Transportons-nous auprès d'une plante bien connue, la *Courge* ; nous y observerons les nombreux insectes ailés si différents de grandeur, de forme et de couleurs, allant et venant d'une fleur à l'autre et exerçant ainsi leur mission toute providentielle. Entre tous prenons-en un pour type, l'*abeille*, par exemple, et suivons-la.

Nous la verrons arriver, légère et agile, se jouant dans l'air, s'abattre avec empressement dans la corolle d'une courge, comme dans une coupe d'or finement sculptée. Nos regards, suivant avec soin ses mouvements, la verront, cette laborieuse abeille, se précipiter sur les étamines qui forment un faisceau, et par ce jeu le pollen ou poussière fécondante sous forme de poudre jaune, sera projeté sur le corps velu de l'abeille. Elle butinera le miel par ce travail mystérieux, et disséminera la poussière fécondante qu'elle colportera même d'une fleur à l'autre. Une fleur privée de pollen est stérile ; on sait qu'une pluie continue au moment de la floraison de n'importe quelle plante, empêche la fructification par une espèce d'avortement résultant d'un excès d'humidité qui a entravé la dissémination de la poussière qui eût fécondé et fait nouer les fleurs. Voilà donc notre abeille chargée de pollen. Je suppose qu'en quittant la fleur d'une courge de l'*Ohio* dont le fruit est oblong, à peau jaune et dure, elle aille dans la fleur de la courge dite *Massue arquée*, au fruit atteignant parfois 1 m. de long, à peau verte, gros aux deux bouts et étranglé au milieu. Ce transport de la poussière fécondante de la fleur de l'Ohio dans celle de la Massue arquée, aura pour inévitable résultat la modification du fruit de celle-ci ; — j'entends des fruits qui proviendront des graines contenues dans la courge donnée par la fleur où s'est abattue notre abeille ; — l'étranglement disparaîtra, la couleur verte passera au jaune, et la longueur d'un m. sera sensiblement diminuée. Si l'abeille va se poser dans la fleur d'une troisième courge, la *Stationnaire de Worsay*, par exemple, dont les tiges ne vont pas à plus d'un mètre de longueur, les plantes qui naîtront des graines de cette fleur s'allongeront à 2 m. et plus : à ce sujet, je parle par expérience. Sa mission remplie et sa provision faite, l'abeille s'élancera dans l'espace, et, sans boussole, ira directement à sa ruche, y déposera secrètement cette poussière dont son corps est jauni, pour en sortir quelques instants après et recommencer sa cueillette. Telle est, si j'ai su me faire comprendre, la cause première des variations infinies qu'on remarque dans les pois et les autres plantes.

Il n'est point rare de voir des savants féconder artificiellement quelques fleurs pour en obtenir des sujets de choix ; cela se comprend et s'approuve ; mais quant à la fécondation artificielle appliquée à l'agriculture, je ne voudrais point m'en occuper sinon pour en démontrer l'impossibilité.

On se souvient du bruit qu'a fait naguère le système Daniel Hooïbrenck. Qu'est-il résulté de tant de fracas, de toutes ces longues dissertations que répétait la presse agricole? A quoi ont abouti ces expériences qui ont fait honneur à ceux qui les ont tentées, mais n'ont rien prouvé en faveur du système? Il n'a fallu que quelques années pour jeter dans l'oubli cette découverte qui devait décupler les revenus agricoles. D'ailleurs, il est d'une évidence indiscutable que la fécondation artificielle ne peut se pratiquer en grand. Comment féconder un champ de blé de plusieurs hectares? et un poirier qui porte 6 ou 8 hectolitres de fruits? etc., fécondez donc seulement une planche de pois!.....

Une terre à froment qui soit légère et perméable, voilà le terrain qui convient aux pois. Donnez un labour profond, les plantes seront vigoureuses; mettez peu d'engrais ou même point; car s'ils sont trop drus, vos pois pousseront des tiges très-longues et n'auront que quelques rares cosses. On sème en novembre et décembre pour avoir des primeurs, mais d'ordinaire on attend février et mars pour la grande plantation. On procède par rayons distants de 20 à 25 cent., dans lesquels on met 5 à 7 grains par touffe éloignée de 30 à 35 cent. l'une de l'autre.

Les rats sont avides des pois et font beaucoup de dégâts dans les planches qu'ils ont commencé à dévaster. Pour obvier à cela, je me contente de semer grain par grain dans toute la longueur du rayon; du moins si le rongeur trouve un pois en grattant, il n'a pas une touffe entière à dévorer. Lorsque les pois atteignent un décimètre de hauteur, on bine légèrement avant de placer les rames.

La culture des pois est assez rémunératrice, soit qu'on les cultive pour être consommés en cosses vertes, soit pour grain sec, pour semence ou pour comestible.

En général, le cultivateur ne sème guère que des pois mange-tout; ce n'est que par exception qu'on fait des pois à écosser. Néanmoins, à notre époque où le confortable est un peu à la mode, il serait utile, je crois, que la culture des pois à égrener se généralisât. Est-ce à dire, parce qu'on habite la campagne, qu'on ne puisse se procurer de ces jouissances qui sont doublées lorsqu'elles sont produites par un mets qu'on a cultivé de ses mains? Il semble que le dimanche, cela viendrait à point nommé pour retenir à la ferme tout son personnel. Il est déplorable de voir nos hameaux désertés le dimanche; seules, les mères de famille sont là toute la journée. Ah! c'est que souvent le cultivateur suivant la routine traditionnelle, ne sait pas se procurer chez soi de ces plaisirs intimes, de ces douces joies de la famille, que son instruction ne lui a point enseignés, et dont il ignore la pratique. Et si, ainsi que je l'ai dit du vin, une visite vous arrive, quelle satisfaction, jointe à un noble orgueil, n'éprouvez-vous point en régalant votre hôte avec ce qui est de votre cru, le fruit de votre travail !

Les pois sont toujours les bienvenus sur une table, et ils entrent dans bon nombre d'apprêts culinaires. Ils se succèdent sans interruption pendant longtemps dans la saison : depuis les primeurs qui paraissent sur les marchés de Paris dès la fin de janvier, les semis successifs font durer ce légume jusqu'aux gelées. Dans les marais (jardins) de Paris, la culture des pois de primeur jouait un rôle important et était l'objet d'une culture lucrative ; ces pois forcés sous verre n'arrivaient à maturité que dans la première quinzaine d'avril ; mais depuis l'ouverture des grandes lignes de chemin de fer, on les amène d'Alger dès la deuxième quinzaine de janvier, et depuis lors la culture parisienne est tombée.

Aux environs des grandes villes, on sème les pois en plein champ. Ce sont le plus souvent 3 michaux, savoir : *M. de Hollande*, *M. de Ruelle*, *M. ordinaire*, et aussi le *Pois Clamart*. On commence en février ou mars pour continuer successivement jusqu'à la fin de juillet.

C'est au moment de la floraison qu'est déposé l'œuf de l'insecte, qui plus tard éclot dans le grain ; mais le trou qu'il pratique, étant toujours opposé à l'embryon ou germe, il ne nuit aucunement à la qualité de la semence.

Les pois conservés dans leur cosse sont bons à planter pendant 4 ou 5 ans.

En 1865, je me suis livré à une culture d'expérience comparative de diverses variétés de Pois ; je les décris ici en suivant l'ordre de ma culture.

Le rendement est calculé sur 5 grammes de semence, qui a eu lieu le 3 avril, dans une terre à blé préparée comme pour une culture de pommes de terre.

1. *Nain à longue cosse ;* — plante de 50 cent.; cosses blanc-jaunâtre, gonflées, ayant 80 mill. de longueur ; grains gros, blancs, un peu comprimés ; maturité courant de mai ; cette variété est estimée ; produit de 5 grammes de semence, 35 grammes.

2. *Lévêque ;* — plante de 30 cent., ayant beaucoup d'ana-

logie avec la précédente. Sa petite taille le rend très-propre à la culture forcée et sous chassis ; cette variété est déjà ancienne ; produit, 50 gr.

3. *Nain de Hollande ;* — plante de 60 cent. ; cosses jaunâtres, moyennes ; grains petits, mais nombreux ; propre à la culture forcée ; paraît s'accommoder d'un terrain médiocre ; produit, 85 gr.

4. *Nain hâtif de Bretagne ;* — plante un peu de fantaisie, propre aux bordures, haute de 15 cent. ; cosses bien pleines et nombreuses ; grains ronds, petits ; produit, 76 gr.

5. *Prince Albert ;* — l'une des variétés les plus connues et les plus répandues, haute de 80 cent. ; grain moyen ; assez précoce ; produit, 87 gr.

6. *Prince Albert anglais ;* — sous-variété du précédent ; tiges de 1 m. ; grain de bonne qualité ; maturité, fin mai ; produit, 130 gr.

7. *Sucré ridé ;* — plante de 80 cent., à cosses de 80 mill. de longueur ; grain gros, très-ridé, de bonne qualité ; maturité tardive ; produit, 45 gr.

8. *Sucré vert de Hoodsfort ;* — plante de 60 cent. ; cosse verdâtre, longue de 70 mill., présentant à l'extérieur de nombreuses aspérités irrégulières ; grain demi-ridé, de grosseur moyenne et d'un vert très-prononcé ; cette variété me paraît recommandable ; produit, 65 gr.

9. *Sucré vert Guillotin ;* — ressemble au précédent ; toutefois le vert est moins prononcé ; produit, 50 gr.

10. *Vert de Prusse ;* — plante de 1 m. ; cosses de 60 mill., participant à la couleur verte des grains qui, quoique petits, sont abondants. Cette variété est très-propre à la grande culture ; son grain est de bonne qualité et bon pour les usages culinaires ; produit, 250 gr.

11. *Vert impérial ;* — plante de 90 cent. ; cosses de 70 mill. ; grains très-gros ; maturité au commencement de juin ; produit, 60 gr.

12. *Vert précoce ;* — plante de 70 cent. ; cosses de 80 mill. ; grain moyen, d'un vert intense ; produit, 60 gr.

13. *Ridé l'Alliance ;* — plante de 40 cent. ; cosses de 70 mill. ; grain ridé, gros, blanc ; produit, 55 gr.

14. *Ridé Berthoe queen ;* — plante de 1 m. 30 ; cosses de 70 à 75 mill. ; grain blanc, ridé, très-gros ; produit, 83 gr.

15. *Ridé Champion;* — plante de 1 m. 30; cosses de 80 mill.; grain vert, très-ridé, gros; produit, 53 gr.

16. *Ridé reine d'Angleterre;* — plante de 1 m. 30; cosses de 70 mill.; grain blanc, ridé, gros; produit, 62 gr.

17. *Ridé de Knight;* — plante de 60 à 70 cent.; cosses de 60 mill.; grain ridé, blanc, gros. L'introduction de cette variété remonte à 1810; elle est de bonne qualité et tardive; produit, 98 gr.

18. *Ridé de Knight de provenance belge;* — plante de 1 m. 40; cosses de 70 mill.; grains gros; produit, 95 gr.

19. *Michaux ordinaire;* — plante de 1 m.; cosses de 63 mill.; grain rond, blanc. Cette variété se sème bien souvent avant l'hiver; produit, 90 gr.

20. *Michaux de Ruelle;* — plante de 1 m.; cosses de 55 mill.; grain rond, blanc; sous-variété du précédent; un peu plus précoce; produit, 100 gr.

21. *Michaux à œil noir;* — plante de 1 m. 20; cosses de 70 mill.; grain blanc-jaunâtre, plus gros que les deux précédents; l'œil en est noir; produit, 80 gr.

22. *Michaux à grain fin;* — plante de 1 m.; cosses de 70 mill.; grain peu différencié des numéros 19 et 20; produit, 60 gr.

23. *Michaux hâtif de Hollande;* — plante de 1 m. 10; cosses de 58 mill.; grain rond. Cette variété ne se sème qu'après l'hiver; se recommande par sa précocité; produit, 103 gr.

24. *D'Auvergne amélioré;* — plante de 1 m. 10; cosses de 90 mill., bien garnies; grain blanc, rond; produit, 140 gr.

25. *D'Auvergne ordinaire;* — plante de 80 à 85 cent.; cosses de 70 mill.; produit, 150 gr.

26. *De Marly;* — plante de 1 m. 40; cosses de 70 mill.; grain rond, blanc, gros. Cette variété est tardive; produit, 105 gr.

27. *De Clamart;* — plante de 1 m. 20; cosses de 70 mill.; grain comprimé dans la cosse; il est sucré, de bonne qualité; très-propre à l'arrière-saison; produit, 145 gr.

28. *A cosses violettes;* — plante de 1 m. 40; vigoureuse; cosses d'un violet très-prononcé, de 85 mill.; grain très-gros, grisâtre, bon, farineux; cette variété est indispensable à un amateur; produit, 40 gr.

29. *Bishop à longues cosses ;* — plante de 70 cent.; cosses de 75 mill.; grain rond, blanc ; produit, 110 gr.

30. *Bishop new improwed ;* — plante de 50 cent. ; cosses de 70 mill.; grain blanc, aplati des deux côtés ; produit, 65 gr.

31. *Nec plus ultrà ;* — plante très-haute, 1 m. 30 à 1 m. 50 ; cosses de 70 mill.; grain blanc, gros ; produit, 87 gr.

32. *Macrocarpum ;* — plante de 1 m. 40 ; cosses de 75 mill.; grain carré, ridé, gris ; produit, 135 gr.

33. *En Corymbe ;* — plante de 70 cent.; cosses de 55 mill. en corymbe ; grain rond, de grosseur moyenne ; produit, 55 gr.

34. *Anvers ;* — plante de 1 m. 20 ; cosses de 62 mill.; grain rond, blanc, petit ; produit, 105 gr.

35. *Œil noir de Malines ;* — plante de 1 m. 20 ; cosses de 75 mill., aplaties ; grain blanc-jaunâtre, de grosseur moyenne, à œil noir ; produit, 90 gr.

36. *Harrison's perfection ;* — plante de 1 m.; cosses arquées, longues de 80 à 90 mill.; grain blanc, carré, gros ; produit, 75 gr.

37. *Charlton ;* — plante de 1 m. 10 ; cosses de 60 mill.; grain rond, blanc, de grosseur moyenne ; produit, 110 gr.

38. *Bivort ;* — plante de 1 m.; c'est lui qui a fleuri le premier de toute la collection ; cosses de 50 mill.; grain semblable au précédent ; produit, 75 gr.

39. *Sangster's ;* — plante de 1 m. 20 ; cosses de 65 mill.; grain rond, blanc-jaunâtre ; produit, 125 gr.

40. *D'abondance,* provenance de la maison Vilmorin ; — plante de 1 m. 40 ; cosses de 62 mill.; grain blanc, rond. C'est la variété qu'on peut dire la plus cultivée en grand pour grain sec ; qualité bonne et productive ; recommandée ; produit, 140 gr.

41. *D'abondance,* provenance de l'Isère ; — plante de 1 m. 50 ; cosses de 65 mill.; grain peu différéncié du précédent ; produit, 155 gr.

42. *Géant blanc ;* — plante de 1 m. 60 ; cosses de 60 mill.; grain gros, blanc, bossué ou irrégulier, aplati ; produit, 155 gr.

43. *Anglais hâtif du docteur Van den Broeuk ;* — plante

de 1 m.; cosses de 65 mill.; grain blanc, rond, recommandé à cause de sa précocité ; produit, 160 gr.

44. *Mi-nain très-hâtif ;* — plante de 1 m.; cosses de 75 mill.; grain blanc, rond, de grosseur moyenne ; produit, 75 gr.

45. *Autre mi-nain*, provenance différente du précédent ; — plante de 1 m.; cosses de 65 mill.; grain analogue à celui que je viens de citer ; produit, 90 gr.

46. *Drindrine ;* — plante de 1 m. 10 ; cosses de 60 mill., bien pleines ; grain rond, blanc, petit ; produit, 170 gr.

47. *Précoce de Québec ;* — plante de 1 m.; cosses de 72 mill.; grain blanc, rond ; recommandé pour sa précocité et sa bonne qualité ; produit, 110 gr.

Les 47 variétés de pois que je viens de décrire, sont toutes à *écosser ;* c'est-à-dire, ne sont bonnes qu'en grain vert, la cosse étant parcheminée, ne peut servir à l'alimentation ; ou en grain sec, mais ce dernier usage n'est propre qu'à un certain nombre. Ces pois sont connus sous différentes dénominations : telles que *petits pois*, lors même qu'ils sont gros ; *pois à écosser ; pois à égrener ; poids ronds*, en grande culture. Chacune de ces variétés a son mérite respectif ; l'une par sa précocité, soit étant forcée pour primeur, soit en pleine terre à l'abri d'un mur ; l'autre par opposition, en fournissant ses grains succulents jusqu'aux gelées ; celles-ci par leur saveur sucrée, tels sont les *ridés ;* celle-là par son agrément, sa nuance verte ou sa petite taille, ou encore sa hauteur au-dessus d'un mètre ; enfin, il y en a pour tous les goûts. Les pois sont cultivés en grand dans les champs, et il s'en fait un commerce considérable. J'ai fait la remarque d'une particularité que les ménagères connaissent très-bien ; c'est que les pois ronds cultivés à l'exposition sud sont d'une cuisson plus facile que ceux venus à toute autre exposition.

48. *Gourmand ordinaire ;* — plante de 1 m.; très-connu ; produit, 110 gr.

49. *Gourmand gris ;* — plante de 1 m. 40 ; cosses de 60 mill.; grain gris, très-gros ; produit, 145 gr.

50. *Gourmand nain ;* — plante de 1 m.; cosses de 50 mill.; grain blanc, rond, petit ; produit, 100 gr.

51. *Corne de bélier ;* — je doute de son identité et je m'abstiens ; produit, 96 gr.

52. *Gourmand précoce;* — plante de 1 m. 10; cosses de 70 mill.; grain gris, carré ou ridé; produit 120 gr.

53. *Gourmand hybride par Daniel;* — plante de 1 m. 40; cosses de 80 mill.; grain gris, ridé, gros; produit, 115 gr.

54. *Mange-tout à longue cosse;* — plante de 1 m. 20; cosses de 80 mill.; grain blanc, rond ou irrégulier; produit, 105 gr.

55. *Mange-tout à œil noir;* — plante de 1 m. 50; cosses de 70 mill.; produit, 100 gr.

56. *Mange-tout nain;* — plante de 70 cent.; cosses de 50 mill.; grain blanc, rond; produit, 90 gr.

57. *Goulu violet;* — plante de 1 m. 50; cosses de 10 cent.; grain gros, gris, ridé ou comprimé; produit, 71 gr.

58. *Géant gris* (Vilmorin); — plante de 1 m. 50; fl. rouges; cosses de 10 cent.; grain gris, aplati des deux côtés, gros; bonne variété; produit, 145 gr.

59. *Géant à cosses blanches;* — plante de 1 m. 30; cosses de 60 mill.; grain gris, irrégulier; cette variété est douteuse; je la nomme sous réserve; je crois même devoir la classer dans l'autre catégorie; produit, 97 gr.

60. *Géant à cosses jaunes;* — plante de 1 m. 30; cosses jaunâtres de 90 mill.; fl. blanches; grain blanc, rond, moyen. Plantée dans un terrain fertile de jardin qui avait été défoncé, quoique sans engrais, la plante de ce Géant s'est emportée en herbe, au détriment du fruit; de plus, des pluies successives ayant probablement favorisé quelque insecte, les feuilles en furent toutes perforées, tandis qu'à côté, les numéros 61, 62 et 63 furent laissés intacts. En résumé cette variété m'a paru bonne, mais un peu délicate et réclamant quelques soins comparativement aux autres qui sont plus rustiques: produit, 78 gr.

61. *Géant d'Espagne;* — plante de 1 m. 40; cosses de 80 mill.; grain gris, rougeâtre, gros, comprimé; produit, 90 gr.

62. *Quatre à la livre;* — plante de 1 m. 50; cosses de 10 cent.; produit, 120 gr.

63. *Conte des fées;* — plante de 1 m. 60; pédoncule uniflore; fl. rouges; cosses de 10 cent.; grain gris, gros, aplati ou ridé; produit, 110 gr.

64. *Turtan* ; — plante de 1 m. 40 ; fl. blanches ; cosses de 90 mill.; grain blanc, rond, de grosseur moyenne ; produit, 78 gr.

Le poids du rendement ou produit a été pris en grain sec avec sa cosse.

On voit clairement par cette culture comparative que certaines variétés sont plus que du double plus productives que d'autres. Ainsi, tandis que les numéros 36 et 38 ne donnent qu'un rendement de 75 gr., les numéros 43 et 46 donnent 160 et 170, le tout par 5 gr. de semence.

Le cultivateur qui, pour un motif quelconque, — et les motifs ne manquent pas, — serait tenté de faire une culture d'expérience comparative, trouvera des obstacles, mais ils ne sont point insurmontables ; avec un peu de courage et de bonne volonté, on vient à bout de bien des choses. Au reste, c'est attrayant, et la réussite fait éprouver de bien douces émotions. D'abord il est nécessaire de simplifier le plus qu'il est possible, afin que l'étude ne soit point un surcroît de travail; il faut même qu'elle soit en quelque sorte un délassement, une satisfaction. N'attendez point, par exemple, des louanges des hommes, car votre attente serait déçue ; dédommagez-vous avec les trop rares confrères dont les goûts sont identiques aux vôtres : on communique avec eux; on s'éclaire mutuellement ; des échanges de semences viennent cimenter une amitié qui dure longtemps, parce qu'elle repose sur une base solide, l'amour de la science et du progrès. Si l'envie décoche contre vous ses traits empoisonnés, allez toujours, la jalousie est une plaie de notre époque, laissez-la faire. A ce sujet il me vient à la mémoire une phrase d'un spirituel écrivain agricole, dont le nom m'échappe : « Dans notre beau pays de France, s'écriait-il,
» si vous faites quelque découverte, quelque chose de bien,
» on vous tire dessus, à bout portant, à coup d'épigram-
» mes ! »

Voici la manière que j'ai trouvée la plus simple et dont je me suis servi pour cultiver un grand nombre de plantes dans un espace restreint, mais par-dessus tout pour ne point porter entrave à mes occupations agricoles ordinaires et faites par moi-même :

1° J'ai fait choix d'une parcelle de terre un peu cachée aux regards des curieux ; c'est en plein champ, au milieu d'une terre à froment d'assez bonne qualité.

2° En décembre, j'ai simplement labouré à la charrue.

3° Quelques chars de fumier, assez consommé, ont été mis en réserve, à proximité.

4° En février, j'ai pratiqué un hersage énergique.

5° J'ai tracé, au cordeau, des sillons semblables à ceux en usage pour semer le blé; aux côtés de chacun de ces sillons, j'ai laissé un sentier de 30 à 40 cent. pour aller, venir et travailler.

6° Une triple haie de *maïs géant* pour clore mon école, c'est tout ce qu'il faut pour arrêter une bête échappée à la surveillance du berger; le maïs étant du goût du bétail, il sera mangé par préférence et l'école sera garantie.

7° La plantation ou le semis ne s'effectuent qu'à la main. J'ai alterné ma culture, afin que pour les mêmes espèces l'hybridation ne puisse avoir lieu; voici comment :

N° 1. Le 1ᵉʳ mars 1866, — Pomme de terre *rouge de Sainte-Hélène*, 3 tubercules.

N° 2. Le 2 mai, — Pois *prince Albert*, 5 grammes.

N° 3. Le 2 mai, — Courge *potiron gris*.

N° 4. Le 7 mai, — Pomme de terre *rouge de Briançon*.

N° 5. Le 7 mai, — Haricot *comte de Vougy*.

N° 6. Le 12 mai, — Pomme de terre *violette commune*.

N° 7. Le 12 mai, — Melon *muscade des Etats-Unis*, 3 capots.

N° 8. Le 12 mai, — Pomme de terre *violette à feuilles contournées*.

N° 9. Le 12 mai, — Avoine de *Haupetour*.

N° 10. Le 12 mai, — Pomme de terre *Lesèble*.

De cette manière, il est facile de comprendre que les espèces étant ainsi espacées, sont moins sujettes à l'abâtardissement.

8° Pour me reconnaître, je place au n° 1 un tout petit piquet de 10 à 15 cent. hors de terre; sur un côté aplati j'y pose au crayon le n° qui s'efface rarement; mais quand il s'effacerait, on ne s'y perdrait point, car ce n'est qu'au n° 10 que je place un second piquet; ainsi de suite de 10° en 10°.

9° On prend un cahier de papier réglé qu'on peut qualifier de registre; plié en deux, il est portatif. On inscrit le n°, le nom de la plante, à la suite duquel on laisse deux ou trois lignes en blanc. Cet espace servira dans le courant de l'année, pour y inscrire au crayon, en parcourant l'école, les diverses observations recueillies sur chaque plante ; l'époque du semis, celle de la levée ; le moment de la floraison, de la fructification ; la hauteur des tiges ; enfin tous les incidents relatifs à sa culture, et par-dessus tout le rendement précis sans exagération. Cette méthode est des plus simples ; le n° du cahier donne le nom de la plante à l'instant.

J'ai acquis ainsi la certitude sur l'utilité de la culture comparative pour le cultivateur. J'ai reconnu par ce moyen que le blé *généalogique Hallett*, dont le mérite est incontestable, n'était point pour mon sol léger, peu profond et sujet à la sécheresse ; nos petits blés de Virigneux et Maringes (Loire), ou le blé court des Hayes (Rhône), lui sont préférables pour ma propriété. Il en est de même de la pomme de terre d'*Australie*, qui, d'après divers articles de journaux agricoles, étaient d'un rendement extraordinaire ; dans ma culture comparative, je l'ai trouvée égale en produit aux autres variétés productives.

Un cultivateur me disait qu'il avait obtenu, si mon souvenir est exact, 12 kilog. d'une plante de pomme de terre. C'est magnifique ; mais aussi dans quelles conditions a-t-on obtenu un pareil résultat?... C'était dans un miné de vigne, en terrain très-fertile ; le capot avait été rempli d'une pleine corbeille de fumier consommé. Tout cela n'est plus de la culture comparative ; je l'appelle un tour de force ; rien de plus.

Lorsque j'ai voulu comparer, je ne me suis aucunement appliqué à obtenir de gros produits, mais seulement à cultiver de la même manière et usant des mêmes procédés que pour le reste de mes cultures sarclées ; et cela afin d'être à même de porter un jugement à peu près exact.

Il est difficile aux cultivateurs de se procurer les échantillons dont ils pourraient avoir besoin pour une étude comparative. Ils n'ont pas, comme l'horticulteur, l'avantage d'être en relations avec des maisons de commerce qui leur adresseraient leurs catalogues. Les cultivateurs ne reçoivent aucun écrit ; quelques publications mensuelles tombent parfois entre leurs mains, mais trop rarement pour entretenir le goût de la lecture agricole. *La Ferme* semble appelée à combler cette lacune. Ce journal hebdomadaire, par le choix de ses publications et surtout par la modicité de son prix accessible à toutes les bourses, ce journal, dis-je, est appelé à rendre d'éminents services à l'agriculture en l'entraînant sur les traces du progrès général.

L'une des maisons dont j'ai reçu de nombreuses et bonnes semences, est la maison Fontaine et Duflot, successeurs de Bossin-Louesse, quai de la Mégisserie, 2, à Paris. Je cite ce nom pour l'usage de ceux qui voudront s'y adresser (\*); mais beaucoup de cultivateurs peu habitués aux correspondances, hésitent à se lancer dans cette voie.

2. Pois des champs. — *Pisum arvense.* — Linné. — Herbe annuelle, s'élevant de 2-8 déc.; feuil. à 2 ou 4 folioles ovales; pédoncules à 1 ou 2 fleurs à ailes rouges et étendard violet; graine d'un vert cendré ou brun, aplatie de deux côtés.

Le *Pois bête* est cultivé, de temps immémorial, dans les départements de la Loire et du Rhône. Il se plaît dans une terre à froment ordinaire, et réussit également dans une terre à seigle. M. Ch. Pugnet, mon cousin, arboriculteur distingué, à Valfleury (Loire), me faisait naguère un éloge chaleureux de cette légumineuse, « car, me disait-il, outre
» qu'à l'aide du pois bête, j'ai une abondante provision de
» fourrage vert, pendant plus d'un mois, la terre est admi-
» rablement préparée par ses nombreuses racines qui l'em-
» pêchent de se tasser; aussi au fur et à mesure que je fau-
» che, je plante immédiatement mes pommes de terre. Cela
» me donne 4 abondantes récoltes pour 3 ans: 1re année,
» blé; 2e, pois et pommes de terre; et la 3e, blé. Il est
» vrai qu'en pratiquant ce court assolement, il deviendrait
» épuisant, mais on peut le prolonger par d'autres cultures
» et surtout par le trèfle. »

Ce n'est guère que la variété d'hiver qui se sème dans nos fermes; les premières semailles sont celles des pois gris. Il est d'usage de mêler à la semence quelques grains de seigle pour ramer les pois. En 1865, j'avais trop mis de seigle dans le semis de pois que j'avais fait, je vis mes vaches rebuter constamment la graminée pour s'attacher à la légumineuse. On commence la coupe quelques jours avant de voir paraître les premières fleurs, et on la continue jusqu'à l'entière formation des cosses; c'est alors que les pois sont le plus nutritifs.

Les pois gèlent quelquefois dans les hivers rigoureux; sur ce point on a observé un fait étrange: c'est que les

---

(\*) Je mets à la disposition des cultivateurs tout ce que j'aurai de disponible de ma collection de pois, par échantillon d'un paquet de 20 à 30 grammes, au prix de 50 cent. le paquet. Mon adresse: J.-B. Pugnet, propriétaire-cultivateur, à Saint-Romain-en-Jarrêt (Loire).

semences qui nous arrivent de la Haute-Loire, résistent toujours mieux à la rigueur du froid que celles que nous récoltons. Quoique les pois puissent fournir un fourrage sec, ce n'est que par exception qu'on emploie ce mode. On cite encore le pois élevé, *Pisum elatum*, D. C., plus grand que le pois gris, et dont l'étendard est rose-clair et les ailes pourpres ; je ne l'ai pas étudié.

Rue de Chèvre. — *Galega officinalis*. — Linné. — Herbe vivace, à racine blanche, assez grosse ; feuil. pennées, à folioles ovale-oblongue ; tige de 6-9 déc., droite, rameuse ; en juin-juillet ; fl. bleues ou blanches, en grappes axillaires, longuement pédonculées. D'Italie. Multiplication par éclats. Cette plante peut servir à orner les jardins ; elle pourrait aussi entrer dans la composition des prairies artificielles, mais les bestiaux ne la mangent que par force.

## GENRE TRIFOLIUM.

Si quelques genres, comme les *Renonculus* et les *Papaver*, nous offrent en abondance des plantes rebutées par les bestiaux, d'autres, par compensation, nous fournissent de nombreuses herbes très-nutritives et recherchées des herbivores. Le genre *Trifolium* tient un des premiers rangs sous ce rapport ; aussi le trouve-t-on non-seulement cultivé dans nos champs, mais encore se reproduisant naturellement dans les prés, les pâturages, les endroits secs, les lieux bas et sur les hautes montagnes. J'ai remarqué le *trèfle fraisier* sur la berge d'un étang, à côté des joncs et des potamots ; le *trèfle rampant* et le *trèfle filiforme* se plaisent dans les cultures sarclées. Les espèces bovine et ovine s'en nourrissent avec avidité, lors même que les gousses sont arrivées à maturité. Les graines étant indéhiscentes, ne s'égrènent pas lorsqu'elles sont pâturées et traversent l'estomac des animaux sans se corrompre ; ces derniers les disséminent partout au moyen de leurs excréments ; le fumier de ferme en contient de grandes quantités qui sont conduites avec lui dans les champs. Si ces plantes n'avaient un mérite réel et bien connu, surtout apprécié, on serait tenté de les classer parmi les plantes envahissantes.

1. Trèfle incarnat. — *Trifolium incarnatum*. — Linné. — Herbe annuelle, à courtes stipules ; capitules oblongs, d'un beau rouge. Le Trèfle incarnat est plus particulier au midi de la France qu'aux départements du Nord. On pour-

rait dire en quelque sorte qu'il vient en culture dérobée, car on le sème après la moisson, lorsque le sol est net de mauvaises herbes. Il alimente le bétail 15 à 20 jours avant que le trèfle commun soit coupé en vert ; quoiqu'un peu grossier, il n'est pas refusé par les bestiaux, parce que c'est le premier fourrage vert. A cette époque le terrain peut recevoir une culture de pommes de terre, haricots, maïs, etc.; le trèfle a occupé le champ pendant la période où il eût été sans emploi. Il aime un terrain un peu ferme et tassé ; on doit toujours herser avant de semer ; un autre hersage termine l'opération. S'il est possible de se procurer de la graine non mondée, elle lèvera bien mieux ; je l'ai vu dans mon sol sec et léger, où deux années de suite la graine mondée n'a pas levé, tandis qu'elle a bien levé, semée avec son enveloppe. La quantité de semence nette est de 18 à 20 k. par hectare, et la graine en gousse à raison de 45 à 50 k.

Je n'ai point cultivé une nouveauté connue sous le nom de *Trèfle incarnat tardif;* moins précoce de 10 à 15 jours que le précédent ; son mérite consiste à succéder sans interruption au Trèfle incarnat.

2. Trèfle de Molinéri. — *T. Molinerii.* — Balbis. —. Herbe annuelle, haute de 1-5 déc., à tiges velues, blanchâtres ; stipules membraneuses ; calice à 10 nervures fortement hérissées ; fl. blanchâtres ou rosées, en capitules oblongs, cylindriques.

Le Trèfle de Molinéri, considéré par quelques auteurs comme une variété du Trèfle incarnat, est vivement recommandé pour les départements du Nord. Sa culture est la même que celle de l'incarnat, et peut rendre les mêmes services pour fourrage précoce en vert. Il est très-commun dans nos prés secs, dans les terrains légers ou sableux, à l'exposition sud. Sa précocité fait qu'au moment de la fauchaison, une partie de ses capitules se brisent, et les calices velus contenant la graine jonchent le sol ; le ratelage finit par les disséminer ; et si la sécheresse sévit avec intensité, le gazon finit par disparaître ; on ne voit que la terre nue, ressemblant plutôt à un champ qu'à une prairie ; mais s'il survient une pluie à la fin de juillet ou en août, cette terre se couvre d'innombrables cotylédons ; ce sont ceux des Molinéris. La sécheresse revient-elle au bout de quinze jours, toutes ces jeunes plantes sont grillées et perdues ; puis viennent les fraîcheurs d'automne, qui font naître des plantes qui arriveront à maturité. On doit surveiller avec soin la fenaison des prés où abonde cette légumineuse, car une pluie continue cause un préjudice considérable au fourrage qui devient blanc et perd sa substance.

3. Trèfle des champs. — *T. arvense.* — Linné. — Herbe annuelle, velue; folioles oblongues-linéaires; calice à tube velu, à dents plus longues que la corolle; fl. blanchâtres ou rosées; capitules ovales ou cylindriques, soyeux. Dans nos blés, en terrain sec et léger, le trèfle des champs est si nombreux, qu'il couvre entièrement le sol; le moissonneur coupe la majeure partie de la plante qui, n'ayant que 1 à 3 cent. de hauteur, retombe sur le sol. Quoique faisant partie de ce genre, cette variété nuit sensiblement aux céréales, et où elle abonde on reconnaît que les épis sont moins lourds et moins grainés. La température sèche ou humide influe beaucoup sur la plus ou moins grande production de ce trèfle dans les blés. Une seule plante donne jusqu'à 2,800 graines.

4. Trèfle cultivé. — *T. pratense.* — Linné. — Il serait inutile de décrire ce trèfle qui est si commun et rend tant de services à l'agriculture; il est très-utile pour l'assolement en s'alliant parfaitement aux cultures successives depuis que l'on tend à faire disparaître les jachères. On le pratique ainsi :

1$^{re}$ année, culture sarclée avec fumure;
2$^e$ année, blé et semis de trèfle en mars-avril;
3$^e$ année, trèfle pâturé ou fauché;
4$^e$ année, blé sur un seul labour, sans faire pâturer à l'automne.

Chaque cultivateur doit connaître le terrain sur lequel il opère. Sur un trèfle rompu, c'est ordinairement le froment parmi les céréales qui donne presque toujours une fort belle récolte; on sait aussi qu'après avoir fauché un trèfle en vert ou l'avoir fait pâturer, le maïs prospère très-bien sur un seul labour, du moins cela se pratique dans ma localité. La dessication du trèfle réclame des soins et la surveillance du maître; afin de conserver autant de feuilles qu'il est possible, on rentre le fourrage le matin plutôt que pendant les chaleurs du jour. La graine est l'objet d'un commerce important; il serait inutile de s'étendre davantage sur une plante aussi connue qu'estimée.

La quantité de semence varie un peu; on emploie 15 à 20 k. par hectare. La graine mondée n'est bonne que pendant 2 ans. Un sol léger qui n'est pas très-riche se fatigue d'un alternat de trèfle trop souvent répété; il faut des ménagements avec cette plante. On a remarqué aussi que le trèfle réussit mal sur un défrichement.

5. Trèfle blanc-jaunatre. — *T. ochroleucum.* — Linné. — Herbe vivace, formant touffe ; tiges penchées, de 2 à 4 déc., velue ; folioles oblongues ; en juin-juillet, fl. d'un blanc-jaunâtre. Il suffit que ce soit un trèfle pour être une plante recommandable pour fourrage ou pâturage ; on le rencontre de loin en loin dans nos prairies sèches et dans les pâtures.

6. Trèfle fraisier. — *T. fragiferum.* — Linné. — Herbe vivace, de 1 à 3 déc., rampante ; folioles denticulées ; stipules membraneuses ; fl. roses en capitules serrés, globuleux, imitant une fraise. Le trèfle fraisier plaît à la vue, et il fournit un bon pâturage ; on le trouve dans les endroits humides. Il est probablement assez commun dans les terrains de plaine, mais il est rare dans les vallons de nos montagnes. Je ne l'ai trouvé que sur le territoire de la commune de Valeille, près de Feurs (Loire).

7. Trèfle rampant. — *T. repens.* — Linné. — Herbe vivace et glabre ; tige rampante, haute de 1 à 3 déc.; folioles marbrées de blanc ; fl. blanches ou un peu rosées, en capitules globuleux, axillaires ; pédicelles tous réfléchis après la floraison. Le trèfle rampant est très-commun, mais surtout dans les terrains fertiles. J'ai vu le 12 novembre une très-bonne terre qui avait fourni une récolte de blé et n'était pas labourée ; elle était totalement garnie de trèfle rampant. Il fournit un excellent pâturage, et dans les prairies son foin s'allie bien à celui des graminées ; il réussit dans les sols humides et dans les secs.

8. Trèfle de Schreber. — *T. Schreberi.* — Jord. — Herbe annuelle, haute de 1 à 3 déc.; feuil. petites ; folioles cunéiformes ; fl. jaune-soufre, brunissant après la floraison. Plante commune dans les champs cultivés de nos coteaux ; est toujours pâturée avec avidité.

9. Trèfle tombant. — *T. procumbens.* — Linné. — Herbe annuelle, de 1 à 3 déc., à tiges très-grêles, couchées ; fl. jaunes, à la fin brun-clair ; capitules petits sur des pédoncules plus longs que les feuilles. Commun dans les prairies et les pâturages ; j'ai vu des prés où le trèfle tombant formait les deux tiers du fourrage ; les rares graminées suffisaient pour le tenir droit ; le fourrage qu'il donnait était de toute première qualité pour les races bovine et ovine. Sa croissance spontanée dans nos prés me fait présumer que

cette plante annuelle ne prospérerait pas cultivée en prairie artificielle.

L'étude que j'ai faite du genre *Trifolium* s'est bornée aux 9 variétés que je viens de décrire, mais, vu les bonnes qualités des autres variétés, comme fourrage et pâturage, je ne puis me dispenser de les énumérer sans y ajouter aucune observation :

Trèfle a feuilles étroites. — *Trifolium angustifolium*, — Linné ; — lieux secs ; rare. — T. intermédiaire. — *T. medium*, — Linné ; — commun ; pâturage des bois. — T. alpestre. — *T. alpestre*, — Linné ; — assez commun. — T. rouge. — *T. rubens*, — Linné ; — commun. — T. pied de lièvre. — *T. lagopus*, — Pourr. ; — coteaux secs. — T. strié. — *T. striatum*, — Linné ; — sur les bords du Rhône ; peu commun. La nomenclature devenant longue, je me contente de nommer les *T. Bocconi, scabrum, subterraneum, montanum, glomeratum, parviflorum*, etc.

Le genre *Melilotus* est composé de plantes trifoliolées, assez élevées. Quoique d'une culture recommandée, ce n'est qu'exceptionnellement qu'elles sont cultivées.

1. Mélilot officinal. — *Melilotus officinalis.* — Desr. — Herbe bisannuelle, à folioles obtuses, denticulées ; tiges ascendantes, de 3 à 10 déc.; fl. jaunes, très-odorantes. Quoique le *Mélilot jaune* donne un fourrage passable, le trèfle aura toujours la préférence. On ne le voit que rarement cultivé, mais on le trouve fréquemment dans les champs.

L'apiculture recommande vivement sa culture à proximité du rucher, parce que sa fleur est très-mièlifère.

2. Mélilot blanc. — *M. leucantha.* — Koch. — Herbe bisannuelle, à folioles obtuses, denticulées ; tiges dressées de 3 à 10 déc. et plus ; fl. blanches, inodores ; gousse ovale. Cette plante est aussi appelée *Mélilot de Sibérie*. Les essais que j'ai faits sur cette plante étaient en terrain sec, défoncé à 80 cent.; les tiges se sont élevées à 2 m.; elle m'a donné un produit extraordinaire, mais mes bestiaux ont eu de la peine à la manger. Il faudrait la faucher à moitié de sa croissance, ou bien les tiges deviennent ligneuses et sont rebutées. En somme cette plante n'est pas recommandable, quoiqu'on puisse la faucher plusieurs fois. On évalue à 15 k. de semence à l'hectare. Le prix commercial de la graine est de 2 fr. le kilog.

Lotier corniculé. — *Lotus corniculatus.* — Linné. —

Herbe vivace, étalée sur le sol; tige de 1 à 4 déc.; dents du calice resserrées avant l'épanouissement; fl. en capitules ombellifères, jaunes, de mai à octobre. Très-commune dans les champs, prairies, bords des chemins, presque partout. Le lotier est beaucoup du goût des bestiaux, pour pâture; il a été recommandé pour les prairies naturelles à cause de sa bonne qualité; il est particulier aux prés élevés et secs. La graine, se récoltant difficilement, est d'un prix élevé : 3 fr. 50 à 4 fr. le kilog. Il existe d'autres variétés de lotier, telles que le *tenuifolius*, le *major* et le *diffusus*.

Le genre *Medicago* est, comme le trèfle, très-intéressant en agriculture par les nombreuses variétés fourragères et à pâturer qu'elle offre; mais ces plantes sont plus particulières au midi qu'au centre et au nord de la France; aussi, mes observations n'en comprennent-elles qu'un petit nombre. Feuilles trifoliées.

1. Luzerne lupuline. — *Medicago lupulina*. — Linné. — Herbe bisannuelle, de 1 à 4 déc.; presque toujours couchée; folioles obovaves, denticulées au sommet; fl. jaunes, en capitules ovoïdes, en mai et à l'automne; gousse réniforme, à une seule graine. La *Minette dorée*, quand elle est seule, fournit un fourrage d'excellente qualité, mais pas assez abondant; c'est pour cela qu'on ne l'emploie qu'en mélange dans les prairies dont elle bonifie le fourrage. Si elle doit être traitée seule, il est avantageux de la semer avec une céréale de mars, à raison de 15 k. à l'hectare, pour pâturage de moutons. Le prix-courant commercial est d'environ 80 cent. le k.

2. Luzerne cultivée. — *Medicago sativa*. — Linné. — Vulgairement, *Luzerne commune* ou *Luzerne de Provence*. — Herbe vivace, à grosse racine, s'enfonçant profondément; tige dressée dès la base, de 2-6 déc. de hauteur; folioles ovales ou oblongues; fl. bleues, disposées en grappe oblongue; gousse pubescente, mais sans épine. La Luzerne réclame une terre fertile, saine et profonde; c'est pour cela qu'elle est bien peu cultivée dans nos vallons secs et à sol léger. Néanmoins, j'ai un voisin, qui, fatigué de voir l'oïdium régner pendant plusieurs années consécutives, s'avisa de transformer sa vigne en luzernière; il a tellement bien réussi, qu'elle fait l'admiration de tous ceux qui la voient. Si la culture de la luzerne est à peu près inconnue dans ma localité, il n'en est pas de même dans les autres départements; car on évalue en France à deux millions d'hectares

ensemencés de cette précieuse légumineuse. Lorsque le sol est propice à cette plante, c'est la plus productive de toutes les légumineuses fourragères ; aussitôt fauchée, elle repousse de nouveau jusqu'à quatre ou cinq fois. La durée d'une luzernière n'est pas bien précise ; cela dépend du terrain. Ainsi, quelques auteurs ne lui accordent qu'une durée moyenne de 5 ans, tandis que d'autres assurent qu'elle peut subsister 15 ans. La quantité de semence à employer est d'environ 20 k. à l'hectare.

3. LUZERNE A FEUILLES TACHÉES. — *Medicago maculata.* — Willd. — Herbe annuelle, couchée ou ascendante ; tige de 2-6 déc., parsemée de poils ; folioles obcordées, un peu denticulées au sommet ; presque toujours marquées d'une tache noirâtre sur la page supérieure ; stipules ovales, incisées ou dentées ; petites fl. jaunes ; gousses globuleuses, formant 4-6 tours en spirale, et portant de petites épines arquées en sens opposé. La luzerne tachée est assez commune ; on la trouve souvent dans les prés, auprès des prises d'eau temporaires, des chemins de service ; elle fournit un pâturage précoce que recherche le bétail ; comme fourrage elle est excellente de sa nature, mais où elle abonde, elle est trop sujette à la verse, et sa précocité oblige de la faucher 8 ou 15 jours avant l'époque ordinaire, ce qui la rend sujette à recevoir les pluies du printemps. Après la fauchaison elle disparaît, et en novembre et décembre on voit déjà de nouveaux plants qui sont déjà forts.

PIED D'OISEAU TRÈS-FLUET. — *Ornithopus perpusillus.* — Linné. — Herbe annuelle ; tige de 1-3 déc., grêle, rameuse, couchée ; folioles nombreuses, ovales, obtuses ; fl. blanchâtres ou rosées ; gousses arquées, 3-4 réunies, ressemblant à un pied d'oiseau. Cette plante, assez curieuse, se trouve dans les pâturages secs des terrains arénacés. Les moutons la recherchent.

CORONILLE, FAUX SÉNÉ. — *Coronilla Hemerus.* — Linné. — Arbrisseau de 1-2 m., dressé, rameux ; 7-9 petites folioles oblongues ; en avril-juin ; fl. jaunes, tachées de rouge, sur des pédoncules axillaires. Cet arbrisseau croît sur les coteaux des montagnes arénacées ; je l'ai trouvé à St-Romain-en-Jarret (Loire), au bois dit Fontmerle. Il se cultive dans les jardins paysagers ; on en forme des massifs et des palissades. Exposition du midi ; multiplication de graines, drageons et marcottes.

7

Le genre *Ervum* est composé de plantes à folioles étroites et à gousses n'ayant que 2 ou 4 graines ; ces plantes sont aussi bonnes pour fourrage et pâturage.

1. Ers a quatre graines. — *Ervum tetraspermum*. — Linné. *Vicia tetrasperma.* — Moench. — Herbe annuelle, de 2-5 déc., faible, grimpante ; folioles linéaires mucronulées ; vrille bifurquée au sommet ; fl. petites, lilas. Cette plante est assez abondante dans nos moissons, mais sa petite taille et ses tiges grêles font qu'elle cause peu de dommage aux récoltes. Les moutons en sont très-friands.

2. Lentille commune. — *Hervum lens.* — Linné. — Herbe annuelle, dressée, mais très-rameuse, haute de 1-3 déc.; folioles ovales, oblongues ; fl. d'un blanc-bleuâtre, 2 ou 3 sur le même pédoncule. Cette plante est peu cultivée dans le département de la Loire ; elle est employée comme fourrage dans quelques contrées, et quelquefois comme comestible pour faire des purées. En grande culture il faut environ 1 hectolitre et demi de semence par hectare.

3. Lentille a une fleur. — *Ervum monanthos*. — Linné. — *Vicia monantha.* — Lam. — Herbe annuelle, de 2-5 déc. décombante ; folioles linéaires, tronquées au sommet ; fl. d'un bleu-pâle ; gousse glabre à 2 ou 4 graines. Cette plante est connue parmi les cultivateurs de la Loire sous le nom de *Jarousse* ; ailleurs elle a d'autres noms. Elle se sème à la même époque que les pois, seule ou mélangée avec eux ; ils s'allient très-bien : même culture, mêmes époques de semis et de maturité. Dans nos vallons, les prairies naturelles ne font pas défaut ; il n'en est pas de même dans la plaine du Forez où souvent le fourrage des nombreux bestiaux n'est produit que par des prairies artificielles ; là, la Jarousse est cultivée sur une assez large échelle, et on en fait un fourrage de bonne qualité. La quantité de semence à l'hectare est d'environ un hectolitre.

Le genre *Vicia* est également très-méritant pour le grand nombre de plantes fourragères ou pâturées qu'il nous offre, que nous trouvons fréquemment et dont les bestiaux s'accommodent très-bien. Calice à 5 dents ; style filiforme ; feuil. paripennées, terminées par une vrille.

1. Vesce cultivée. — *Vicia sativa.* — Linné. — Vulgairement, *Pesette.* — Herbe annuelle, de 2-4 déc.; folioles oblongues, tronquées, mucronulées ; fl. purpurines ; gousse oblongue, dressée, pubescente, solitaire ou géminée. La

Pesette est fréquemment semée comme fourrage, soit pour être séchée, soit pour être consommée en vert. Le semis d'automne, pratiqué en certains départements, est rarement usité dans ma contrée. On doit semer la Vesce comme les pois gris et les lentilles ; c'est-à-dire avec un peu de seigle, si c'est en automne que s'opère le semis, et avec de l'avoine, si c'est au printemps ; elle peut être semée jusqu'en juin. J'ai vu un cultivateur qui prenait deux blés de suite dans la même pièce de terrain ; voici comment il opérait : après la moisson du premier blé, il semait immédiatement des Pesettes qui atteignaient 1 ou 2 déc. de hauteur ; il enfouissait cette récolte à la charrue et obtenait ainsi une belle récolte de blé. La quantité de semence est environ de 23 à 25 décalitres par hectare.

2. Vesce des haies. — *Vicia sepium*. — Linné. — Herbe vivace, à tige flexueuse et grimpante, haute de 3 à 10 déc.; folioles oblongues, obtuses ; fl. d'un violet sale, réunies par 3-7 en petites grappes ; gousse glabre. Cette vesce est très-commune dans les haies, les bois, au bord des ravins ; les bestiaux la recherchent avec avidité.

3. Vesce a fleurs jaunes. — *Vicia lutea*. — Linné. — Herbe annuelle, à folioles parsemées de poils blancs, toutes mucronulées ; tige faible, souvent couchée, de 1 à 4 déc.; fl. solitaires, d'un jaune-canari, courtement pédonculées ; gousse hérissée de poils tuberculeux. Cette plante se trouve dans les moissons des terrains sablonneux ; elle est assez rare.

4. Vesce fève. — *Vicia faba*. — Linné. — *Faba vulgaris*. — Moench. — Vulgairement, *Fève*. — Herbe annuelle, à tige épaisse, dressée de 3-6 déc.; feuil. à 1 ou 3 paires de folioles épaisses, très-entières, mucronées ; fl. blanches, tachées de noir ; gousse coriace, très-enflée. De Perse. Cette plante est l'objet d'une culture étendue en certains pays, mais presque inconnue dans beaucoup d'autres. La *Féverolle* n'est pas plus connue ; elle est cependant cultivée en grand dans les terres fortes et argileuses.

Orobe printanier. — *Orobus vernus*. — Linné. — *Lathyrus vernus*. — Wimm. — Herbe vivace, souvent couchée, de 2 à 4 déc.; feuil. à 2 ou 3 paires de folioles ovales, oblongues, acuminées ; tige anguleuse ; fl. d'abord roses, tournant ensuite au bleu, en grappes axillaires et multiflores ; gousses toujours glabres. Dès le mois d'avril, on aperçoit la fl. de l'Orobe printanier ; les moutons et les chèvres s'en régalent ; il est très-commun dans nos bois, aux bords de nos champs et dans les pâturages ombragés de nos vallons.

Le genre *Lathyrus*, comme les genres *Vicia* et *Ervum*, est composé de plantes fourragères, communes dans les champs et les prairies.

1. Gesse de Nissole. — *Lathyrus Nissolia*. — Linné. — Herbe bisannuelle, de 4-6 déc.; feuil. simples, lancéolées, linéaires, dépourvues de vrilles ; tige anguleuse, droite, non grimpante ; longs pédoncules portant 1 ou 2 fl. roses ou violacées. Cette Gesse offre la particularité d'avoir les feuilles graminées à l'opposé de ses congénères ; on la trouve dans les moissons ; néanmoins, elle est peu commune.

2. Gesse sans feuilles. — *Lathyrus aphaca*. — Linné. — Herbe annuelle, glauque et glabre ; tige anguleuse, faible et grimpante ; feuil. nulles ; stipules imitant des feuilles sagittées ; fl. jaunes ; pédoncule uniflore. Très-commune dans les moissons. Cette variété, ainsi que la précédente, sont plutôt nuisibles qu'utiles à cause de leur production spontanée dans les blés.

3. Gesse cultivée. — *Lathyrus sativus*. — Linné. — Herbe annuelle, de 1-5 déc.; tige rameuse, ailée, feuil. à 2 folioles ; fl. roses, violacées ; gousses glabres offrant 2 ailes sur le dos ; graines anguleuses. La Gesse se sème en mars-avril, à raison d'un hectolitre et demi par hectare ; elle donne un fourrage estimé pour tous les bestiaux, particulièrement pour les moutons. Sa culture est peu usitée dans le département de la Loire. La graine de Gesse fournit de bonne purée.

4. Gesse des prés. — *Lathyrus pratensis*. — Linné. — Herbe vivace, à racines noires, traçantes ; feuil. à 2 folioles, nervées, acuminées ; tige anguleuse, étalée, de 3-6 déc.; pédoncules très-allongés, portant 6-10 fl. jaunes, en juin-juillet. Très-commune dans les prés et les haies ; elle donne un bon fourrage, et les bestiaux la recherchent au pâturage.

5. Gesse a larges feuilles. — *Lathyrus latifolius*. — Linné. — Vulgairement, *Pois vivace*. — Herbe vivace s'élevant à 2 m.; feuil. à 1 seule paire de folioles, larges, nervées, obtuses, mucronées ; pédoncule très-long, portant 8-15 fl. roses du plus bel effet, en juillet-août. Cette Gesse est très-ornementale ; on la multiplie par graines semées à l'automne ; la plante ne fleurit que la 2$^e$ année.

Le genre *Lupinus* est composé de plantes employées en agriculture, le plus souvent comme engrais vert, c'est-à-dire pour être enfoui sur pied ; ses fl. l'ont fait admettre aussi dans les jardins des floriculteurs. Gousses coriaces, oblongues ; feuil. digitées.

1. Lupin jaune. — *Lupinus luteus.* — Linné. — Herbe annuelle ; tige de 6-10 déc.; racines s'enfonçant profondément; fl. jaunes, verticillées, en épi, sessiles et odorantes, en mai-juin. Ce Lupin est particulier aux pays sableux où il fait une bonne préparation pour le blé. Il y a quelques années, il était préconisé en Allemagne ; on l'y vendait à des prix exorbitants. Dans nos terrains légers, il ne m'a donné que des produits bien médiocres.

2. Lupin blanc. — *Lupinus albus.* — Linné. — Herbe annuelle, à tige dressée, rameuse au sommet ; folioles obovales, oblongues; fl. blanches, alternes, pédonculées, disposées en grappes terminales, en juillet-août. Le Lupin blanc est cultivé principalement dans les sols granitiques, légers et pauvres, pour être enfoui au moment de sa floraison. Il existe de nombreuses variétés de Lupins odorants propres à la décoration des jardins et parterres.

Un pré composé de graminées seulement, fournira du bon fourrage, mais si les légumineuses y entrent pour 1/4 ou 1/3, ce fourrage sera excellent. Retranchons d'un pré les deux familles que je viens de citer ; que resterait-il, hélas ! pour nourrir nos troupeaux ? Les renoncules caustiques, les joncs peu nutritifs et rebutés, quelques rhinanthes grossiers, des salvias à feuilles larges et à tiges dures, et tant d'autres mauvaises plantes. On ne saurait trop favoriser les diverses Papilionacées que je viens de passer en revue ; elles sont à peu près toutes de bonne qualité et donnent du mérite au fourrage, soit en mélange dans les prés naturels, soit cultivées séparément.

Les diverses Sociétés d'agriculture de l'Empire encouragent, par diverses récompenses, l'élevage du bétail qui tend toujours à devenir d'un prix plus élevé. Plusieurs raisons semblent justifier cette graduation dans la cherté des bestiaux ; le typhus a fait de grands ravages en Angleterre ; les prairies sont diminuées au profit de la vigne qui prend de l'extension suivant le prix assez élevé du vin ; on dirait en outre que la marche du progrès a fait faire un pas au confortable qui semble devenir meilleur, si je puis m'exprimer ainsi ; enfin ces motifs, ou d'autres qui me sont inconnus, doivent encourager le cultivateur à se livrer à la production de la viande ; et surtout depuis, grâce aux concours régionaux, que nos races bovines tiennent un des premiers rangs ; car, si je ne me trompe, les Durhams commencent à être délaissés pour nos races de pays dont la viande est déjà très-estimée sur les marchés de Londres.

C'est la famille des Légumineuses qui doit être appelée à produire l'excellent fourrage dont on peut avoir besoin. Je n'entends pas émettre ici des préceptes, ni même des conseils, non, ce n'est qu'une simple idée personnelle, et je laisse à d'autres plus capables et plus compétents le soin de dire le dernier mot à ce sujet.

J'ai passé sous silence une plante assez répandue et qui joue un rôle important en agriculture, quoiqu'elle soit totalement inconnue dans ma contrée ; c'est l'Esparcette cultivée. — *Onobrychis sativa*. — Lamk.

Le genre *Phaseolus* fournit des plantes toutes exotiques et cultivées à peu près partout, en grande ou en petite culture ; feuil. à 3 folioles pointues, accompagnées de stipules ; tige se roulant.

1. Haricot multiflore. — *Phaseolus multiflorus*. — Willd. — Vulgairement, *Haricot d'Espagne*, *Haricot-fleur*, *Pois-fleur*. — Herbe annuelle, à folioles ovale-oblongue ; tiges grimpantes et volubiles, s'élevant à 3 m. ; pédoncule multiflore, très-long ; fl. d'un beau rouge-écarlate ; rarement blanches ; en juin-juillet ; graines purpurines, violettes ou marquées de taches noires. Le Haricot multiflore n'est, à proprement parler, qu'une plante d'agrément, cultivée pour sa fleur ; il est vrai que quelques personnes emploient son grain frais à certains usages culinaires, mais sa qualité laisse à désirer et nos petits haricots communs lui seront toujours préférés. En 1860, je reçus une variété de haricot, appelée *H. géant blanc*, et venant d'un établissement renommé dont je tairai le nom ; on le qualifiait de *très-productif*, il était bien géant quant à la tige de 3 m., et productif de nombreuses fl. blanches ; mais les cosses furent toutes avortées, et je retirai à peine ma semence.

2. Haricot commun. — *Phaseolus vulgaris*. — Linné. — Herbe annuelle, à folioles ovales ; acuminées, assez rudes ; tiges le plus souvent grimpantes, volubiles ; fl. blanches, jaunâtres ou violettes ; graines un peu comprimées, blan-

ches, rouges, violettes, panachées, tachetées ou zébrées. Le Haricot commun est originaire de l'Inde ; il a été introduit dans la culture en 1579.

Il n'est peut-être aucune autre plante qui varie autant que le Haricot ; aussi, a-t-il fourni un nombre presque infini de variétés et de sous-variétés ; on pourrait peut-être dire d'*espèces*, mais il est plus simple de les classer toutes sous la dénomination générale de *Haricots communs*. La plante est tantôt naine ou mi-naine, tantôt à rame et à grande rame. Parfois les gousses sont tendres, charnues, mangées en vert ; ces variétés sont les plus répandues en petite culture ; ou bien ce sont des cosses coriaces ou parcheminées. Les variétés présentant ce dernier caractère sont plus particulièrement traitées en grande culture pour grains secs. Les cosses en sont tantôt droites, tantôt arquées, gonflées ou comprimées. Quelques-unes de ces variétés sont propres aux primeurs, et d'autres pour l'arrière-saison.

Les haricots verts sont très-sains et très-estimés : aussi, aucun ménage de cultivateur ne se dispense de cultiver ce légume pour le consommer sous toutes sortes d'apprêts culinaires. Il est à remarquer que bon nombre de personnes cultivent des variétés détestables en vert, et cela faute de connaissances ; car tel haricot, excellent en grain sec, sera très-mauvais en cosse verte, *et vice versà*.

On ne peut semer le haricot que lorsque les gelées ne sont plus à craindre ; et si, favorisé par un temps beau et sec et par exception, on a réussi un semis aux derniers jours de mars, il ne faut point en faire une règle. C'est en avril et en mai que se sème cette légumineuse, dont on prolonge les semis jusque dans le courant de juillet, pour en jouir en vert. Les derniers sont également bons ; l'année dernière j'en ai eu de très-belles et bonnes cosses jusqu'à la première gelée (18 novembre), mais c'est une exception. Après la récolte, on peut encore les conserver en cave 10 à 15 jours, ce qui les conduirait jusqu'en décembre. Ce légume est tellement estimé, que plusieurs procédés sont en usage pour en faire des conserves pour l'hiver.

Le haricot aime un terrain de bonne qualité, mais surtout un profond labour ; il préfère le terrain vierge et nouveau des défoncements. Dans un terrain de cette qualité, il ne souffre pas de l'effet des sécheresses prolongées qui lui sont très-nuisibles.

Le fumier consommé ou le terreau sont préférables au grand fumier des étables.

Je ne vais suivre aucun ordre dans la nomenclature des variétés que je vais indiquer ; je n'en préconise aucune ; je copie tout simplement les observations que je trouve dans mon cahier de notes.

Quant aux noms des variétés, je ne me fais pas illusion ; il peut même y en avoir un certain nombre dont l'authenticité soit contestée, mais la description que j'en fais est suffisante pour que le connaisseur sache à quoi s'en tenir.

Le rendement de la culture que je présente est le résultat de la récolte de 1865. Le semis a été effectué par 5 grammes de chacune des variétés, et le produit a été pesé en grain sec séparé de la cosse. En 1866, je n'ai pu suivre exactement la même marche, soit à cause d'une plantation plus importante, soit plutôt afin de conserver le grain dans sa gousse où il se conserve pendant 4 ans, tandis qu'écossé, il ne lève plus après 2 ans.

1. *Haricot d'Alger*, plutôt connu sous le nom d'*Haricot beurre*; nain ; gousses mi-arquées, peu ou point comprimées, longues de 90 mill.; grain blanc, ovale ; 11 grains pèsent 5 grammes ; très-bon en vert ; produit de 5 gram., 135 gram.

2. *D'Alger à grain noir*, beurre; nain ; gousses presque droites, de 95 mill.; 10 grains pèsent 5 gram.; produit, 153 gram.

3. *Comte de Vougy*; nain, bon en vert ; gousses arquées, les unes renflées, d'autres comprimées ; grains oblongs, obtus, noir-bleu ; 16 grains pèsent 5 gr.; produit, 99 gr. Cette variété porte le nom d'un agriculteur distingué du département de la Loire, M. le comte de Vougy. Je la crois très-propre à la grande culture.

4. *Comte de Vougy*. J'ai reçu d'une autre provenance ce Haricot, qui diffère du précédent par ses gousses toutes comprimées, son grain d'un noir plus terne est plus petit ; 19 pèsent 5 gr.; produit, 80 gr.

5. *Gris de Genève*; nain, bon en vert ; gousses de 120 mill., arquées, comprimées ; grains gris-violet, ovales, 14 pèsent 5 gr.; produit, 85 gr.

6. *Blanc de Genève*; nain, bon en vert ; gousses de 104 mill., arquées, renflées ; grains blancs, oblongs, 14 pèsent 5 gr.; produit, 125 gr.

7. *Nankin ordinaire*; nain, bon en cosses vertes ; gousses

droites ou mi-arquées, comprimées ; grains ovales, 17 pèsent 5 gr.; produit, 95 gr. Cette variété est très-commune.

8. *Nankin le gros ;* nain, très-bon en vert ; gousses renflées, droites, de 101 mill.; grains ovales, obtus aux deux bouts, couleur nankin ; l'arille adhère très-souvent au grain sec, 12 pèsent 5 gr.; produit, 105 gr. Très-recommandable.

9. *Nankin à rame ;* gousses droites, très-comprimées, longues de 60 mill.; grains ronds ou ovales, 15 pèsent 5 gr.; produit, 105 gr. Cette variété est très-mignonne ; propre aux amateurs. Rames de 2 m.

10. *D'abondance ;* nain, bon en vert ; gousses arquées, arrivées à maturité le 20 juin ; grains gris-cendré, 21 pèsent 5 gr.; produit, 67 gr. Je le crois très-propre à la grande culture ; il a beaucoup d'analogie avec le *Comte de Vougy*.

11. *Suisse ;* nain, bon en vert ; gousses droites, longues ; grains de forme allongée, ayant jusqu'à 18 mill.; blancs et rouge-violet, 9 pèsent 5 gr.; produit, 95 gr. Diverses variétés de Suisses sont cultivées sur une vaste échelle, pour être consommées en vert ; on cite surtout le *Gris de Bagnolet* et le *Plein de La Flèche*, qui alimentent la capitale.

12. *Suisse blanc-noir ;* nain, diffère du précédent par son grain qui n'est bon qu'en sec, ce qui ne le rend propre qu'à la grande culture ; cosses renflées, de 130 mill.; produit, 135 gr.

13. *Suisse* (autre). Sous-variété du nº 11 dont il diffère peu ; produit, 148 gr.

14. *Cent pour un ;* nain, très-bon en vert. Cette variété est bien connue et appréciée à juste titre. Cosses bien petites, 74 mill.; produit, 90 gr.

15. *Solitaire ;* c'est un *Suisse ;* nain, bon en vert ; son grain est long, gris-violet, 15 pèsent 5 gr.; produit, 320 gr. Il ne doit pas être planté en touffe comme les autres haricots ; car un seul grain fournit quelquefois un pied très-fort et chargé de fruits. Bonne variété.

16. *Noir, nain hâtif de Belgique ;* grain oblong, noir-foncé et brillant, 13 pèsent 5 gr.; produit, 92 gr. Le cultivateur doit toujours commencer la plantation des haricots par cette variété qui, la première, donne des cosses très-tendres jusqu'aux trois quarts de leur grosseur, plus avancées elles sont parcheminées. Comme haricot de plantation

ordinaire, je lui préfère d'autres variétés qui lui sont supérieures. On fait remonter son introduction à 1839.

17. *Noir, nain hâtif de Belgique* (autre). Même que le précédent ; mais amélioré et à plus fort rendement ; c'est ce qui fait que je ne l'ai pas mélangé ; produit, 127 gr.

18. *Noir, nain très-hâtif de Belgique.* Encore plus précoce que les deux autres ; 14 grains pèsent 5 gr.; produit, 82 gr. Sous-variété très-propre à la culture forcée.

19. *Comtesse de Chambord* ; nain, pour grain sec ; cosses droites, de 70 mill.; grain rond, blanc, petit, 31 pèsent 5 gr.; produit, 147 gr. Cette variété a été préconisée à différentes reprises. Doit être semée isolément, et si elle se trouve en terrain convenable et qu'elle soit favorisée par la température, elle donne parfois des produits étonnants.

20. *Comtesse de Chambord hybride* ; rame de 1 m.; gousses droites, de 120 mill.; grain blanc, ovale, 22 pèsent 5 gr.; produit, 318 gr.

21. *D'Alger à grain gris*, à rame ; cosses de 15 cent., très-bonnes en vert ; grain gris-blanc, oblong, 16 pèsent 5 gr.; produit, 130 gr.

22. *D'Alger nain gris*; gousses de 10 cent., très-bonnes en vert ; grain ovale, 11 pèsent 5 gr.; produit, 105 gr.

23. *D'Alger noir*, à rame; cosses très-bonnes en vert, de 90 mill., droites ; grain ovale, 10 pèsent 5 gr.; produit, 100 gr.

24. *D'Alger*, à rame de 2 m., très-bon en vert; grain blanc, ovale, 10 pèsent 5 gr.; produit, 325 gr.

25. *Blanc à rame;* très-bon en vert; gousses arquées, comprimées ; grain oblong, 15 pèsent 5 gr.; produit, 225 gr. Variété très-répandue dans nos fermes.

26. *Riz* ; nain, pour grain sec ; gousses droites ; grain rond ou ovale, blanc, très-petit, 34 pèsent 5 gr.; produit, 125 gr. Appartient exclusivement à la grande culture.

27. *Riz très-nain de l'Oisans;* gousses droites de 60 mill.; grains ronds, blancs, 41 pèsent 5 gr.; produit, 337 gr. Cette sous-variété, dont le nom indique l'origine, est tout à fait mignonne ; ses nombreuses gousses touchant le sol, sont un objet de curiosité. Recommandable pour l'amateur.

28. *Riz blanc* ; sous-variété des précédents, peu différenciée ; 35 grains pèsent 5 gr.; produit, 287 gr. Propre à la grande culture.

29. *Riz à rame;* offre moins d'intérêt que les précédents ; 40 grains pèsent 5 gr.; produit, 77 gr.

30. *Riz Soissons blanc;* grande rame ; pour grain sec ; grain oblong, un peu aplati, 19 pèsent 5 gr.; produit, 150 gr.

31. *Riz Soissons à grain ovale,* à rame ; ces deux sous-variétés sont classées parmi les *Riz* sous réserve ; je suis étonné de les voir si gros ; ce dernier surtout, dont 16 grains pèsent 5 gr.; produit, 215 gr.

32. *Napolitain;* rame de 3 m.; bon pour grain sec ou gousses vertes ; grain blanc, ovoïde, régulier ; 22 grains pèsent 5 gr.; produit, 130 gr. Variété recommandable aux amateurs.

33. *Monsieur;* rame de 3 m.; gousses droites, comprimées, de 85 mill., bonnes en vert ; grain roux, ovoïde, régulier, 16 pèsent 5 gr.; produit, 302 gr.

34. *Sabre ordinaire;* rame de 3 m.; bon en vert; gousses atteignant jusqu'à 22 cent. de longueur, sur une largeur de 20 à 25 mill., aplaties, droites ; grain blanc, comprimé et un peu arqué, 12 pèsent 5 gr.; produit, 93 gr.

35. *Sabre d'Allemagne;* rame de 2 m.; gousses moins longues et grains plus gros que dans le précédent, 8 pèsent 5 gr.; produit, 123 gr.

36. *Sabre à cosses moyennes;* intermédiaire entre les variétés ci-dessus ; 9 grains pèsent 5 gr.; produit, 148 gr.

37. *Sabre de Hambourg;* rame de 2 m.; gousses de 16 à 20 cent., rayées d'une bande d'un vert intense au milieu de la gousse, dont le reste est vert-blond ; 9 grains pèsent 5 gr.; produit, 160 gr.

38. *A bicot blanc,* à rame ; bon en vert, gousses arquées; grains oblongs, 14 pèsent 5 gr.; produit, 127 gr.

39. *Nègre du Brésil;* rame de 30 cent.; bon en vert ; gousses renflées, droites, de 10 cent.; grain d'un beau noir brillant, à œil blanc. 16 pèsent 5 gr. Le nom de cette variété indique suffisamment, qu'originaire d'un pays chaud, il doit être semé tard, lorsque les chaleurs sont déjà fortes, car, si le semis était fait trop tôt, l'humidité pourrait le faire périr. Produit, 121 gr.

40. *Noir de Bahia;* rame de 1 m.; gousses droites, mi-renflées, de 13 cent.; grain aplati, 18 pèsent 5 gr.; produit, 211 gr. Même observation que pour le précédent.

41. *Noir petit rond;* mi-nain, pour grain sec ; gousses renflées, dressées, conservant la couleur bleue même à la maturité ; grain rond ou ovale, régulier, 25 pèsent 5 gr.; produit, 180 gr. Variété d'amateur.

42. *Nègre ou violet ;* rame de 1 m.; gousses mi-arquées, renflées, teintées de bleu ; 13 grains pèsent 5 gr.; produit, 70 gr.

43. *Nègre mi-nain ;* rame de 1 m., pour grain sec ; gousses droites, renflées, de 92 mill.; grain ovale, aplati, 20 pèsent 5 gr.; produit, 233 gr.

44. *Soufre*, nain ; gousses droites, renflées ; grains ovales, arrondis, couleur de soufre ; produit, 262 gr. Cette variété, importée de Chine, est très-propre à la culture forcée ; on ne doit la confier à la pleine terre que dans la deuxième quinzaine de mai ; un semis trop précoce ne m'a pas réussi.

45. *Suisse très-nain ;* peu différent des autres, et offre peu d'intérêt ; produit, 100 gr.

46. *De Russie ;* très-nain, pour grain sec ; gousses droites, de 17 cent.; grain blanc-terne ou blanc-roux, 9 pèsent 5 gr.; produit, 156 gr. Doit être semé à la fin d'avril.

47. *Soissons rouge ;* rame de 2 m.; grain sec ; grains rouges, 10 pèsent 5 gr.; produit, 330 gr. Très-beau pour les amateurs.

48. *Lilas*, nain ; pour grain sec ; gousses droites, mi-comprimées ; grain noir-gris, 16 pèsent 5 gr.; produit, 210 gr. Je penche pour classer cette variété avec les Suisses.

49. *Zèbre arrondi fond clair ;* rame de 1 m.; grain sec ; fl. violettes ; gousses droites, de 91 mill.; 15 grains pèsent 5 gr.; produit, 155 gr.

50. *Zèbre arrondi cendré ;* rame de 1 m.; grain sec ; fl. violettes ; gousses de 102 mill.; grain ovale, 16 pèsent 5 gr.; produit, 415 gr.

51. *Zèbre à fond gris ;* bon en vert et en grain sec ; grain aplati, oblong, 10 pèsent 5 gr.; produit, 124 gr.

52. *Zèbre arrondi fond blanc ;* rame de 50 cent.; bon en vert et en grain sec ; fl. blanches ; gousses droites de 118 mill.; 14 grains pèsent 5 gr.; produit, 203 gr.

53. *Zèbre arrondi à fond jaunâtre ;* rame de 1 m.; pour grain sec ; gousses droites de 116 mill.; 19 grains pèsent 5 gr.; produit, 265 gr.

54. *Mulâtre ;* rame de 50 cent.; pour grain sec ; fl. violettes ; gousses droites, comprimées ; grains réguliers, ovoïdes, petits, 24 pèsent 5 gr.; produit, 160 gr.

55. *Maculé à grain rond ;* à rame ; bon en vert ; gousses droites de 104 mill.; grain jaune ayant une macule près de l'œil, 10 pèsent 5 gr.; produit, 81 gr.

56. *Maculé rouge ;* rame de 2 m.; pour grain sec ; gousses d'un beau rouge, de 103 mill., droites, renflées ; grain rond, fond blanc-pâle, à nombreuses macules rouges, 8 pour 5 gr.; produit, 120 gr. Belle variété pour l'amateur.

57. *Bianchi ;* rame de 1 m.; bon en vert ; gousses droites, de 70 mill.; grain rond, roux, ayant une macule rouge près de l'œil qui est blanc, 17 pour 5 gr.; produit 204 gr. Jolie variété.

58. *Battage ;* rame de 2 m.; pédoncule portant 4-6 fl.; grain blanc, ovoïde, 20 pour 5 gr.; produit, 210 gr.

59. *Cosses zébrées ;* rame de 1 m.; bon en vert et grain sec ; gousses de 153 mill.; grosses, renflées ; grain blanc, aplati, arqué, 8 pour 5 gr.; produit, 193 gr.

60. *Gris à fond rouge ;* rame de 1 m.: bon en vert ; fl. violettes ; gousses droites, de 9 cent.; grain rond, 15 pour 5 gr.; produit, 220 gr.

61. *Blanc à œil noir ;* rame de 50 cent.; fl. violettes ; gousses droites, zébrées ; grain ovale, blanc, l'œil entouré d'un cercle gris, 13 pour 5 gr.; produit, 150 gr.

62. *Debrosse ;* rame de 50 cent.; pour grain sec ; fl. violettes ; gousses droites, zébrées, de 110 mill.; grain roux, aplati et oblong, 10 pour 5 gr.; produit, 112 gr.

63. *Mendrisse ;* rame de 2 m.; pour grain sec ; gousses droites ; grain roux, ponctué ou zébré, 15 pour 5 gr.; produit, 210 gr.

64. *Saunier ;* rame de 1 m.; fl. blanches ; gousses droites, de 190 mill.; grain blanc, aplati, un peu arqué, 9 pour 5 gr.; produit, 108 gr.

65. *D'Alger à grain rouge ;* rame de 1 m.; excellent en vert ; gousses droites, de 85 mill.; grain rouge vif, très-régulier, 15 pour 5 gr.; produit, 97 gr.

66. *D'Alger à grain gris ;* très-bon en vert ; gousses de 95 mill., rouges, droites, comprimées ; grain blanc ponctué de violet, 9 pour 5 gr.; produit, 159 gr.

67. *Faux Lupin;* rame de 2 m.; grain sec; gousses de 65 mill.; droites, comprimées; grain à peu près rond, blanc-roux, 27 pour 5 gr.; produit, 207 gr.

68. *Mahon;* rame de 2 m.; bon en vert; gousses de 105 mill.; grain blanc, oblong, brièvement aplati, 14 pour 5 gr.; produit, 350 gr.

69. *Blanc nain de Savoie;* très-bon en vert; grain ovoïde-oblong, 20 pour 5 gr.; produit, 158 gr.

70. *Machillotte;* nain; bon en vert; gousses mi-arquées, de 15 cent.; grain blanc un peu arqué, légèrement aplati, 12 pour 5 gr.; produit, 128 gr.

71. *Boccone;* rame de 1 m. 50; pour grain sec; gousses droites, rouges ou zébrées; grain ovoïde, un peu aplati, ponctué ou zébré-roux sur un fond blanc-rosé, 15 pour 5 gr.; produit, 195 gr.

72. *Prédome,* à rame; très-bon en vert et grain sec; blanc, ovale, assez petit, 25 pour 5 gr.; produit, 170 gr.

73. *Hybride de Mulâtre;* nain; le seul pied que j'ai cultivé a produit 62 gousses, petites, arquées; grain roux passant au jaune, oblong, arrondi, petit, 20 pour 5 gr.; produit d'un seul pied, 45 gr.

74. *Blanc* à rame d'un m.; gousses arquées; grain oblong; produit, 160 gr.

75. *Machillotte* à rame de 2 m.; ne diffère du n° 70 que par la rame; produit de 5 gr., 130 gr.

76. *A grain aplati jaune-marron;* bon en vert; gousses droites, renflées; produit, 170 gr.

77. *Ponctué rose sur fond violet;* nain; bon en vert; variété d'amateur; produit, 250 gr.

78. *Rouge d'Orléans;* très-estimé pour grain sec; gousses arquées, de 95 mill.; grain un peu aplati, d'un beau rouge brillant, 16 pour 5 gr.; produit, 173 gr.

79. *Prague ponctué violet;* bon en vert; rame de 3 m.; gousses colorées d'un beau rouge; grains ronds, renflés, 8 pour 5 gr. Les Pragues sont tous d'un bel effet dans les jardins; ils rament haut et attirent les regards par leurs brillantes fl. et leurs gousses colorées; les grains sont aussi très-beaux. Ils sont un peu tardifs et n'arrivent bien à maturité qu'à la fin de l'automne. Produit, 138 gr.

80-81. *Prague ponctué rose.* — *Prague ponctué blanc;* produit, 118 gr. (\*).

La culture forcée des haricots ne peut être pratiquée que par les personnes initiées aux soins qu'elle réclame. D'ailleurs, ce n'est qu'une culture de luxe qui, quoiqu'assez lucrative, n'est exclusivement que du domaine de l'horticulture ; le cultivateur ne peut ni ne doit s'en occuper.

A la suite des haricots vient le genre *Dolichos*, plantes particulières aux pays chauds, et qui ne sont guère cultivées que comme plantes curieuses, surtout par leurs gousses atteignant jusqu'à un mètre de longueur. En 1865, les doliques sont très-bien arrivées à maturité dans ma culture, tandis qu'en 1866, il ne s'est montré que quelques rares gousses.

Les folioles ont beaucoup de rapport avec celles des haricots ; les fl. sont ordinairement jaunâtres et plus grandes ; le fruit en est peu comestible ; néanmoins, j'en ai mangé, chez un amateur distingué, qui étaient frits à l'huile et que j'ai trouvés excellents.

La famille des Légumineuses est d'une importance réelle en agriculture, et on ne peut s'empêcher d'admirer l'ordre suprême qui préside à la nature, en voyant l'une des plus importantes familles du règne végétal composée de plantes si faibles, auxquelles sont nécessaires des supports pour les soutenir ; aussi, sont-elles, à cet effet sans doute, munies de vrilles, qui leur servent à s'accrocher aux plantes voisines pour s'élever. Plusieurs d'entre elles sont entièrement couchées sur le sol et semblent éviter les regards ; leurs fleurs n'offrent rien de remarquable, et pourtant, l'arrête-bœuf excepté, elles rendent presque toutes d'éminents services à l'agriculture.

Les autres plantes que fournit cette famille sont hétérogènes et exotiques, et ne présentent en quelque sorte nul intérêt au cultivateur. En voici quelques-unes que j'ai analysées :

Gainier a silique. — *Cercis silisquatrum.* — Linné. — Vulgairement, *Arbre de Judée.* — Arbre de moyenne grandeur à feuil. entières, orbiculées ; fl. très-nombreuses, rose-vif ou rose-pâle, paraissant avant les feuilles, en avril-mai ;

---

(\*) Je mets à la disposition des cultivateurs qui voudraient expérimenter, ce que j'aurai de disponible, par échantillons de 20 à 25 grammes de chaque variété, à 30 centimes le paquet étiqueté et numéroté.

gousses oblongues, comprimées. Originaire d'Asie, où il est très-commun, surtout sur les bords du Jourdain. On le cultive dans les bosquets et jardins paysagers. Des graines que j'avais semées en pleine terre ont levé sans difficulté.

**Caroubier commun.** — *Ceratonia siliqua.* — Linné. — Arbre ou arbuste à feuil. paripennées ; en août; fl. en grappe, petites, pourpres ; gousses de 30 à 35 cent. Cet arbuste est particulier au littoral méditerranéen ; jardins paysagers ; exposition la plus chaude.

**Févier a épines ternées.** — *Gleditschia triacanthos.* — Linné. — Vulgairement, *Févier d'Amérique.* — Grand et bel arbre de 14 à 20 m., à racines pivotantes ; feuil. 1 ou 2 fois pennées, à petites et nombreuses folioles (24-30); fl. de peu d'effet ; grandes gousses plates. Du Canada ; propre à l'ornementation des jardins paysagers.

Le Gynoclade du Canada (*Gymnocladus Canadensis*, — Lamk.), — ainsi que la Casse du Maryland (*Cassia Marylandica*, — Linné), — et quelques autres, offrent trop peu d'intérêt aux cultivateurs pour qu'il soit utile de les décrire ici.

## FAMILLE DES ROSACÉES

La brillante et utile famille des Rosacées fait le plus bel ornement de la saison printanière, par l'éclat et la multitude de ses fleurs, et l'admiration qu'elle s'attire en automne est justifiée par l'abondance des fruits succulents qu'elle offre aux cultivateurs. Ce sont des plantes herbacées, des arbustes et des arbres moyens ou élevés, tous intéressants par leur agrément et plus souvent par leur utilité. Sous ce dernier rapport, elle fait dignement suite à la famille précédente, et offre autant d'intérêt à l'agriculture. Les feuilles sont toujours alternes, ordinairement stipulées, et les fl. régulières.

**Amandier commun.** — *Amygdalus communis.* — Linné. — Arbre moyen, de 5 à 8 m.; racines pivotantes ; feuil. glabres, dentées en scie ; pétiole moyen ayant 2 petites glandes ; fl. blanches ou rosées, portées sur des pédoncules axillaires, très-courts ; coque veloutée très-coriace ; noyau oblong.

Originaire d'Asie, l'Amandier est cultivé en grand dans les départements du midi de la France. Sa fleuraison printanière, en février-mars, le rend sujet à la gelée, et dans nos contrées du centre et du nord, c'est à peine si l'on peut compter sur une bonne récolte tous les trois ans.

Le fruit de l'Amandier est l'objet d'un commerce assez étendu pour une foule d'usages ; on s'en sert comme dessert, et les confiseurs et les liquoristes l'emploient en diverses manières.

L'Amandier est sujet à se dégarnir en vieillissant, et il a été conseillé de traiter cet arbre comme forestier, en l'étêtant ; par ce procédé bien simple qui a pour but de rajeunir les branches, la récolte, dit-on, est abondante la 2e et surtout la 3e année. Mais en pratiquant ainsi, il faut conduire son verger par coupes réglées, afin que chaque année ne se passe point sans donner de récolte. L'Amandier sert encore à fournir des sujets pour recevoir la greffe des pêchers et des abricotiers. Les variétés ne sont pas nombreuses ; ce sont, outre quelques sous-variétés, l'*Amande amère*, l'*Amande douce* et l'*Amande à coque tendre*, qu'on sert sur nos tables.

PÊCHER ORDINAIRE. — *Persica vulgaris*. — Mill. — Petits arbres à racines pivotantes et à écorce rougeâtre et rugueuse ; tronc peu élevé, à écorce grise et fendillée ; port irrégulier, diffus. Il ne vit pas longtemps, de 15 à 30 ans. De Perse, comme l'Amandier, le Pêcher est plutôt propre au midi qu'au reste de la France ; néanmoins, on le trouve à peu près partout où est adoptée la culture de la vigne ; c'est là qu'est sa place fixe ; on ne le voit guère ailleurs. Mais il est cultivé avec la plus complète négligence ; mange-t-on une pêche, on en jette le noyau qui lève où il est tombé, et, sans attention pour la place qu'il occupe, on le ménage en travaillant. Lorsqu'il est devenu arbre, on s'aperçoit qu'il est trop près d'un cep auquel il nuira ; mais il est trop tard. Mais encore supporterait-on ce défaut de soins de la part du cultivateur, si le fruit provenant de cet arbre donnait la satisfaction de se trouver de bonne qualité ; c'est le contraire qui arrive presque toujours ; on a un fruit, sinon détestable, du moins de très-mauvaise qualité, un fruit petit, blanchâtre, velu et acerbe. On ne sait à quoi attribuer cette indolence de nos cultivateurs, d'autant plus que leurs arbres, ne répondant point à leurs désirs, devraient par cela seul leur faire abandonner une pratique aussi décevante. Il est incontestable qu'avec un peu de soins et du choix, on peut avoir des pêches supérieures en saveur et en abondance. D'autres, avant moi, ont déploré les procédés surannés que la routine a fait passer à l'état de préceptes parmi la majeure partie des agriculteurs français. Malheureusement ces plaintes et les conseils qui en résultent sont écrits, et l'agriculteur ne lit pas. Il y a donc quelque chose de mieux à faire, et j'ai essayé d'un moyen que je crois plus efficace ; j'ai déjà pu en constater les effets dans le petit cercle où j'ai opéré.

J'ai répandu, autant que je l'ai pu, une variété de pêche des plus communes, mais de beaucoup supérieure à celle qui est dans nos vignes ; c'est la pêche d'Oullins et Saint-Genis-Laval (Rhône), pêche qui alimente la halle de Lyon. Le fruit en est de grosseur moyenne, très-coloré ; peau fine ; chair exquise, eau abondante et sucrée ; se reproduit de noyau sans dégénérer ; maturité avancée de 10 à 15 jours sur les autres pêches ordinaires de ma localité ; l'arbre est rustique ; sa fleuraison supporte bien les intempéries.

La culture du pêcher en espalier appartient à l'horticulture ; il faut avoir acquis certaine connaissance pratique pour le conduire convenablement. Néanmoins il est des positions, contre les murs d'habitation ou de jardin, que le cultivateur pourrait utiliser par la culture en espalier de quelques pieds de pêcher. Ce serait encore une puissance à ajouter à l'exploitation agricole ; et puis ce fruit a toujours un écoulement assuré sur les marchés. Dans ce dernier cas le cultivateur ferait bien de s'adresser à l'horticulteur pour acquérir quelques-unes des nombreuses variétés de mérite qui ne se cultivent qu'en espalier. Il serait même utile de laisser la conduite de ces pêchers à l'horticulteur.

Il existe de nombreuses variétés de pêchers à très-beaux et très-bons fruits, telles que les *Belle de Vitry, Bourdine, Chevreuse, Magdeleine, de Malthe*, etc.; l'*Avant-Pêche* est précoce, mais à petit fruit ; les *Pavies* n'ont de mérite qu'en confiserie, et réclament une exposition chaude ; les *Brugnons* ne sont, pour le cultivateur, que des fruits de fantaisie ; ainsi en est-il de la *Pêche-Cerise*. On dit du bien d'une variété nouvelle ; c'est la *Reine-des-Vergers* pour plein-vent ; je ne l'ai pas cultivée.

Abricotier ordinaire. — *Armeniaca vulgaris*. — Lamk. — Arbre moyen, de forme trapue, à racines rougeâtres ; feuil. ovales, un peu en cœur, dentées, glabres, luisantes ; fl. blanches, assez grandes, en février-mars ; fruit jaune, rougeâtre du côté du soleil, ayant un sillon latéral ; noyau lisse sur les faces. De l'Arménie. Comme les deux arbres précédents, l'abricotier est propre aux départements du sud de la France ; sa culture spéciale est en grand, mais il est cultivé en petit sous tout le climat de la vigne, excepté à ses dernières limites.

1. *A. de Syrie ;* grosseur moyenne ; chair jaune, peau colorée du côté du soleil ; bonne variété.

2. *A. d'Ampuy* (Rhône). Fruit plutôt petit que moyen, chair ferme, de bonne qualité, peau jaunâtre à l'ombre, d'un rouge très-foncé au soleil ; quelques fruits du milieu de l'arbre sont rugueux. Cette variété, commune sur les bords du Rhône, est d'un produit abondant ; sa culture, dans ma localité élevée, est assez rémunératrice quoiqu'il manque quelquefois par l'effet des dernières gelées du printemps ; sa maturité, s'effectuant plus tard que celles des autres variétés, en rend le prix plus élevé. J'ai préféré cette variété à toutes les autres, par sa rusticité, son exquise qualité et son coloris, qui en facilitent la vente.

3. *A. des Dames ;* variété de bonne qualité ; fruit plus que moyen. Localités des bords du Rhône.

4. *A. hâtif d'Oullins ;* fruit assez gros, bon, précoce.

5. *A. Musch ;* n'offre aucune particularité bien saillante.

6. *A. Saint-Jean ;* trop petit pour être estimé ; il n'a de mérite que pour sa précocité.

7. *A. Pêche ;* facile à reconnaître au trou qui traverse son noyau longitudinalement sur un côté, et dans lequel on peut introduire une épingle ; son feuillage paraît aussi plus fané que celui des autres variétés ; beau et bon fruit, assez répandu, mais laissant à désirer sous le rapport de la couleur, qui me semble, lorsqu'elle est vive, l'indice d'une bonne qualité.

8. *A. royal ;* beau et bon fruit.

Mon observation s'est bornée à ces quelques variétés. Depuis quelques années, la culture de l'abricotier a pris de l'extension ; favorisée par le progrès de la confiserie et par la facilité des moyens de transports, elle fournit des chargements considérables qui se dirigent sur la capitale et alimentent le nord de la France.

J'ai tenté plusieurs essais de semis de noyaux d'Abricots, je n'ai rien obtenu de bon ; la greffe sur amandier pour les terrains secs et sur prunier pour les terrains humides est préférable au semis. Les fruits des Abricotiers à plein vent m'ont paru meilleurs que ceux d'espaliers. On compte un grand nombre de variétés et sous-variétés de cet arbre intéressant.

Le genre *Prunus* nous fournit de petits arbres et des arbustes à nombreuses fl. blanches, paraissant avant les feuil.; celles-ci sont entières, dentées et courtement pétiolées; drupe globuleux ou ovale, le plus souvent bleu et recouvert d'une espèce de poussière.

1. Prunier épineux. — *Prunus spinosa.* — Linné. — Vulgairement, *Pelossier, Prunellier.* — Arbrisseau très-épineux, de 1-2 m., à racines traçantes et drageonnantes; feuil. petites; fruit arrondi, dressé, noir-bleuâtre, très-acerbe. Le P. épineux est très-commun partout, c'est un voisin envahissant et insatiable de terrain; il pullule au loin; ses racines produisent des rejetons à plus de 3 m. du pied-mère. Le cultivateur soigneux ne doit jamais laisser végéter un seul pied de cet arbrisseau dans les bordures de ses propriétés, vignes, prés, terres cultivées, même dans les incultes où il donne un buisson informe aux feuilles trop petites pour être broutées par les chèvres. Son fruit est quelquefois employé pour faire une boisson de médiocre qualité.

2. P. frutescent. — *P. fruticans.* — Weig. — Diffère du précédent par sa taille plus élancée, ses branches moins épineuses et son fruit du double plus gros. Assez rare.

3. P. sauvage. — *P. insititia.* — Linné. — Arbre de 4 à 6 m., peu ou point épineux; fruit globuleux ou ovoïde, souvent géminé, penché, noir. Haies des champs; peu commun.

Déjà bien des siècles se sont écoulés depuis l'époque reculée où nos fertiles vallons n'étaient qu'une vaste et sombre forêt. On rapporte que nos aïeux, les Gaulois, manifestaient bruyamment leur joie et se réunissaient lorsque, dans leurs courses vagabondes à travers les bois, ils trouvaient des pruniers sauvages chargés de fruits. Ils ne songeaient pas, ces hommes à demi-barbares, qu'un jour viendrait où leurs descendants sauraient changer ce fruit acerbe en un fruit succulent, gros et varié.

Le type du prunier sauvage, quoique rare, s'est conservé; on en voit quelquefois dans nos haies où il est chargé de fruits fortement attachés au pédoncule, ce qui les fait persister après la chute des feuilles, et il n'est point rare d'en voir au mois de janvier, qui, ramollis par les gelées et à moitié confits, d'acerbes qu'ils étaient, sont devenus doux. Les bergers s'amusent à les cueillir, et on les emploie parfois à fabriquer une boisson analogue à celle des fruits du prunier épineux. Je me suis servi des noyaux du prunier sauvage pour faire de jeunes plants propres à la greffe du prunier cultivé. J'ai remarqué qu'il y a plusieurs sous-variétés dont la maturité vient à des époques différentes.

4. P. DOMESTIQUE. — *P. domestica.* — Linné. — Arbre de moyenne grandeur, à racines traçantes et souvent drageonnantes ; feuil. ovale-oblongue, dentées ; pédoncules géminés dans chaque bourgeon ; en mars-avril, fl. blanches, très-nombreuses ; maturité de juillet en septembre, selon la variété.

Le prunier se couvre, avant le développement des feuilles, de fleurs si nombreuses, que les branches en paraissent chargées ; il craint beaucoup la pluie dans ce moment, mais si le temps est au sec, il donne des fruits en quantité si considérable, que l'on est obligé de l'étayer. En horticulture, on retranche un grand nombre de fruits, ce qui est presque impossible au cultivateur qui n'a pas du temps à consacrer à ces minuties. Les cultivateurs sacrifient trop souvent la qualité au produit ; voilà pourquoi j'ai vu cultiver une variété qui donne énormément, nous l'appelons *P. datte ;* elle est rouge, allongée, tandis que la *P. Reine-Claude,* qui tient le premier rang par sa qualité, est moins répandue parce qu'elle est moins rustique et plus sujette à manquer sa récolte.

La *P. abricotée* est aussi répandue, de bonne qualité, mais offre l'inconvénient de se fendre par une pluie continue, lorsqu'elle arrive à maturité. J'ai reçu, sous le pseudonyme de *Prince off Walles,* une variété que je classe parmi les abricotées ; elle est très-productive et très-belle. Le *Prunier Robe de sergent,* renommé par les bons pruneaux qu'il fournit au commerce, est à peu près inconnu des cultivateurs qui s'occupent de fruits. On assure que dans les Pyrénées le produit moyen d'un prunier ordinaire est de 8 k. de pruneaux secs, ce qui, à raison de 80 fr. les cent kil., donnerait, par pied, un revenu de plus de 6 fr., récolte bien rémunératrice.

# EXTRAIT DE LA FAMILLE DES SOLANÉES (*).

**Morelle tubéreuse.** — *Solanum tuberosum.* — Linné. — Vulgairement, *Pomme de terre.* — Herbe vivace, de 3-6 déc.; racines à gros tubercules; feuil. pennatisequées, à segments alternativement grands et petits, formant des folioles de diverses grandeurs; tiges dressées ou décombantes, anguleuses, pubescentes; fl. de diverses nuances, en corymbes rameux; baies d'un vert jaunâtre.

Originaire du Pérou, son introduction est attribuée à Raleigh, en 1585. Chaque canton ou circonscription territoriale plus ou moins étendue, cultivait la variété de pomme de terre qui lui était particulière, sous une dénomination assez vague, telle que la *grosse jaune* ou la *grosse blanche.* Dans ma localité on avait la *grosse jaune Roannaise* et la *jaune à gros yeux,* l'une et l'autre très-productives; on en cultivait aussi une autre sous le nom de *Patasse;* ces trois variétés faisaient à elles seules le fond de la culture en grand. Le cultivateur s'écartait peu de celles adoptées dans sa contrée.

Néanmoins, il y a 36 ans, le prince de Rohan importa d'Amérique celle qui porte son nom; elle se répandit avec une rapidité qui prouve bien en sa faveur, et on la voit encore de nos jours, donner de gros et abondants tubercules. Cela me semble indiquer, qu'en grande culture, chaque variété subit moins l'influence du terrain qu'on ne le suppose généralement.

Aux premières années de son apparition, la maladie des pommes de terre produisit une telle perturbation, que plusieurs variétés, exclusivement cultivées dans un canton, ont disparu. Parmi les moyens proposés, la régénération par le semis fut conseillée; dès lors une foule de nouveautés ont été produites, et on peut en compter par centaines. Certaines variétés ont été vantées outre mesure, d'autres, de bonne qualité, mais à faible rendement, ont été dévolues à la grande culture, et ne sont propres qu'au potager. Il en a été souvent au point que le cultivateur n'a su à quoi s'en tenir sur les variétés qu'il devait préférer.

N'importe, l'élan était donné, et beaucoup de personnes se vouèrent et se vouent encore à l'étude assez compliquée

---

(*) Je crois être utile aux cultivateurs en plaçant ici, par anticipation, la pomme de terre, avant la plantation de ce tubercule.

des variétés sans nombre, soit pour en apprécier les qualités, soit pour déterminer le genre de culture auquel chacune appartient. C'est qu'il a été reconnu que cette plante joue un rôle des plus importants en agriculture ; on ne craint pas de la placer immédiatement à la suite du froment dans l'ordre méritant des plantes de l'agriculture française. Aussi, faut-il connaître sa prodigieuse production pour n'être pas confondu devant l'énorme consommation qui se fait de la pomme de terre, non-seulement dans les fermes, mais aussi dans les villes où ce tubercule est devenu indispensable.

Un riche propriétaire septuagénaire disait dans une réunion : « Mes enfants, je ne suis plus jeune, n'est-ce pas ; » j'ai assisté à bien de grands dîners : eh bien! je n'ai ja- » mais vu dédaigner un plat de pommes de terre. » Que de pauvres gens pour qui la pomme de terre est une ressource précieuse! Dans beaucoup de localités, celui qui ne possède aucun terrain, mais qui peut disposer d'un peu d'engrais, trouve toujours un voisin qui met à sa disposition une pièce de terre, pour planter des pommes de terre.

Un cultivateur me disait naguère : « J'estime beaucoup » telle variété ; c'est celle qui m'a donné le plus fort rende- » ment des 37 que j'ai cultivées comparativement. » Un autre s'exprimait ainsi : « J'ai 3 variétés dont le produit a » été bien supérieur aux 82 autres que j'ai étudiées. » Voilà qui semble démontrer que le nombre des personnes qui se livrent à des cultures comparatives, est plus grand qu'on ne le suppose. Mais le cultivateur, soit par modestie, soit par égoïsme, ne divulgue pas ses observations. S'il était donné de connaître les noms de tous ceux qui se livrent à l'étude de la pomme de terre, on saurait que ce ne sont pas seulement des cultivateurs, mais aussi des personnes de considération et de diverses professions. C'est par ces hommes de bonne volonté que les bonnes variétés sont répandues et propagées ; ils travaillent pour la société tout entière, et leurs travaux ne sont qu'une continuation de l'œuvre de bienfaisance de Parmentier.

La culture comparative des pommes de terre présente plus de difficultés qu'on ne le présume avant de s'y livrer. Ainsi, chaque variété n'arrive à maturité qu'à son époque, qui n'est pas la même pour toutes. On sait aussi que s'il arrive une pluie bienfaisante au moment de la croissance des tubercules, — quinze jours suffisent pour cela, — la récolte peut doubler de produit. Si cette pluie vient à la fin de juin, elle ne profitera qu'aux tubercules des variétés précoces ; les plantes des tardives en profiteront aussi, mais leurs tubercules n'en tireront aucun avantage ; et si la sécheresse sévit en septembre et octobre, ces derniers étant dans leur moment de croissance, en souffriront ; la récolte sera bien moindre et la comparaison ne sera plus juste. Deux catégories devraient distinguer les variétés printanières des automnales ; cela ne suffirait même pas, il serait encore nécessaire de diviser son étude en variétés à fort rendement, propres à la consommation de la ferme, et en variétés à faible rendement, à l'usage exclusif de la cuisine et appropriées à la petite culture.

Les observations qui vont suivre sont le fruit d'une étude faite aux mêmes conditions de culture, que les plantations en grand de ma localité. Pendant trois années j'ai réuni ma collection, et le rendement que j'indique est le produit de trois pieds, — récoltes de 1864, 1865 et 1866. Ainsi que je l'ai fait pour les haricots, je dois dire qu'il est possible, même probable, que sur le nombre quelques noms ne soient pas authentiques, mais l'analyse courte, il est vrai, mais suffisante, fera connaître à l'amateur si je suis dans le vrai pour chaque variété.

1. *Pomme de terre Sainte-Hélène.* — Plante dressée, rameuse dès la base, haute de 8 déc.; pédoncule portant 12-16 fl. violet-lilacé ; tubercules épars au pied de la plante, rouges, oblongs, lisses plutôt que rugueux, à chair rougeâtre à l'intérieur et blanc-jaunâtre à la circonférence. Cette variété est à fort rendement, mais il lui faut un sol fertile, bien cultivé et amendé. Dans ces conditions, on récolte des tubercules en petit nombre, mais d'une grosseur démesurée. Elle ne convient point à un sol pauvre, sec et peu profond ; elle ne résiste point à la sécheresse. Peu connue dans nos fermes. Produit de trois plantes, 2 k. 500.

2. *Suissarde* ou *Sauvage.* — Plante dressée, sans ramification, haute de 6 déc.; fl. blanc-lilacé ; tubercules épars, ronds, irréguliers, allongés, bosselés, à peau jaune-terne ou un peu rosée ; chair blanc-jaunâtre, un peu grossière. Cette variété est presque l'inverse de la précédente, par ses nombreux tubercules, moins gros, sa rusticité, sa culture dans tous les sols ; commune dans nos fermes. Plante très-florifère, à maturité tardive. Produit, 3 k.

3. *Rouge de Briançon.* — Plante décombante et rameuse, haute de 8 déc.; pédoncule court, portant 16-18 fl. blanches ; très-florifère ; tubercules épars, de forme ronde ou

bosselée, à chair jaune et fine. Importée des Alpes. Assez estimée, mais n'a pas répondu à mon attente ; elle résiste peu à la sécheresse et ne mûrit que tard. En 1864, elle produisit 1 k. 950, et en 1866, seulement 495 gr.

4. *Violette ordinaire*. — Plante dressée, plus ou moins rameuse, noirâtre, haute de 8 déc.; tubercules épars, de forme ronde, souvent un peu aplatie, à peau violette, plutôt rugueuse que lisse, à chair blanche, farineuse, serrée, fine, ayant quelquefois une ligne violette près de la circonférence ; maturité tardive. Cette variété est d'une culture étendue surtout dans les lieux élevés. Elle a des qualités qui la font estimer à juste titre ; cuite à l'eau ou au four, elle est excellente ; à la soupe elle donne un bouillon épais et farineux, qui est des plus agréables. Produit, récolté en septembre, 2 k. 500.

5. *Violette à feuilles contournées*. — Plante différenciée de la précédente dont elle est une sous-variété, par un feuillage très-court, contourné, et des tubercules nombreux, mais moins gros ; mêmes bonnes qualités. Produit, 2 k. 840.

6. *Lesèble*. — Plante très-grosse, dressée ou inclinée, haute de 7 déc., nullement rameuse, mais bifurquée vers son sommet ; pédoncule de 9 cent., portant 16-20 fl. lilas ; floraison abondante ; baies vert-jaunâtre ; tubercules très-épars, de forme ronde, irrégulière ou bosselée, à chair blanc-jaunâtre, fine, de bonne qualité ; maturité tardive. Nouveauté mise dans le commerce en 1864 ; a été beaucoup préconisée, mais à juste titre. Produit, 2 k. 175.

7. *Clermonnaise*. — Plante verte, décombante, haute de 5 déc.; tubercules réunis, ronds, un peu aplatis, à peau jaune, rugueuse ou crevassée, à chair blanc-jaunâtre, de qualité médiocre ; fl. avortées ; maturité fin août. Produit, 1 k. 605.

8. *Grosse noire*. — Plante dressée ou penchée, forte, noirâtre, à une seule ramification vers son sommet ; fl. blanc-lilacé, abondantes ; tubercules un peu épars, ronds, aplatis, assez réguliers, à peau violette passant au noir, à chair très-blanche, fine, serrée, farineuse, de première qualité ; maturité tardive. C'est dans les montagnes du département du Rhône que se cultive cette variété, très-recommandable pour les localités froides. Récoltée en septembre. Produit, 2 k.

9. *Violette rose*. — Autre sous-variété du n° 4 ; peau d'un violet passant au rose. Produit, 2 k. 530.

10. *Ségonzac*. — Plante dressée, mais couchée à l'approche de la maturité, haute seulement de 3-4 déc.; fl. avortées; tubercules assez épars, ronds, aplatis; à peau jaune, rugueuse, à chair jaune, farineuse, de bonne qualité; maturité précoce. Peu difficile sur le terrain, elle devrait être chez tous les cultivateurs pour l'usage de la ferme. Produit, 2 k. 190.

11. *Saucisse*. — Plante dressée, à nombreuses ramifications, égalant la tige en hauteur et formant une grande touffe; fl. blanc-lilacé, se succédant pendant assez longtemps, à tel point qu'il n'est pas rare de trouver sur la même plante des baies mûres à côté de fleurs à peine épanouies; maturité tardive; tubercules épars, ronds, moyens, mais nombreux. On croit, dans nos départements du Sud-Est, que cette variété nous vient du nord de la France. Produit, 2 k. 580.

12. *Généreuse de Châtillon*. — Plante de 5 déc.; décombante, noirâtre, à maturité hâtive; tubercules réunis, oblongs ou arqués, arrondis d'un bout, atténués de l'autre, à peau rouge, lisse ou rugueuse, à chair jaunâtre, à granules très-fins et serrés. Bonne variété pour la cuisine; recommandée pour la petite culture. Produit, 1 k. 015.

13. *Infernale de Belgique*. — Plante de 4 déc., grosse, très-anguleuse, nullement rameuse, vert-blond ainsi que le feuillage; fl. blanches, peu nombreuses; maturité mi-tardive; tubercules réunis, ronds, bossués, à germes blancs, à peau jaune, rugueuse, à chair blanche. Quoique de médiocre qualité, elle est propre à la culture de la ferme. Produit, 1 k. 520.

14. *Martins superior*, (sans en garantir l'authenticité.) — Plante de 6 déc., décombante, ramifiée, verte; mi-hâtive; tubercules épars, ronds, allongés ou un peu aplatis, à germes blancs, violets à la base, à peau jaune, crevassée, à chair blanc-jaunâtre, fine et de bonne qualité. Quoiqu'appartenant à la petite culture, elle semble, par son produit, se placer à côté des variétés à fort rendement dans nos fermes. Produit, 1 k. 445.

15. *Rouge de Strasbourg*. — Plante dressée ou penchée, rameuse, grosse, anguleuse, gris-fauve, haute de 6 déc.; feuil. contournées; fl. lilas; tubercules épars, petits ou moyens, mais nombreux, à peau rouge, rugueuse, et à chair blanche; maturité tardive. Très-recommandable. Produit, 3 k.

16. *Caillaud.* — Plante qui m'a paru n'avoir rien de bien fixe ni de bien tranché ; tige de 4 à 7 déc., décombante ou seulement penchée, plus ou moins rameuse, verte ; feuil. assez petites, contournées, à folioles plutôt planes que concaves ; fl. blanches un peu bleuâtres, généralement peu nombreuses ; maturité en août ; tubercules épars, ronds, tantôt un peu aplatis ou bosselés, tantôt allongés, à germes blanc-violacé, à peau jaune, rugueuse ou crevassée, rarement lisse, et à chair jaune ou blanc-jaunâtre, de bonne qualité. Produit, 2 k. 566.

17. *Saint-Jean.* — Plante grêle, dressée ou inclinée ; fl. blanches, petites, peu épanouies ; maturité précoce ; tubercules réunis, à germes blanc-bleuâtre, à peau jaune, rugueuse, et chair jaune de qualité médiocre. Très-ancienne variété qui tend à disparaître. Produit, 2 k. 125.

18. *Patasse.* — Plante dressée ou penchée, grosse, verte, non rameuse, haute de 6 déc., un peu rouge à la base ; feuil. grandes, à folioles concaves, ondulées ; pédoncule faible ; fl. blanc-lilas ; maturité tardive ; tubercules épars, ronds, bosselés, souvent irréguliers, à germes blancs un peu rouges, peau jaune, rosée, lisse, et chair jaune de qualité un peu grossière. Cette variété, très-ancienne dans le département de la Loire, se recommandait par son produit abondant, joint à une grande rusticité ; aussi, était-elle seule la culture exclusive d'un grand nombre de cultivateurs ; de nos jours, elle tient encore un rang élevé pour l'engraissement du bétail. Produit, 3 k.

19. *Barrichonne.* — Plante dressée, ramifiée au sommet, haute de 7 déc.; feuil. très-contournées ; folioles très-renversées et à grandes ondulations, ce qui lui donne un aspect particulier, qui la fait ressembler à une plante frisée ; pédoncule court ; fl. lilas-pâle ; tubercules réunis, ronds, à peau jaune, et chair blanc-jaunâtre, farineuse ; maturité mi-hâtive. Produit, 1 k. 870.

20. *Truffe noire ;* vulgairement, *Chandernagor, Circassienne, Noire de Russie.* — Plante de 8 déc., dressée, ramifiée, noire ; feuil. petites, droites, à folioles plutôt planes que concaves ; fl. blanches ; tubercules réunis, ronds, rugueux, à peau noire, ponctuée de gris, et chair bleue presque partout ou du moins très-marbrée ; germes violet-blanchâtre ; maturité tardive. Les diverses dénominations de cette variété semblent lui donner une origine asiatique.

Quoique de bonne qualité et très-productive, elle n'est guère répandue : sa chair bleue, qui semble une difformité aux yeux de bon nombre de cultivateurs, semble être un obstacle à sa culture. L'amateur ne peut se dispenser de la posséder. Produit, 2 k. 010.

12. *Fermière picarde.* — Plante de 5 déc., verte, décombante, rameuse ; fl. bleues, avortant souvent ; tubercules épars, ronds ou brièvement allongés, à peau jaune, rugueuse, et chair blanc-jaunâtre, de bonne qualité ; maturité mi-hâtive. A beaucoup souffert de la sécheresse. Produit, 1 k. 945.

22. *Américaine farineuse.* — Plante à tige dressée ou inclinée, verte ; feuil. moyennes, contournées, à folioles à bords ondulés, les unes concaves, les autres planes ; pédoncule de 13 cent., portant 12-18 fl. bleues ; tubercules ramassés, ronds, aplatis, un peu allongés, à peau d'un violet sombre, rugueuse, et chair blanche, farineuse, de bonne qualité ; maturité tardive. Recommandée. Produit, 3 k. 635.

23. *Hérincq.* — Plante de 4 déc., verte, inclinée, non rameuse ; fl. blanches ; tubercules réunis, ronds, un peu plus longs que larges, à peau jaune, rugueuse, et chair blanc-jaunâtre, fine ; maturité hâtive. Variété recommandable à la petite culture ; a paru dans le commerce en 1863. Produit, 1 k. 870.

24. *Blanchard.* — Cette variété, l'une des plus hâtives, m'a paru réclamer le terrain et les soins de l'horticulture, pour laquelle elle peut avoir du mérite ; mais en agriculture, son rendement est chanceux et sa conservation difficile. Produit, 900 gr.

25. *Rouge à chair jaune.* — Cultivée dans quelques fermes seulement. Son faible rendement, ainsi que le peu de résistance qu'elle offre à la sécheresse, me la font rejeter. Produit, 870 gr.

26. *Early Dulwich.* — Plante vert-blond, de 7 déc., rameuse, dressée ou inclinée ; tubercules ramassés, ronds un peu bossués, à peau jaune, crevassée, et chair blanche, assez grossière ; maturité mi-tardive. Produit, 1 k.

27. *Truffe d'août.* Plante décombante, de 5 déc.; tubercules ramassés, à peau rouge-pâle, lisse, et chair jaune, très-fine ; maturité en août. Très-ancienne variété cultivée pour l'usage de la cuisine; peu propre au cultivateur, à

cause de son rendement, mais du reste assez méritante. Produit, 1 k.

28. *Schaw.* — Plante verte, de 5 déc., décombante, rameuse ; feuil. moyennes, à folioles cloquées et ondulées ; fl. lilas ; tubercules réunis, ronds, un peu bosselés ou allongés, à yeux dans une cavité profonde, germes blancs, peau jaune, rugueuse, et chair jaunâtre, de qualité ordinaire ; maturité hâtive. Cette variété, très-répandue dans le commerce, est fréquemment cultivée en grande et petite cultures. Produit, 2 k. 090.

29. *Damakoi.* — Plante élevée, droite, ramifiée, un peu rouge ; feuil. très-grandes (29 cent.), à folioles espacées, planes, vert-blond ; fl. faisant de l'effet, grandes, d'un beau violet ; tubercules très-épars, au point que quelques plantes semblent traçantes, ronds, bossués ; yeux dans une profonde cavité formant comme une entaille ; cicatrices fortement prononcées ; peau rouge-pâle ; chair blanche et farineuse. Cette nouveauté me semble réclamer un bon terrain bien travaillé et amendé ; dans ces conditions, je la crois apte à donner de gros et abondants tubercules ; mais elle doit être exclue de la culture dans un sol pauvre. Produit, 1 k. 200.

30. *Rouge longue de Hollande.* — Plante noirâtre, dressée, haute de 9 déc., à tige cylindrique ; feuil. très-grandes (22-24 cent.) ; quelques pieds vigoureux portent des feuilles bi-pennées, particularité que je n'ai rencontrée sur aucune autre variété de ma collection ; pédoncule de 13-15 cent., fort, souvent ailé ; pédicelles de 5 cent.; fl. blanches, au nombre de 18, 20 et même 30, en corymbe bractéolé ; baies rondes, pesant 5 grammes ; tubercules épars, oblongs, cylindriques, souvent arqués, arrondis d'un bout, atténués de l'autre ; yeux très-petits, peu apparents ou presque nuls ; peau rouge, lisse ; chair jaune, fine, ne se défaisant pas dans les ragoûts. Cette variété, commune et répandue, joue un rôle important dans l'approvisionnement des villes, surtout de la capitale. Pour l'usage de la ferme, le cultivateur n'y trouve pas son profit ; son rendement n'est pas assez fort. Produit, 1 k. 050.

31. *Chardon.* — Plante trop connue pour qu'il y ait utilité d'en parler dans sa description. Produit, 1 k. 435.

32. *Jeancé.* — Plante de 6 déc., inclinée, formant plusieurs tiges, vert-blond ; tubercules réunis, jaunes, arrondis, rugueux ; chair jaune, de bonne qualité ; mi-tardive. Nouveauté de petite culture. Produit, 960 gr.

33. *Comice d'Amiens.* — Jaune, de petite culture. Produit, 780 gr.

34. *Le Bienfaiteur.* — Plante petite, faible, dressée ou penchée ; fl. blanches ; petites baies ; tubercules ramassés, ronds, un peu bosselés, à peau rouge à taches blanches, et chair blanc-jaunâtre. D'origine belge, elle a été introduite depuis quelques années. Produit, 2 k. 450.

35. *Américaine rouge.* — Plante verte, dressée, sans ramification ; fl. blanc-rosé ; tubercules réunis, ronds, à chair jaune. Produit, 610 gr.

36. *Constantine.* — Variété des jaunes ; chair-grossière. Produit, 1 k. 110.

37. *Duflot.* — Plante à plusieurs tiges, vert-blond, sans ramification, penchées et entièrement couchées au moment de la maturité ; fl. très-rares ; tubercules épars, jaunes, ronds, aplatis, rugueux, à chair farineuse, de bonne qualité. Nouveauté recommandable aux cultivateurs comme variété printanière. Produit, 2 k. 010.

38. *De Rohan.* — Plante formant une forte touffe de 6 déc., verte, dressée ou inclinée ; tubercules ramassés, de forme très-irrégulière, à peau rouge-tendre peu prononcé, lisse ou un peu rugueuse, et chair blanc-jaunâtre. Terrain bien cultivé et beaucoup d'engrais ; donne peu dans un sol pauvre et maigre, comme celui où était mon école. Produit, 1 k. 075.

39. *Xavier.* — Jaune, oblongue, aplatie ; petite culture. Produit, 480 gr.

40. *Garant.* — Plante décombante, mi-hâtive ; tubercules ramassés, allongés, atténués d'un bout ; peau rouge, lisse ; chair blanc-jaunâtre, fine, très-propre aux usages culinaires. Produit, 1 k. 015.

41. *Okels Riofio.* — Ronde, bosselée ; petite culture. Produit, 750 gr.

42. *Flack.* — Jaune, oblongue, arrondie ; petite culture. Produit, 600 gr.

43. *De Barbonville.* — Rouge, lisse ; chair mi-fine. Produit, 2 k.

44. *La Renneville.* — Jaune, oblongue ; chair de bonne qualité ; petite culture. Produit, 870 gr.

45. *Vitelotte jaune.* — Oblongue ; cicatrices formant des

entailles très-prononcées. Recommandée en petite culture ; néanmoins le cultivateur ne doit pas la dédaigner, car son produit est assez élevé. Produit, 1 k. 725.

46. *De Vigny.* — Plante décombante, de 5 déc. de hauteur ; pédoncule très-court ; fl. blanches, louguement pédicellées ; tubercules ramassés, oblongs, arrondis d'un bout, atténués de l'autre, à yeux très-petits, cicatrices nulles, et chair jaune, très-fine ; maturité mi-hâtive. Recommandée. Produit, 2 k.

47. *Coquette.* — Plante non rameuse, de 4 déc.; fl. blanc-pâle, rares ; tubercules réunis, de formes un peu dissemblables, ronds, aplatis ou oblongs, à yeux petits, germes blancs, peau et chair jaunes. Produit, 2 k. 010.

48. *Châtaigne Sainville.* — Plante inclinée, de 4 déc.; fl. blanches ; tubercules réunis, oblongs, atténués d'un bout ; peau et chair jaunes ; très-fine et estimée pour la cuisine. Produit, 1 k.

49. *Précieuse de Fitz-James.* — Oblongue ; chair jaune, très-fine ; petite culture. Produit, 200 gr.

50. *Pousse-debout.* — Les essais qui en ont été faits dans le département de la Loire, par la distribution de cette variété par la Société impériale d'Agriculture, n'ont pas donné des résultats satisfaisants. Produit, 1 k. 050.

51. *Violette de Lanillis.* — Plante de 5 déc., noirâtre, un peu faible, dressée, bifurquée au sommet ; feuil. petites, contournées, à folioles cloquées, ondulées ; petit pédoncule axillaire à la bifurcation ; fl. lilas en corymbe rameux, de 10-12 fl.; tubercules réunis, ronds, aplatis, à peau violet-rouge, lisse, un peu rugueuse, et chair blanche ; maturité tardive. Produit, 2 k. 965.

52. *Hardy.* — Nouveauté de petite culture. Produit, 1 k. 330.

53. *Vitelotte rouge.* — Variété de petite culture. Produit, 2 k.

54. *Marjolin.* — Petite culture ; très-commune ; recommandée pour sa qualité. Produit, 1 k. 170.

55. *D'Australie* (sous toute réserve). — Plante de 7 déc., à grandes ramifications partant de la base de la tige qui est ponctuée en bas et rougeâtre au sommet ; feuil. petites ; fl. bleues à segments blanchâtres, portées au nombre de 12-14 sur un pédoncule de 11-13 cent.; les baies se déta-

chent et tombent immédiatement après la floraison ; j'ai compté 24 corymbes ou bouquets, jusqu'au 15 juillet, sur une seule plante ; tubercules très-épars, ronds ou un peu irréguliers ; yeux dans une cavité assez profonde ; cicatrices nulles ; peau rouge-pâle ou rouge-violacé ; germes bleuâtres ; chair jaune, un peu maculée de violet ; maturité tardive. Produit, 3 k.

56. *Violette de Coize.* — Peu différenciée des violettes ordinaires ; son rendement a surpassé celui des autres ; chair blanche, serrée, farineuse. Recommandée. Produit, 3 k. 720. Cette sous-variété tire son nom d'un vallon où coule le ruisseau de Coize, affluent de la Loire, dans le département de ce nom.

57. *Grosse jaune ancienne.* — Tige décombante, à ramifications partant de la base et aussi grandes que la tige elle-même, qui est verte ; peau et chair jaunes. Produit, 3 k. 220.

58. *De Californie* (sans la garantir). — Plante décombante et rameuse, de 5 déc.; tubercules réunis, ronds, aplatis ; yeux assez grands ; peau jaune, lisse, ayant des taches violettes ; germes blancs, violacés ; chair jaune ; maturité hâtive. Produit, 3 k.

59. *Violette de l'Ardèche.* — Sous-variété apportée des localités froides de ce département. Produit, 2 k. 750.

60. *Fabre.* — Plante de 7 déc.; fl. avortées ; ronde, jaune, hâtive. Produit, 2 k.

61. *Semis de Patasse.* — Grossière ; peu de mérite. Produit, 1 k. 970.

62. *Violette à feuilles droites.* — Sous-variété des violettes. Produit, 1 k. 525.

63. *Rouge d'André.* — Ronde ou allongée ; chair jaune ayant un petit filet rouge. Je l'ai remarquée dans quelques fermes ; grande culture ; maturité tardive. Produit, 2 k. 580.

64. *Rouge Stéphanoise.* — Ronde ou irrégulière ; chair blanche, fine, rouge à la circonférence ; tige de 7 déc., dressée, noirâtre ; fl. blanches. Produit, 2 k. 060.

65. *Oignon rouge de Saxe.* — Tige décombante ; tubercules ronds, rouges, rugueux, à germes très-rouges, et chair jaune. Produit, 715 gr.

66. *Vivaraise.* — Ronde ; peau violette, ponctuée ; germes

violets; chair blanc-violacé, de très-bonne qualité. Recommandée. Produit, 2 k. 275.

67. *Auvergnate.* — Allongée, jaune; germes blancs; tige décombante. Produit, 1 k. 795.

68. *Irisch pineck eged.* — Ronde; yeux enfoncés; germes rougeâtres; peau rouge, lisse, se détachant facilement; chair blanc-jaunâtre, de bonne qualité. Recommandée. Produit, 2 k.

69. *Rouge pâle.* — Plante de 6 déc., dressée ou penchée, vert-jaunâtre; feuil. droites, assez grandes, à folioles planes; tubercules réunis, assez irréguliers, même ramifiés; chair jaune à la circonférence et rouge au centre; très-rustique; tardive. Produit, 2 k. 760.

70. *Variété de la Marjolin.* — Petite culture. Produit, 840 gr.

71. *Anglaise pour chassis.* — Ne convient nullement au cultivateur. Produit, 390 gr.

72. *Jaune hâtive de Hollande.* — Petite culture. Produit, 420 gr.

73. *Parmentier.* — Chair blanc-jaunâtre, ayant une zone dorée à la circonférence. Produit, 1 k.

74. *Sommelière.* — Plante décombante; peau rouge, piquetée; chair blanc-jaunâtre. Produit, 1 k.

75. *Naine jaune hâtive.* — Petite culture, mais très-recommandable à cet effet; propre à être forcée. Produit, 1 k. 530.

76. *Parkès.* — Petite culture; tubercules ronds, jaunes, à peau crevassée. Produit, 210 gr.

77. *Bristol.* — Petite culture; peu rustique. Produit, 1 k. 200.

78. *Descroizilles.* — Peu rustique; ne convient pas au cultivateur. Produit, 1 k. 135.

79. *Régent précoce.* — A quelques rapports avec la *Marjolin*; petite culture. Produit, 1 k. 325.

80. *Yam.* — Rustique, allongée; chair blanche et farineuse. Produit, 1 k.

81. *Quarantaine de la Halle.* — Peu rustique; chair jaune, fine. Produit, 3 k. 060.

82. *Roville.* — Plante de 5 déc., couchée, sans ramification ; peau rouge. Produit, 2 k. 550.

83. *Mâconnaise ;* — plante de 7 déc., décombante, très-ramifiée, vert-foncé ; tubercules ronds, rougeâtres, ponctués ; germes colorés de rouge ; chair très-jaune, ayant au centre un cercle d'un jaune plus foncé. Produit, 2 k. 320.

84. *Andsworth's prolific ;* — à retrancher pour le cultivateur. Produit, 250 gr.

85. *Très-hâtive d'août ;* — petite culture. Prod., 1 k. 510.

86. *Triomphe de Fontainebleau ;* — ronde ; peau jaune, teintée de violet. Produit, 1 k. 475.

87 *Patate coq des îles Baléares ;* — peu rustique. Produit, 1 k. 955.

88. *Noire de Russie ;* — a beaucoup de rapport avec la *Circassienne.* Produit, 1 k. 860.

89. *Taylor ;* — petite culture. Produit, 1 k. 165.

90. *Rose Martin ;* — n'a pas prospéré chez moi. Produit, 630 gr.

91. *Zan ;* — peu rustique ; ronde ; peau rougeâtre ; chair blanche. Produit, 2 k. 170.

92. *Hollandaise rouge ;* — mal réussie. Produit, 1 k.

93. *La Quarantaine ;* — tubercules oblongs ; peau jaune, rugueuse ; germes rougeâtres ; chair jaune. Recommandée pour la petite culture. Produit, 1 k. 020.

94. *Jaune ancienne de Saint-Héand* (Loire). — Variété ancienne, presque perdue. Produit, 2 k. 650.

95. *Jaune à macules bleues ;* — n'a pas réussi ; de peu de mérite. Produit, 905 gr.

96. *La Rouge* (nom perdu). — Très-rustique et de bonne qualité. Produit, 3 k. 200.

97. *Brugeoise ;* — plante décombante ; feuil. contournées ; fl. avortées ; tubercules ronds, à peau jaune, lisse, germes bleus et chair jaune. Produit, 1 k. 130.

98. *Métis hollandaise ;* — plante étalée ; feuil. contournées ; fl. avortées ; tubercules oblongs, blancs, tachés de rouge et piquetés, à germes rouges et chair blanche. Produit, 1 k.

99. *Con Rough ;* — plante trapue, décombante, vert-

blond ; feuil. vert-foncé, luisantes ; tubercules oblongs, blancs, à germes blancs et chair jaune. Produit, 625 gr.

100. *Islande rouge ;* — tubercules ronds, oblongs, d'un violet-rouge, à chair jaune et fine. Produit, 2 k. 075.

101. *D'Yméneau en Saxe ;* — très-petite plante ; tubercules ronds, blancs. Produit, 1 k. 425.

102. *Circassienne ;* — plante étalée, vert-foncé ; folioles ondulées ; tubercules ronds, blancs, à chair jaune et germes violacés. Produit, 780 gr.

103. *Peine des Knecht ;* — plante élevée, vert-noir ; fl. blanchâtres ; tubercules allongés, rougeâtres ; peau lisse ou rugueuse ; chair blanche teintée de rouge. Produit, 1 k.

104. Numéro perdu.

105. *La hâtive ;* — petite culture. Produit, 730 gr.

106. *Noisette de Sainville ;* — nulle en agriculture. Produit, 290 gr.

107. *Aracaka ;* — variété à étudier. Produit, 810 gr.

108. *Paradis ;* — oblongue ; peau rouge, rugueuse ; chair blanche. Produit, 1 k. 200.

109. *Patasse à chair blanche ;* — petite plante ; tubercules ronds, jaune-pâle, un peu rosé ; chair blanche ; germes rougeâtres. Produit, 2 k. 100.

110. *Marmorée du Pérou ;* — petite plante ; tubercules ronds, bleus ; chair jaune. Produit, 485 gr.

111. *Bleue ronde hâtive ;* — petite culture. Produit, 720 gr.

112. *Souris ;* — tubercules ronds, un peu allongés ; peau jaune, rosée vers les yeux, piquetée ; chair blanc-jaunâtre, teintée de rouge. Recommandée. Produit, 2 k. 705.

113. *La meilleure des Alberlits ;* — petite culture ; ronde, à chair jaunâtre. Produit, 400 gr.

114. *Fontaine ;* — oblongue, violette, rugueuse. Produit, 570 gr.

115. *Fillon jaune ;* — ronde, rugueuse ; chair jaune. Produit, 1 k.

116. *Kidney rouge ;* — ronde, rugueuse, piquetée ; chair jaunâtre. Produit 1 k. 445.

117. *Sucre de Brunswich ;* — petite plante ; tubercules ronds, jaunes, lisses. Produit, 2 k. 125.

118. *Hars* ; — très-hâtive ; jaune, ronde, lisse et chair jaune. Produit, 1 k. 220.

119. *Champs;* — belle plante ; tubercules ronds, piquetés ; chair jaune. Recommandée. Produit, 3 k. 095.

120. *Richard ;* — petite plante ; tubercules ronds, jaunes, lisses ; chair jaunâtre. Produit, 630 gr.

121. *Pidner rouge;* — mal réussie. Produit, 760 gr.

122. *Montbarrer ;* — ronde, jaune, lisse ; chair jaune. Produit, 1 k.

123. *Giroud ;* — plante forte ; tubercules allongés, bleus, chair blanche. Produit, 2 k. 800.

124. *Violette Dupin ;* — ronde, rugueuse, chair jaune. Produit, 1 k. 795.

125. *Champion hâtive ;* — oblongue, jaune ; yeux entaillés. Produit, 795 gr.

126. *Rose des îles Mormont ;* — grande plante ; tubercules oblongs, ramifiés, rosés, lisses ; germes rouges ; chair blanche. Recommandée. Produit, 1 k. 650.

127. *Lorgeolat hâtif ;* — grande plante ; tubercules ronds, jaunes, rugueux ; germes bleus ; chair jaunâtre. Produit, 1 k. 300.

128. *Albane ;* — petite culture. Produit, 305 gr.

129. *Suisse rouge ;* — forte plante ; tubercules allongés ; chair blanche. Recommandée. Produit, 2 k. 500.

130. *Famille des pommes de terre ;* — ronde, jaune ; chair jaune, fine. Produit, 1 k. 900.

131. *Panissière ;* — ronde, jaune, crevassée ; chair jaune. Produit, 2 k.

132. *Bernard ;* — plante moyenne ; tubercules allongés, jaunes, teintés de violet, piquetés, lisses ; chair blanc-jaunâtre. Produit, 3 k. 110.

133. *Bourbon-Lancy ;* — ronde, violette, rugueuse ; chair blanc-jaunâtre. Produit, 1 k. 915.

134. *Jeuxey ;* — ronde, jaune, rugueuse ; chair jaune. Produit, 720 gr.

135. *Espagnole ;* — ronde, violette ; chair jaune. Produit, 475 gr.

136. *Rugueuse ;* — ronde, jaune ; chair blanc-jaunâtre. Produit, 825 gr.

137. *Conra Slovolo;* — ronde, rouge. Produit, 678 gr.

138. *Rouge cuivré;* — irrégulière, rugueuse. Produit, 665 gr.

139. *Valentine;* — ronde-allongée, jaune, lisse; chair jaune. Produit, 660 gr.

140. *Blanche à fl. blanches;* — oblongue, jaune. Produit, 1 k.

141. *Sans bénéfice;* — plante de 8 déc., très-rameuse; tubercules épars, ronds, rougeâtres; chair jaune. Produit, 2 k. 400.

142. *Blanche des Vosges;* — plante de 8 déc.; tubercules ronds, rugueux; chair blanche. Produit, 3 k. 010.

143. *Bleue de Londres;* — ronde, piquetée; chair jaune. Produit, 1 k. 025.

144. *Fielder diaprée;* — ronde, bleue; chair jaune. Produit, 645 gr.

145. *De neuf semaines;* — petite culture. Prod., 640 gr.

146. *Fondante Estrod;* — oblongue; chair blanche. Produit, 1 k. 215.

147. *Napoléon;* — petite culture; peu rustique. Produit, 905 gr.

148. *Violette de Vilmorin;* — plante de 8 déc.; tubercules allongés, à peau bleu-foncé et chair jaune. Produit, 1 k. 100.

149. *Triomphe;* — plante trapue, à grosse tige; grandes folioles, vert-blond; tubercules ronds, jaunes, lisses; germes rouges; chair jaune. Recommandée. Produit, 2 k. 780.

150. *Thin;* — petite culture. Produit, 490 gr.

151. *Sucre de Poméranie;* — grande plante; tubercules ronds, jaunes, piquetés; germes blancs; chair blanche. Recommandée. Produit, 3 k. 480.

152. *Farinoc jaune;* — plante de moyenne grandeur; tubercules ronds; chair jaune. Produit, 605 gr.

153. *L'Egarée* (nom perdu); — tubercules oblongs, rameux; peau rouge; germes rouges aussi et chair rouge au centre. Produit, 2 k.

154. *Iles Mormont;* — jaune; tubercules ronds; germes rougeâtres; chair jaune; grande plante. Recommandée. Produit, 3 k. 170.

155. *Rouge Copin;* — ronde; chair jaune à la circonférence. Produit, 1 k. 415.

156. *Amaranthe;* — variété précoce; tubercules ronds, jaunes, rugueux. Produit, 510 gr.

157. *Iles Mormont rosée;* — tubercules ronds, rose et blanc; a mal réussi. Produit, 635 gr.

158. *Jaune de Hollande* (type); — plante moyenne; tubercules oblongs. Produit, 545 gr.

159. *Gálinker;* — grande plante; tubercules ronds, d'un jaune rosé; germes violets; chair jaune. Produit, 1 k. 780.

160. *Monsieur C...;* — ronde, allongée, rouge; germes rouges; chair blanche. Produit, 555 gr.

161. *Mégudel;* — grande plante; tubercules ronds; rouges, rugueux, piquetés; chair jaune. Produit, 1 k. 890.

162. *Américaine jaune;* — grande plante; tubercules ronds; chair jaune. Produit, 2 k. 250.

163. *Fruit à pain;* — plante très-frisée et moyenne; tubercules ronds, jaunes; germes violets; chair jaune. Produit, 990 gr.

164. *Châtaigne;* — plante assez grande; tubercules ronds, rosés; germes rouges; chair jaune; racines drageonnantes. Produit, 2 k. 130.

165. *Husson Malter;* — petite culture. Produit, 765 gr.

166. *Burriel;* — grande plante; tubercules ronds, rouges, lisses; germes rouges. Produit, 3 k.

167. *Renuflet;* — grande plante; tubercules ronds, rouges; chair blanche. Recommandée. Produit, 1 k. 610.

168. *De Mochal;* — oblongue, rosée, piquetée; chair jaune. Produit, 1 k. 025.

169. *Verrier;* — petite culture. Produit, 480 gr.

170. *Bosivich;* — petite culture. Produit, 945 gr.

171. *Rouge de la Mûre;* — plus longue que large; peau rouge-pâle, lisse; yeux assez entaillés; germes rouges; chair jaune. Produit, 600 gr. Cette variété, essentiellement de grande culture, a été recommandée; mais mon sol paraît lui être défavorable : elle a peu résisté à la sécheresse.

172. *Mistan Carpin;* — plante de 8 déc.; tubercules

ronds, rouges ; germes rouges ; chair blanc-jaunâtre. Recommandée. Produit, 1 k. 370.

Par la liste qui précède, on a vu qu'il existe des différences frappantes en rendement, d'une variété à une autre. Ainsi on compte :

15 variétés à très-fort rendem$^t$, 3 k. et au-dessus (3 plantes)
16   id.   à fort rendement,  2 k. 500 à 3 k.    id.
25   id.   à rendem$^t$ passable, 2 k. à 2 k. 500    id.
18   id.   à id. intermédiaire, 1 k. 500 à 2 k.    id.
98   id.   à faible rendement.

172

Le cultivateur ne doit guère planter que les variétés à très-fort rendement qui sont au nombre de 31 seulement. 25 autres peuvent encore donner un produit assez fort, mais les 18 intermédiaires doivent être étudiées de nouveau ; elles peuvent être encore assez rémunératrices. Quant aux 98 à faible rendement, elles seront impitoyablement rejetées de la grande culture, à moins qu'elles ne soient destinées à l'usage de la cuisine ou pour la halle ; mais alors ce n'est plus la grande culture, et l'horticulteur fait son choix de variétés de bonne qualité pour vendre sur les marchés. Celui-ci préfère surtout celles qui sont très-précoces, et celles encore qui ont les tiges très-basses et trapues pour ne pas encombrer son jardin.

La qualité laissât-elle à désirer, cela importe peu au cultivateur, pourvu que le rendement soit fort, c'est tout ; la pomme de terre ne servant, chez lui, qu'à l'engraissement du bétail, du moins pour la grande consommation. A cet effet, il ne doit pas s'attacher aux variétés printanières que les sécheresses empêchent quelquefois de réussir ; les tardives lui conviennent beaucoup mieux, et des tiges de 9 déc. ne l'embarrassent pas.

Je dois répéter que cette Solanée n'a rien de fixe ni de bien précis, et des variétés classées chez moi à faible rendement, sont peut-être susceptibles de donner un fort produit dans d'autres localités, d'autres terrains ou d'autres conditions de culture.

## SUITE DE LA FAMILLE DES ROSACÉES.

Le *genre Cerasus* est trop connu des cultivateurs pour qu'il soit utile de le décrire.

1. CERISIER DES OISEAUX. — *Cerasus avium*. — D. C. — Vulgairement, *Cerisier bouchat*. — Bel arbre de 15 m., de forme arrondie en terrain montagneux ou plaine, et pyramidale avec rameaux verticillés dans les vallons ; fl. blanches en faisceau ombelliforme.

Le nom que porte cet arbre indique assez que son fruit, très-abondant et servant de nourriture aux oiseaux, appartient au premier qui le cueille. On n'y prend point garde, et il est d'usage de ne point considérer comme un larcin le fait de manger des *bouchasses* où on les trouve. Aussi est-il très-commun dans les pays froids ; on le trouve fréquemment dans les haies et surtout dans les bois où quelques sujets atteignent de fortes dimensions. Son bois est estimé pour les ouvrages de menuiserie.

Il sert de sujet pour greffer le cerisier cultivé, et on m'a témoigné plusieurs fois de l'étonnement, de le voir se reproduire spontanément, tandis que des semis de noyaux ont complétement échoué. La raison en est bien simple, et il suffit de connaître ce qui se passe dans la nature pour s'en convaincre. Examinons plutôt. Les merles et les grives sont très-avides de ce fruit, et c'est par eux que se pratique la dissémination des noyaux qui reproduisent partout. Après avoir traversé leur estomac, le noyau est dépouillé de sa pulpe lorsqu'il est rejeté sur le sol desséché, là il est chauffé par les rayons du soleil, et la suture de ses deux valves se fend au point qu'on pourrait les ouvrir avec la lame d'un couteau ; alors le noyau est très-sec, on dirait presque ridé. Il reste en cet état jusqu'à ce que les fraîcheurs d'automne viennent le ramollir ; et si un peu de terre le couvre accidentellement, il reste enfoui jusqu'à la fin de février, époque où l'amande fait ouvrir le noyau, et on peut voir la radicule s'enfoncer dans la terre. Quelques jours après apparaissent à la surface du sol les deux cotylédons ou feuilles séminales.

De cette simple observation on conclut qu'il faut imiter la nature, et après avoir récolté les cerises des oiseaux bien mûres, on doit les triturer afin de séparer les noyaux de la pulpe ; ce qu'on obtient par plusieurs lavages à grande eau. Pour les sécher complétement on les étend dans une allée de jardin, aux ardeurs du soleil, pendant le nombre de jours suffisants à la dessication, et par un temps très-sec on les retire pour les garder dans un lieu aéré et à l'abri de l'humidité. En septembre on les sème directement en place, où on les fait stratifier jusqu'en février ou mars ; pour faire stratifier, il suffit d'enterrer les noyaux avec du sable dans une fosse au pied d'un mur.

Sans ces précautions, les noyaux ne lèveraient pas ; la pulpe ferait pourrir l'amande ; il en est de même pour les pêchers, abricotiers, amandiers, pruniers, etc.

Les noyaux ne veulent pas être couverts de trop de terre, 5 à 10 millimètres de profondeur leur suffisent. On sème ordinairement en rayons pour plus de facilité d'opération des binages et sarclages. Il n'est point rare de voir des plants atteindre 50 cent. et plus dans l'année du semis. A l'automne suivant on les place en pépinière, à la même distance que les autres arbres, c'est-à-dire par rangs espacés de 80 cent.; les arbres dans les rangs à 60 ou 70 cent. l'un de l'autre. Le merisier s'élève très-droit de lui-même et ne réclame presque aucun soin.

Les pépiniéristes greffent leurs cerisiers ; il ne peut en être autrement ; mais le cultivateur qui s'occupe de la culture de cet arbre, plante à peu près toujours non-greffé. Il préfère les greffer lui-même, et, connaissant tous ses arbres, il prend ses greffes sur les pieds qui produisent le plus.

Le cultivateur a diverses provenances des sujets de cerisier. S'il a une vigne et qu'un noyau de cerise sorte au pied d'un cep, on le ménage pour la plantation ; on utilise souvent les pieds qui viennent dans les haies ; ou encore de pauvres gens en arrachent dans les bois, qui sont vendus à vils prix. Mais la pépinière est le lieu où sont les plus beaux et les mieux enracinés. Comparé au prix des autres arbres, chez le pépiniériste, celui des cerisiers est relativement très-haut, car tandis qu'un pommier est vendu greffé 75 c., le cerisier non-greffé se vend couramment 50 c.

C'est la deuxième année de la plantation que le cultivateur greffe le cerisier. Il la pratique au haut de la tige, et toujours la greffe en fente. Le liniment employé est tout simplement de la terre *grasse* (argile pétrie). Il ne faut pas lui parler du mastic Lhomme-Lefort, ni d'autres ; il a sa manière à lui, et il y tient.

Il me paraît prudent de laisser subsister les boutons qui se montrent sur la tige du sujet amputé, car cette opération nuit sensiblement au sujet si la reprise n'a pas lieu ; et même quand la reprise s'effectue dans de bonnes conditions, il peut arriver que la greffe soit cassée par un coup de vent, ou même par le poids d'un gros oiseau venant s'y abattre ; alors la sève abondante, ne pouvant plus être élaborée étouffe le sujet ; j'ai remarqué cela à diverses reprises. On peut couper tous ces gourmands, en juin, lorsque la greffe a atteint une longueur de 30 à 50 cent.

Quelques sujets paraissent rebelles à la greffe et parfois se refusent à cette opération ; mais ce sont de rares exceptions. Le merisier à fruit rouge paraît, pour cet usage, être préférable à celui à fruit noir.

Le cerisier se plaît dans un sol léger, perméable et même peu profond. La plantation ne doit pas se faire trop profondément ; j'ai remarqué à l'arrachage de vieux cerisiers trop enfoncés, que leurs racines étaient remontées à la surface du sol ; il n'est pas rare, d'ailleurs, de voir dans les vergers de cerisiers, la charrue arrêtée par les racines qui tendent toujours à la surface.

Un ancien soldat de l'Empire me disait avoir mangé des cerises pendant sept mois en une année. Au doute que j'exprimais sur son dire, il me donna l'explication suivante : A la fin d'avril, me dit-il, je mangeai des cerises à Nice, où j'étais en garnison ; quelques jours après, mon régiment vint à Avignon, c'était le moment des cerises ; enfin, en octobre, mon congé finit, et je revins chez moi : il y avait encore des cerises (bouchasses).

Il existe des cerisiers des oiseaux qui méritent bien la culture et sont de très-bonne qualité ; on croit même que le merisier de nos bois est le type d'un grand nombre de variétés très-estimées. Le kirsch est fait avec le fruit du merisier. On connaît une variété à fleurs doubles qui font un bel effet ; mais je les crois stériles ; on dirait de petites roses blanches en quenouille.

Selon des auteurs dignes de foi, on considère les espèces que nous cultivons dans nos vergers, comme des variétés du *Cerasus avium*. Ce sont :

1. Le GUIGNIER. — *Cerasus Juliana*. — D. C. — Vulgairement, *Blette*. — C'est un excellent fruit dont l'arbre se charge avec profusion, mais il a si peu de consistance et souffre tant des transports que sa culture tend à disparaître. On est obligé de le récolter au moins deux jours avant sa maturité, et on est arrivé à obtenir des sous-variétés à chair plus ferme et supportant plus facilement le trajet de la ferme au marché. Elles sont désignées par des noms tout locaux et inconnus dans le commerce. En voici quelques-unes que j'ai cultivées :

La *Petite-ronde* ; la *Pangaude* ; le *Gros-noyau* ; de *Con-*

*drieu*, très-précoce ; *d'Ampuy*, beau fruit ; *Grosse-noire*, un peu tardive ; *Rouge-tardive*, reste rouge ; *Marguerite*, peau rouge, eau douce et abondante, arbre fertile, mais son fruit est d'un transport difficile à sa maturité ; *Montmorency*, beau et bon fruit, inconnu dans ma localité ; les essais que j'en ai faits n'ont point été satisfaisants sous le rapport du produit.

2. Le BIGARREAUTIER. — *Cerasus duracina*. — D. C. — Arbre diffus et peu régulier ; les pousses de l'année sont grosses ainsi que les boutons et le feuillage ; fruits en cœur, gros, ne se colorant bien qu'avec peine, bonne chair, craquante et ferme. Les bigarreaux sont peu fertiles. Le *Bigarreau hâtif d'Oullins* est très-précoce et estimé ; il aime une exposition chaude.

3. Le GRIOTIER. — *Cerasus vulgaris*. — Mill. — Petit arbre à fruit rouge et acidulé, croissant spontanément dans nos haies. Plusieurs variétés sont cultivées, mais les grosses sont peu productives. On abandonne la culture de la griote noire, qui est un des meilleurs fruits, mais en trop faible quantité. La *Reine Hortense* est un beau et bon fruit, peu connu dans nos vergers, où il lui sera assez difficile de s'introduire ; il n'est pas assez productif.

Le cerisier, par nature, est excessivement productif ; il se charge d'une prodigieuse quantité de fleurs qui forcent le passant le plus indifférent, à admirer la blancheur éclatante de leurs pétales. On comprend instinctivement que toutes ces fleurs ne sont pas destinées à produire chacune un fruit : l'arbre ne pourrait les porter, dit-on. Il arrive même qu'on soit tout surpris, au moment de la récolte, de voir si peu de fruits après tant de fleurs. Ces manquements de récolte sont produits par deux causes principales bien connues des cultivateurs, et qui sont tout à fait opposées dans leur action pernicieuse. Leurs effets sont identiques ; les moyens de les prévenir sont nuls. Qu'on en juge.

A l'époque de la floraison, il arrive trop souvent qu'un vent nord-ouest souffle avec violence, presque toujours accompagné d'une pluie intermittente. Par suite de l'humidité et sous les efforts du vent, le pédoncule fléchit, les pétales mouillés et fanés, s'affaissent sur les étamines, la dissémination du pollen sur le stygmate est rendue impossible, et la fécondation est si imparfaite, que presque tous les fruits avortent, se dessèchent après avoir noué, et la récolte est perdue ou tout au moins considérablement diminuée.

Encore à l'époque de la floraison, on voit parfois régner le vent sec d'est ou le *matinal* (nom que lui donnent nos cultivateurs) ; le temps est serein, un peu brumeux la nuit, mais un soleil ardent, de 10 heures du matin à 4 heures du soir, darde ses rayons sur les fleurs épanouies et luisantes. Les pétales reçoivent en la reverbérant sur les organes de la fécondation, une telle somme de chaleur, que ces organes en sont comme fanés. Ajoutons que des milliers d'insectes, favorisés par le beau temps, parcourent toutes les fleurs et déposent leurs œufs sur l'ovaire. Quelque temps après, ces œufs donnent naissance à de nouveaux insectes qui perforent le fruit et le font tomber avant même qu'il grossisse. Alors encore la récolte est manquée.

Dans ce dernier cas, les cerisiers placés sur les hauteurs où règne toujours un léger courant d'air, sont préservés du désastre : seuls sont atteints les cerisiers situés dans les vallons ou exposés dans une situation chaude et abritée. Au contraire, dans le premier cas, les derniers seront quelquefois préservés, surtout si le vent du nord-ouest ne peut les atteindre. On voit par là que chaque exposition peut être bonne ou mauvaise, et présente des inconvénients et des avantages tout ensemble.

Un temps sec d'abord, suivi d'un vent, même froid, voilà ce qui est favorable au cerisier en fleurs. Au reste, cela convient à presque tous les arbres fruitiers.

Il se consomme chaque année des quantités très-considérables de cerises. Les localités favorisées pour les primeurs cultivent ce fruit avec avantage, surtout depuis que les chemins de fer les écoulent sur Paris et le nord. Ces primeurs se vendent à des prix élevés jusqu'à ce que celles du centre arrivent à maturité ; alors le prix subit une baisse sensible et très-prononcée, et descend souvent à 10 cent. le kilog. A ce bas prix, les cerises sont à la portée de toutes les bourses, et il s'en vend d'énormes quantités ; aussi voit-on dans nos campagnes, chaque village, chaque hameau desservi par un ou plusieurs marchands qui facilitent ainsi la vente de ce produit, qui demande à être écoulé presque aussitôt que cueilli.

De même que tous les arbres fruitiers, le cerisier est attaqué par les chenilles. Le cultivateur soigneux ne peut se dispenser de procéder autant qu'il le peut à l'enlèvement des bourses. Il est douloureux de voir des infractions à la loi sur l'échenillage ; elles sont rares, mais on ne peut admettre qu'un cultivateur refuse d'obéir à une loi qui est toute à son avantage.

Les bourses sont faciles à extirper; il n'en est pas de même d'un autre genre de ces réceptacles d'insectes ; celui-ci échappe aux recherches des plus vigilantes, et la loi est impuissante contre sa production. Ce sont ces petits anneaux brillants de 40 à 60 mill. de longueur, donnant naissance à de nombreux insectes qui éclosent dans le courant de mars et avril (on sait que dans les bourses, les chenilles éclosent en automne et y restent tout l'hiver sans souffrir). Ces anneaux gris-blancs échappent à la vue ; on parvient cependant à les distinguer par un beau soleil. J'en ai trouvé 47 sur un seul pommier ; cela peut donner une idée du nombre prodigieux d'insectes qui en devaient sortir.

Dans ma pépinière, où les arbres sont bien faibles, quelques-uns de ces anneaux échappent à ma visite ; mais je parviens toujours à les découvrir dès que j'aperçois des feuilles broutées. Parfois il m'est arrivé de ne point trouver l'anneau et de voir les chenilles en nombre, j'avisais alors des branches coupées à la taille exécutée en novembre ou décembre et qui étaient restées au pied de l'arbre, je trouvais l'anneau sur une de ces branches desséchées ; il avait supporté avec une rusticité sans égale toutes les intermittences d'un hiver rigoureux : pluie, neige, gelée, rien n'avait atteint la vitalité de ces embryons d'insectes.

Il est des années vraiment calamiteuses, heureusement elles ne reviennent pas souvent. Il y a une dizaine d'années, les chenilles, favorisées sans doute par la température, étaient tellement répandues et multipliées, qu'on eut pu les comparer aux sauterelles qui dévastent les champs de l'Algérie. Les cerisiers furent complétement dépouillés de tout leur feuillage, et cela sur une étendue de 8 à 10 kilomètres carrés. Le fruit seul avait persisté, mais il ne put arriver à maturité ; ce fut une récolte totalement perdue, car si quelques cerises étaient arrivées à point, les insectes causaient une telle répugnance, que l'on se gardait bien de manger des fruits des arbres qu'ils avaient dépouillés.

Quels sont les remèdes propres à prévenir tous ces dégâts? En premier lieu, et ce que je crois de plus utile, c'est l'échenillage; pour les bourses, quand on veut, pendant l'hiver, et pour les anneaux, par un temps bien clair. Après l'éclosion, au moment où les chenilles sont réunies en essaim, qui tout d'abord n'est pas plus gros qu'une noix, et plus tard comme un œuf, on peut les écraser avec un tampon fixé au bout d'un bâton. Par ces moyens préventifs on s'épargne bien des pertes, car si l'on attend plus tard, lorsque les chenilles sont déjà grosses, il est difficile de les atteindre, parce qu'au moindre mouvement, elles se laissent tomber à terre pour remonter ensuite. Les essais que j'ai faits avec le coaltar pour les empêcher de remonter, ont été sans résultat.

Il est à peu près impossible de s'affranchir des insectes qui nous occupent ; mais il serait bon, je crois, de laisser agir l'ordre immuable, qui, en toutes choses, a mis le remède à côté du mal. Le plus simple et le plus efficace de tous les moyens préconisés pour la destruction des chenilles, c'est la conservation, la propagation des petits oiseaux. Oui, nous avons vu le mal, voilà le remède ; et je l'avoue, le cœur serré, les petits oiseaux deviennent de plus en plus rares : on dirait que nous leur avons voué une complète extermination ! Si le chasseur est tenté par l'apparition d'une perdrix ou d'une bécasse, quel bénéfice a-t-il de tirer sur une mésange ou sur une fauvette ? Mais, me dira-t-on, les petits oiseaux ne mangent que les chenilles blanches et non celles dont vous parlez. Je veux bien le croire ; mais qui n'a remarqué le moineau, si malfaisant selon les alarmistes, le moineau qui atteint au vol le papillon ; ce même papillon qui fait l'anneau devant donner naissance à tant d'insectes ; le pinson le fait aussi.

Respectons donc ces petits oiseaux ; laissons-leur une vie qu'ils emploient si bien à notre profit. Apprenez-le à vos élèves, instituteurs ; ne cessez jamais de leur démontrer toute la cruauté qu'il y a à dénicher les petits oiseaux. Apprenez-leur surtout à être doux et compatissants envers ces pauvres petits volatiles. Vous rendrez service à l'agriculture et formerez de bons citoyens à la société, car celui qui est doux envers les animaux ne saurait être méchant envers ses semblables. Je ne sais plus où j'ai lu cette phrase qui vient à l'appui de ma proposition : *L'exercice de la chasse, continu et passionné, rend celui qui s'y livre cruel et méchant.* — Et que serait-ce donc si l'enfant prend dès son bas âge des habitudes cruelles et méchantes, en exerçant un pouvoir tyrannique sur de pauvres petites bêtes sans défense ! Il y a là non-seulement une question d'économie agricole, mais il y a aussi une importante question de morale. Mon père avait gardé chez lui un petit orphelin étranger qui ne savait où se loger. Pendant les quelques jours qu'il passa dans notre maison, il surveillait les progrès que faisait une nichée de rossignols, et lorsqu'il jugea pouvoir s'en emparer, il les apporta dans la maison. Il se mit à torturer ces pauvres petits êtres et prenait un plaisir atroce à les mutiler. Ma mère, indignée et épouvantée de cette cruauté, le chassa sur l'heure même de chez nous. Je n'ai plus entendu parler de cet orphelin, mais j'apprendrais, sans étonnement, qu'il est au bagne ou sur l'échafaud, tant est forte en moi la conviction qu'une cruauté aussi précoce ne pouvait être que le présage d'une vie criminelle. L'enfant ne sait pas déguiser son naturel : en étudiant ses actes, on peut prévoir ce qu'il sera étant devenu homme.

Un grand nombre d'oiseaux, granivores pendant l'hiver, deviennent insectivores au printemps. Le nombre de chenilles qu'ils détruisent est incalculable ; un nid de mésange, dans le creux d'un arbre, contient 12, 15, même jusqu'à 18 petits ; une fois éclos, leur mère est constamment à la recherche des chenilles pour nourrir cette nombreuse famille. La fauvette n'en élève que 4 ou 5, mais elle fait au moins trois nichées et ne se nourrit que d'insectes. Et tant d'autres oiseaux, dont la nourriture est un si grand bienfait pour l'agriculture. Il est donc évident que leur utilité est incontestable, et partant qu'on ne saurait assez veiller à leur conservation.

Le cerisier cultivé dans un but de spéculation ne va guère au delà du climat de la vigne ; plus haut la récolte manque souvent, et en outre, l'arbre est souvent atteint de ce que nous appelons *retour de sève* ; c'est-à-dire qu'au moment de l'ascension de la sève, une gelée survient et arrête son mouvement. De cela provient un désordre complet dans la végétation, et si l'arbre ne meurt pas tout à fait, il reste languissant pour longtemps.

On cultive aussi le cerisier en espalier ; pour les sujets qui sont destinés à cette culture, on doit greffer sur *Sainte-Lucie*, afin de les avoir plus nains. Pour conduire ces arbres, qui sont toujours vigoureux, il est indispensable d'avoir connaissance de quelques éléments de la taille. Pour nous, cultivateurs, qui n'avons jamais lu les ouvrages de M. Du Breuil, mieux vaut ne pas tenter cette culture. D'ailleurs elle est un peu de luxe et ne s'emploie que pour les variétés rares.

Le cerisier est un arbre sujet à la gomme, on doit par conséquent être sobre d'élagages. Ses branches s'affaissent sur certains sujets jusqu'à toucher le sol ; il faut les laisser telles si c'est dans un lieu où il n'y ait pas d'inconvénient ; l'arbre donnera toujours une récolte plus abondante.

3. CERISIER A GRAPPES. — *Cerasus padus*. — D. C. —

Petit arbre à racines traçantes et drageonnantes ; feuilles ayant quelque ressemblance avec celles du cerisier commun ; après la venue des feuilles, floraison en grappes pendantes et nombreuses, d'un bel effet ; fruits souvent avortés, noirs, en juillet et août. Propre aux jardins paysagers ; il faut le restreindre, car il est trop envahissant.

4. Cerisier Mahaleb. — *Cerasus Mahaleb.* — Mill. — Vulgairement, *Bois de Sainte-Lucie.* — Arbrisseau ou petit arbre, à feuil. ovales, arrondies, dentées ; fl. blanches en corymbe ; petits fruits noirs. Dans les bois, les haies ; commun en quelques localités, rare dans d'autres.

5. Cerisier toujours fleuri. — *Cerasus semperflorens.* — D. C. — Vulgairement, *Cerisier de la Toussaint.* — Arbre moyen, à rameaux grêles et flexibles, souvent pendants, calice à sépales souvent foliacées ; pédoncules très longs ; fruits rouges, à saveur aigre ; maturité en automne. Jardins paysagers.

6. Cerisier laurier-cerise. — *Cerasus lauro-cerasus.* — Juss. — Vulgairement, *Laurelle.* — Arbrisseau de 4-5 m.; feuil. très-glabres, oblongues, denticulées, fermes, coriaces et persistantes ; fl. blanches, en grappes dressées ; drupes noirs, de la grosseur d'une merise. Quoique cet arbrisseau soit propre au midi, je l'ai cultivé sans aucun abri dans ma localité. N'est bon que pour l'ornementation.

7. Cerisier de Portugal. — *Cerasus Lusitanica.* — Juss. — Arbrisseau de 5 m., à feuil. persistantes, très-glabres, luisantes ; fl. blanches en grappes dressées. Très-ornemental, et ainsi que je l'ai dit du précédent, quoiqu'étant propre au midi, je l'ai vu résister à de rudes hivers, à la dernière limite du climat de la vigne. Plusieurs autres variétés sont cultivées pour ornementation, mais elles offrent si peu d'intérêt aux cultivateurs, qu'il est inutile de les nommer.

Le genre *Spiræa* est composé de nombreuses plantes ligneuses ou sous-ligneuses, employées fréquemment en décoration dans les jardins. 5 pétales ; calice à 5 dents ; nombreuses étamines.

1. Spirée ormière. — *Spiræa ulmaria.* — Linné. — Vulgairement, *Reine des prés.* — Plante drageonnante, de 6 à 12 déc., droite et anguleuse ; feuil. pennées ; en juin, fl. blanches, en corymbe paniculé. Commune aux bords des ruisseaux, dans les ravins, les lieux ombragés et dans les prés humides où elle fournit un fourrage grossier.

2. Spirée a feuilles crénelées. — *S. crenata.* — Gouan.
— Plante ligneuse de 1 m. à 1 m. 50 ; rameaux dressés ; feuil. crénelées ; fl. blanches en corymbe. Du midi de la France. Bosquets, jardins paysagers.

3. Spirée a feuilles de saule. — *S. salicifolia.* — Linné.
— Plante ligneuse de 1 m. à 1 m. 50, à racines traçantes et drageonnantes ; feuil. dentées ; fl. rosées en panicule terminale. D'Auvergne. Bosquets, jardins.

Kerria du Japon. — *Kerria Japonicas.* — D. C. — Vulgairement, *Cochorrus.* — Arbrisseau de 1 m. 50 à 2 m., à racines traçantes et drageonnantes ; rameaux verts, flexibles et élancés ; dès février, souvent jusqu'en automne, donne des fl. jaunes toujours doubles dans nos cultures. Ne réclame aucun soin ; très-propre au jardin de la ferme.

Le Fraisier donne son nom au genre *Fragaria*, connu de tous les cultivateurs. Calice à 10 segments, alternativement larges ou étroits ; feuilles à long pétiole, toujours trifoliées, hampe multiflore.

Fraisier comestible. — *Fragaria vesca.* — Linné. —
Herbe vivace, à nombreux et longs coulants, atteignant quelquefois 2 m., rarement nuls ; fruits petits, ordinairement rouges, d'avril à juin. Les bois, les haies, bords des champs, des vignes, très-commun.

Il est moins éloigné qu'on ne le pense, ce bon vieux temps, où le jardin potager du château seigneurial se garnissait de fraisiers qu'on allait arracher dans les bois. Certes le progrès a fait du chemin, et aujourd'hui il n'est pas rare de voir la mère de famille s'occuper de cette production qui rentre dans sa spécialité. Cette culture a pris de l'extension et de l'importance depuis que de nombreuses variétés sont venues enrichir ce beau genre.

La culture du fraisier est non-seulement utile pour son usage particulier, mais elle peut être encore une culture très-rémunératrice pour le cultivateur qui se trouve à proximité d'une ville, d'une agglomération ouvrière, ou même d'un chemin de fer. Pour se livrer à ce genre de culture, il est évident qu'il faut être horticulteur, surtout si l'on a en vue un produit principal, alors nous, cultivateurs, nous n'aurions pas à nous en occuper ; mais si l'on ne considère la fraise que comme produit secondaire, je crois que le cultivateur trouverait toujours un coin de terre quelconque où tenter un essai.

Voici comment j'ai opéré, sans néanmoins anticiper sur

mes occupations agricoles. Je me contentai de planter alternativement un pied de fraisier et un pied d'arbre dans ma pépinière ; la 2e et la 3e années de cette plantation, j'ai obtenu, presque sans aucun soin, d'abondantes récoltes de fraises. Elles étaient d'un coloris et d'un goût parfaits, à tel point que j'ai pu les vendre 25 et 30 centimes par kilog. de plus que celles qui étaient importées sur nos marchés et qui étaient bien moins colorées et surtout flétries par le transport. Au début de mes essais sur les fraisiers, j'en avais reçu quelques pieds auxquels je tenais beaucoup. Pour les faire prospérer, je les plaçai au pied d'un mur, au midi ; le résultat fut tout contraire : les plantes moins vigoureuses, les fleurs avortées, les fruits moins gros et moins colorés. Je compris alors que cette plante se plaît au grand air, à une exposition sud ; elle est là dans son milieu. Plantée dans un jardin au sol trop fertile, elle est sujette à s'emporter et à donner des coulants envahissants, d'une longueur démesurée. Ce n'est pas à dire qu'il ne faille pas fumer une plantation de fraisiers, je dois même dire que le fraisier aime un sol riche, bien ameubli. Je dois dire également qu'il se contente de peu ; j'en ai acquis la preuve en obtenant des fraises du poids de 35 grammes, dans ma culture au terrain très-léger, maigre et non amendé ; ces fraises étaient un objet d'admiration pour mes visiteurs.

Dans les plantations en planches que j'ai faites, j'ai planté à 30 centimètres en tous sens ; cette distance peut paraître rapprochée, mais mon terrain la comporte.

Le fraisier peut se planter à peu près toute l'année ; mais si la plantation a lieu en septembre ou octobre, les plants ont le temps de s'enraciner et se renforcer avant l'hiver, et par cela même pourront donner du fruit au printemps suivant. Une plantation de fraisiers réclame de fréquents sarclages, afin de la tenir nette de toute mauvaise herbe ; les binages lui sont aussi très-utiles.

La fraise par excellence est bien, peut-être, celle des *Alpes* ou *des 4 saisons;* mais nous, cultivateurs, nous nous contenterons des fraisiers à gros fruits dont quelques-uns sont de très-bonne qualité. J'ai débuté par la fraise *Lagrange*, petit fruit, très-bon ; *Emperor*, fruit rond, de bonne qualité ; *du Chili* ; *Vilmoth* ; *Ananas*, nom un peu vague ; mais je me permets de recommander aux cultivateurs les quatre variétés suivantes :

**1.** *Fraisier sir Harry* (Underhil). — Plante rustique ; a très-bien réussi dans ma plantation négligée de cultivateur ;

folioles plus longues que larges, vert terne en dessus, veines saillantes en dessous ; fl. de 25 à 35 mill. de diamètre ; fruit gros, un peu plus long que large ; hauteur d'un fruit moyen, 30 à 35 mill. sur une largeur de 25 à 30 mill., un peu bossué, rouge, graines nombreuses.

2. *Marguerite* (Lebreton). — Obtenue d'un semis en 1859. Plante vigoureuse, fertile, rustique et hâtive ; feuil. allongées, à pétiole un peu caniculé, et velues, à folioles d'un vert gai en dessus ; coulants rougeâtres ; hampe assez forte ; fl. de 20 à 25 mill.; fruit gros, en forme de cône allongé, haut de 35 à 45 mill. sur un diamètre de 25 à 30, à chair juteuse et parfumée ; graines jaunes.

3. *Victoria* (Trollope). — Plante vigoureuse et rustique ; folioles aussi larges que longues, étoffées, à nervures peu saillantes ; fl. moyennes, de 20 à 23 mill.; graines nichées dans des alvéoles ; fruit assez gros, rond, plutôt large, vermillon ou orangé clair, hauteur, 25 à 28 mill. sur un diamètre de 25 à 30.

4. *Princesse royale* (Pelvilain). — Plante rustique et fertile ; gros et bon fruit allongé, de 35 à 40 mill. sur 30 à 35, coloré de rouge vif glacé, à chair pleine et ferme, assez sucrée.

Mon appréciation sur les variétés ci-après n'est pas suffisamment établie : je ne les cultive que depuis 1866 ; mais on en dit beaucoup de bien. Les voici :

*Mount Vesuvius* (Rendle). — *Jucunda* (Salter). — *Duc de Malakoff* (Gloëde). — *Souvenir de Nantes* (Boisselot). — *Empress Eugénie* (Knevelt). — *Prince Impérial* (Graindorge).

Les plantes composant le genre *Potentilla* sont herbacées et très-répandues dans les prés rapprochés des ravins, au bord des bois et dans les pâturages. Elles sont pâturées par les bestiaux, et si elles fournissent un fourrage peu abondant, du moins n'est-il pas de mauvaise qualité. Les plantes de ce genre embellissent la campagne par leurs fleurs, qu'elles renouvellent sans cesse depuis février jusqu'en décembre.

1. POTENTILLE ARGENTÉE. — *Potentilla argentea.* — Linné. — Herbe vivace ; couchée à la base, de 2 à 6 déc.; feuil. à 5 folioles, incisées, vertes en dessus, blanchâtres et tomenteuses en dessous ; en juin-juillet, fl. jaunes en corymbe terminal. Assez commune, elle est volontiers mangée par les bestiaux.

2. Potentille du printemps. — *P. verna.* — Linné. — Herbe vivace, formant touffe, radicante ou couchée, de 1-2 déc.; feuil. digitées, à folioles vertes, planes et velues ; en mars-mai, fl. jaunes. Très-commune. Souvent, en février, lorsque la terre est couverte de neige ou durcie par la gelée, il semble que la nature est plongée dans un sommeil léthargique. Mais si, de midi à deux heures, le soleil darde ses rayons sur quelque rocher stérile, à l'abri d'une haie ou d'un bois, on aperçoit une touffe de potentille épanouissant 10 à 20 fleurs d'un jaune brillant. A cette pénible époque de la saison, ces fleurs font un effet charmant et réjouissent le cœur. Aussitôt que le soleil passe à son déclin, les pétales se resserrent comme pour garantir du froid les organes fécondants ; les segments du calice imitent les pétales et attendent qu'un nouveau rayon de soleil vienne, le lendemain, les faire étaler de nouveau.

3. Potentille fraisier. — *P. fragaria.* — Poir. — Herbe vivace, à tiges couchées ; feuil. trifoliées et velues ; pédoncule biflore ; fl. blanches. Autre plante qui réjouit par ses fleurs qui se montrent dès le mois de février, aux premiers rayons du soleil ; elles ressemblent beaucoup à celles du fraisier, et souvent on s'est écrié en les apercevant : Les fraisiers sont déjà fleuris ! Lieux abrités, bords des ravins, des chemins. Très-commune. Pâturée par les bestiaux.

4. Potentille rempante. — *P. reptans.* — Linné. — Vulgairement, *Quintefeuille.* — Herbe vivace, à racines pivotantes, s'enfonçant de 10 à 20 cent., rougeâtres ; feuil. pétiolées, à 5 folioles, oblongues, dentées vers le sommet ; pédoncules axillaires et uniflores, plus longs que les feuilles ; fl. jaunes. Cette plante est très-commune le long des chemins et des fossés ; là elle fournit au moins de la verdure qui, sans être très-bonne, peut servir soit en pâturage, soit en fourrage. Mais il n'en est plus de même dans les champs où elle devient tout à fait importune et envahissante par les coulants qu'elle émet qui atteignent souvent 2 mètres de longueur, et à chaque nœud desquels se forme une plante. J'ai vu de grands espaces dans des terres à blé d'où il était impossible de l'extirper.

5. Potentille tormentille. — *P. Tormentilla.* — Sibth. — Herbe vivace de 1 à 4 déc., grêle, ascendante, rameuse, pubescente ; feuil. radicales, pétiolées, les caulinaires sessiles, trifoliolées; stipules grandes, tri ou multifides ; petites fl. jaunes, multiflores et paniculées. Commune, prés

couverts, pâturages et bois. Est mangée par les bestiaux.

Le genre *Rubus* fournit des plantes sous-ligneuses, armées d'aiguillons piquants, à feuil. trifoliolées ou palmées. Ces plantes sont maudites des cultivateurs. Je crois inutile de parler de leur reproduction, spontanée, dans les haies, les bois, les lieux vagues, partout ; il n'y a pas même de pré, de jardin, qui soit garanti de la dissémination des semences de ronces par le moyen des oiseaux. La première année du semis, la plante est dissimulée et passe inaperçue parmi les herbes, mais la 2e année, elle émet une tige ou sarment parfois d'une longueur de 2 mètres.

1. Ronce frutescente. — *Rubus fruticosus*. — Linné. — Plante sous-ligneuse, formant de grandes touffes; tiges anguleuses dans toute leur longueur ; feuil. palmées et trifoliées sur les rameaux florifères ; foliole terminale pétiolulée ; fl. blanches ou quelquefois rosées, en grappes ; fruit noir. Très-commune. La ronce frutescente se ramifie au sommet de ses tiges qui atteignent jusqu'à 5 mètres de longueur ; chaque ramification s'implante dans le sol, et tout en fournissant de nouvelles tiges, entretient la vie du pied-mère qui produit toujours. On peut juger par là combien elle avance à envahir les héritages des négligents et des paresseux.

Le genre *Rubus* est composé, dans les départements de la Loire et du Rhône, d'une vingtaine d'espèces, toutes également détestées par le cultivateur, et qu'il a peu d'intérêt de connaître. Je possède des terrains pauvres n'ayant que 10 à 15 cent. de terre, où la ronce est implantée jusque dans les fissures de la roche et devient par cela d'une difficile destruction. Le moment le plus favorable pour cela, c'est en avril et mai, époque où la sève est en mouvement. J'ai vu une vigne dont on avait négligé d'extraire les racines de ronces qui se trouvent à 80 cent. de profondeur : maintenant, il est à peu près impossible d'en avoir raison.

2. Ronce du Mont-Ida. — *Rubus Idœus*. — Linné. — Vulgairement, *Framboisier*. — Plante sous-ligneuse, de 1-2 m., dressée, rameuse, à aiguillons peu piquants ; feuil. pennées ; fl. blanches ; fruits rouges. Bois des montagnes ; cultivée dans les jardins.

Parler du genre *Rosa*, c'est faire sourire de plaisir l'horticulteur ; il n'en est pas de même du cultivateur, dont l'églantier a, plus d'une fois, déchiré les habits avec ses fortes épines arquées. Feuilles imparipennées ; préfloraison imbriquée-contournée ; styles nombreux.

1. Rosier de France. — *Rosa Gallica.* — Linné. — Vulgairement, *Rose de Provins.* — Sous-arbrisseau, de 6 à 10 déc., dressé ; fl. grandes, d'un rouge foncé, solitaires, très-odorantes. Ce rosier est cultivé en grand pour divers usages pharmaceutiques.

2. R. des champs. — *R. arvensis.* — Huds. — Arbrisseau rempant, à aiguillons recourbés ; feuil. à 5 ou 7 folioles, simplement dentées ; en mai-juin, fl. blanches, inodores ; fruit ovale-globuleux, noirâtre dès l'automne. Bois, haies, bords des ravins ; assez commun.

3. R. a deux bractées. — *R. bibracteata.* — Bast. — Arbrisseau dressé, à rameaux arqués ; aiguillons courts ; pédoncule hérissé de petits poils et pourvu vers sa base de une ou deux bractées opposées ; fl. blanches en corymbe fourni ; fruit ovoïde. Ce rosier est assez rare dans les départements de l'Ain, l'Isère et du Rhône, et même dans celui de la Loire, où je l'ai trouvé à Crévieux (Valfleury).

4. R. des chiens. — *R. canina.* — Linné. — Vulgairement, *Eglantier.* — Arbrisseau droit, à aiguillons forts et recourbés ; fl. blanches ou rosées ; fruit rouge à la maturité. Les haies, les bois ; très-commun.

Il existe une quarantaine d'espèces indigènes qui se rencontrent dans les bois, les ravins, les haies ou sur les hautes montagnes.

5. R. des Indes. — *R. Indica.* — Linné. — Vulgairement, *Rosier de Bengale.* — Arbrisseau dressé, de 2-3 m., à rameaux verts, lisses, glabres ; aiguillons recourbés et rougeâtres ; feuil. persistantes, glabres et luisantes ; fl. semi-doubles, faiblement odorantes, rose-tendre, du printemps à l'hiver. J'en ai quelques pieds adossés à ma maison d'habitation qui étaient couverts de fleurs le 25 décembre 1866. On le cultive franc de pied ; il se multiplie facilement de boutures. Recommandé pour la décoration du jardin de la ferme.

6. R. thé. — *R. fragrans.* — Red. — Arbrisseau à rameaux arqués et à forts aiguillons ; feuil. presque semblables à celles du précédent ; fl. d'un blanc-rosé, très-doubles, à odeur de thé et en bouquets terminaux ; fleurit jusqu'aux gelées. Elle ne s'épanouit bien chez moi que les étés bien chauds. D'amateur.

7. R. jaune. — *R. sulfurea.* — Willd. — Arbrisseau de 1-2 mètres, à très-nombreux aiguillons ; fl. d'un jaune de

soufre, très-doubles, inodores et solitaires. Selon la température, épanouit mal quelquefois. D'amateur.

8. R. MULTIFLORE. — *R. multiflora.* — Red. — Arbrisseau grimpant de 3 à 6 m.; petites fleurs presque pleines, blanc-rosé, en panicule terminale. Propre à palisser contre un mur. D'amateur.

9. R. CENT-FEUILLES. — *R. centifolia.* — Linné. — Arbrisseau de 1-2 m., à bois chargé d'aiguillons nombreux et piquants; fl. roses, très-doubles et très-odorantes. C'est la plus ancienne et la plus répandue; indispensable au jardin d'un cultivateur. La *Rose mousseuse* (*R. muscosa*, Andrews.), est une variété de la Cent-feuilles.

10. R. POMPON. — *R. pomponia.* — D. C. — Arbrisseau buissonnant, de 3 à 6 déc.; fl. petites, d'un joli rose, odorantes, très-doubles.

AIGREMOINE EUPATOIRE. — *Agrimonia eupatoria.* — Linné. — Herbe vivace, velue, de 3 à 6 déc., à tige dressée, simple; feuil. pennées, à folioles alternativement grandes et petites; fl. jaunes, en épi grêle et allongé; graine en forme de toupie, garnie au sommet de petites pointes en hameçon. Assez commune aux bords des champs et dans les haies; je l'ai vue fréquemment dans nos prés des vallons où elle est délaissée par les bestiaux.

ALCHEMILLE DES ALPES. — *Alchemilla Alpina.* — Linné. — Herbe vivace de 1 à 3 déc., droite ou ascendante; feuil. radicales, digitées, à 5 ou 7 folioles, dentelées au sommet, vertes et glabres en dessus, soyeuses et argentées sur la page inférieure; fl. en forme de panicule terminale, en juillet-août, vert-jaunâtre. Hautes montagnes. Pâturée par les bestiaux.

Les cultivateurs de plusieurs communes des départements du Rhône, de l'Isère et de la Loire, ont la pieuse habitude de visiter chaque année un oratoire dédié à saint Sabin et placé sur un des pics de Pilat. Le but de ce pèlerinage est d'attirer la protection du ciel sur leurs bestiaux. Auprès de ce sanctuaire, les pèlerins trouvent l'Alchemille des Alpes, qu'ils nomment *Trèfle de saint Sabin*; ils en récoltent un petit paquet qu'ils emportent dans leurs maisons pour le garder comme un précieux souvenir de leur pèlerinage. En traversant la partie du mont Pilat qui est boisée de sapins séculaires, ils ajoutent à leur cueillette, et comme objet de curiosité, la *Corniculaire rameuse* (*Cornicularia jubata*, fam. des Lichens), espèce de mousse blanche, de 1-2 déc., qui croît sur les vieux sapins. Leur bâton à la main et une touffe de cette mousse soyeuse passée au cordon de leur chapeau, on les voit, ces bons cultivateurs, joyeux et satisfaits à leur retour de ce voyage, entrepris quelquefois d'une distance de plus de dix lieues.

Des esprits forts ou soi-disant tels, pourraient sourire en lisant ces quelques lignes, peu m'importe ; je rapporte les choses telles qu'elles sont, et je laisse le soin de commenter à chacun selon ses idées. Mais je dois constater que ces témoignages évidents de bonne foi caractérisent nos habitants des montagnes.

Pimprenelle sanguisorbe. — *Poterium sanguisorba.* — Linné. — Herbe vivace, de 2 à 6 déc., dressée, glabre, rameuse ; feuil. imparipennées, à folioles ovale-arrondi, dentées, un peu aromatiques ; fl. verdâtres, tachées de rouge, en capitules ovales ou arrondis. Très-commune dans les prés, les pâturages secs, les lieux incultes et aux bords des bois. Sa culture est même recommandée dans les terrains pauvres à raison de 30 k. de semence par hectare ; mais son fourrage n'est guère bon pour les chevaux et l'espèce bovine, tandis qu'il est excellent pour les moutons et les chèvres. En jardinage, on cultive quelques pieds de pimprenelle comme fourniture de salade.

Benoite commune. — *Geum urbanum.* — Linné. — Vulgairement, *Caryophyllata.* — Herbe vivace, à tige dressée, pluriflore, de 3 à 6 déc.; racine odorante ; feuil. pennatiséquées ou triséquées ; fl. jaunes, dressées ; styles recourbés en hameçons. Cette plante se trouve fréquemment dans les lieux ombragés, les haies et aux bords des ruisseaux. Quoique bonne, cette plante est dédaignée des bestiaux.

Néflier d'Allemagne. — *Nespilius Germanica.* — Linné. — Arbrisseau ou petit arbre diffus, irrégulier, à tronc tortueux, épineux à l'état sauvage, et inerme, cultivé comme arbre fruitier ; feuil. très-entières, oblongues, dentées, tormenteuses ; en mai fl. blanches ou rosées, grandes, solitaires, sessiles. Il se trouve assez fréquemment dans nos haies et dans nos bois ; son fruit, d'abord acerbe, devient très-doux lorsqu'il a séjourné au fruitier, et qu'il a subi la transformation qu'on désigne par le mot *bletter.* Sa récolte est la dernière des arbres fruitiers, elle n'a guère lieu avant la première quinzaine de novembre. En général on ne sème pas le néflier ; on se contente, en agriculture, de le greffer dans les haies, sur l'aubépine, et dans ces conditions, il n'est pas rare de voir des sujets produire un hectolitre de fruits. Les marchés de nos contrées en sont approvisionnés ; Saint-Etienne en consomme des quantités considérables. On ne peut assujettir cet arbre à la taille ; la récolte en serait notablement diminuée. Il se greffe en fente à la fin de février, ou à l'écusson, en automne.

Le genre *Cratægus* fournit des arbrisseaux épineux, à feuilles découpées.

1. AUBÉPINE ÉPINEUSE. — *Cratægus oxyacantha.* — Linné. — Arbrisseau diffus, très-rameux ; feuil. cunéiformes, à 3 ou 5 incisions profondes et élargies, glabres ; en mai, fl. blanches, rarement rosées, en corymbe, à odeur très-suave ; fruit vert d'abord, très-rouge à la maturité, persistant sur l'arbre jusqu'à ce que les oiseaux qui s'en nourrissent l'aient fait disparaître dans le courant de décembre. On ne peut se faire une idée de l'énorme emploi des jeunes plants d'aubépine, qu'en jetant les regards le long des lignes de chemin de fer qui sillonnent l'Empire en tous sens, et dont la majeure partie est close avec cet arbrisseau. C'est bien la plus commune, la plus simple, la plus économique et la plus solide clôture comme haie vive.

2. AUBÉPINE AZEROLIER. — *Cratægus azarolus.* — Linné. — Arbrisseau de 6-7 mètres ; à feuil. plus grandes que celles de l'aubépine commune ; en avril-mai fl. blanches en corymbes ; fruits rouges ou jaunes, de la grosseur d'une cerise. Cet arbrisseau est classé en quelque sorte parmi les arbres fruitiers, car, dit-on, son fruit se vend sur les marchés du midi ; mais il est trop fade pour notre palais peu habitué aux douceurs. Il fructifie abondamment chez moi et fait l'admiration des personnes qui le voient : l'an dernier (1866), son fruit a persisté sur l'arbre jusqu'au 25 décembre. Se greffe sur l'aubépine épineuse. Recommandé comme arbre d'agrément.

3. A. BUISSON ARDENT. — *C. pyracantha.* — Spach. — Arbrisseau de 1-2 m., épineux, à feuil. persistantes ; en mai, fl. blanc-mat, en corymbe paniculé ; fruits petits, très-nombreux, couleur de feu à leur maturité. Jardins paysagers. A réussi chez moi à toutes les expositions.

4. A. ERGOT DE COQ. — *C. crus-galli.* — Linné. — Arbrisseau de 3-4 m. ; en mai fl. blanches, petites, en corymbe ; épines très-longues. Jardins paysagers. Cette variété préconisée pour clôture, n'a pas réussi ; elle est trop su-

jette à s'emporter et par conséquent à se dégarnir par le bas.

On cultive encore comme arbrisseaux d'agrément plusieurs aubépines à fl. roses ou doubles, et à feuil. différenciées, telles que l'*Aubépine à feuilles de prunier*, dont les feuil. sont entières.

**Coignassier commun.** — *Cydonia vulgaris.* — D. C. — Arbuste ou petit arbre à branches tortueuses et tronc souvent incliné et peu élevé ; feuil. ovales, très-entières, blanches et cotonneuses en dessous ; en mai, fl. blanc-rosé, grandes, solitaires, terminales. Le Coignassier est indigène dans le midi et sub-spontané autour des habitations dans nos départements du centre. Il existe plusieurs variétés bien plus productives et à plus gros fruits de l'espèce type. Il sert de sujet pour greffer les poiriers nains ; il se reproduit facilement de bouture ou de couchage, mais depuis que la confiserie a fait des progrès et qu'elle fait une grande consommation de coings, on sème le marc qui provient des opérations des confiseurs ; ces sujets doivent être plus vigoureux que les premiers.

**Pommier commun.** — *Pyrus malus.* — Linné. — Il est tout à fait inutile de décrire le pommier, car ainsi que le poirier, il joue un rôle si important en horticulture, et la pomologie a été traitée par des hommes si avancés sur les connaissances qu'elle comporte, que je ne dirai rien à ce sujet, sinon que je crois qu'il ne serait pas hors de propos de faire deux classes de la culture de cet arbre important. La 1re comprendrait tous les soins à donner aux sujets traités par l'horticulture, et dont je n'ai pas à m'occuper. La 2e serait réservée à la culture du pommier en verger ou à plein vent, telle que je la pratique moi-même et telle aussi qu'elle est pratiquée par tous les cultivateurs. C'est sur cette dernière culture que je dirai quelques mots.

Les fruits récoltés par les cultivateurs sont ordinairement moyens et même petits, rarement gros, car on ne vise qu'au grand produit. Un pommier qui donnera toutes les deux années, 4, 6 ou 8 hectolitres de fruits de 2e grosseur et de 2e qualité, sera toujours préféré, par son propriétaire, à un autre pommier d'égale grosseur et qui ne donnera, comme le précédent sur deux ans, l'un, que 1 à 3 hectolitres de fruits plus gros, il est vrai, mais aussi beaucoup plus sujets à se détacher de l'arbre sous les secousses du vent. Une chose dont on a lieu de s'étonner, c'est que parmi nous les *Calvilles* rouges et blanches, les diverses variétés de *grosses reinettes* sont très-bien connues, et pourtant les premières manquent presque totalement, et les secondes ne sont cultivées qu'en bien faible proportion. Sur une récolte de 3 ou 400 hectolitres, on ne trouverait peut-être pas 20 à 30 hectolitres des variétés que je viens de nommer. La *Reinette franche* n'existe plus dans nos vergers.

Le cultivateur qui possède une vigne, a l'habitude d'y planter quelques sauvageons de pommiers, qu'il greffe en fente lorsqu'ils ont atteints la force voulue. S'il agit ainsi, c'est pour avoir les variétés des pommiers qu'il connaît ; il n'aime pas s'adresser aux pépiniéristes du commerce où il ne trouve plus les mêmes variétés qui se cultivent dans sa localité.

On ne peut guère compter sur une abondante récolte qu'une année sur deux ; néanmoins on obtient quelquefois des demi-récoltes, pendant deux ou trois ans consécutifs. Ainsi que pour les autres arbres fruitiers, la bonne ou mauvaise fructification dépend de la bonne ou mauvaise floraison. Celle-ci a lieu en avril-mai ; à cette époque avancée, si le temps est calme et qu'un vent d'est ou du sud règne sans force, les pétales, de consistance un peu mucilagineuse, s'épanouissent mal ou même point du tout. Favorisées par le temps, des mouches déposent leurs œufs au milieu de cette fleur entr'ouverte et donnent naissance à un ver qui ronge l'ovaire. Ce méfait, répété sur chaque fleur, anéantit ou du moins compromet sérieusement la récolte. On voit parfois des vergers couverts de fruits, tandis qu'à côté d'autres en sont privés ; c'est que les premiers vergers exposés au nord ou à l'ouest auront moins souffert des effets pernicieux de la trop faible brise de l'est ou du sud.

Après une bonne récolte, le pommier ne donne souvent aucun bouton à fruit ; alors on sait d'avance qu'on n'en aura point.

Le pommier vient à peu près partout, néanmoins son milieu semble être le vallon au pied des montagnes ; c'est là qu'il produit en plus grande abondance. Dans certains cantons, son fruit acquiert des qualités supérieures et un coloris très-prononcé que les connaisseurs savent justement apprécier ; il est bon de noter que ces fruits ont toujours l'avantage sur ceux d'autres provenances et qui sont privés de ces degrés de perfection. Un seul fait prouve mon assertion. Le marché de Saint-Etienne (Loire) reçoit, d'une part, des voitures pesamment chargées de pommes venant du

Puy-de-Dôme ; d'autre part arrivent les petits chargements des cultivateurs des communes de Cellieu, Valfleury, Chagnon et surtout Saint-Romain-en-Jarrêt (Loire) ; eh bien ! les fruits de ces communes sont toujours vendus couramment 2, 3, jusqu'à 5 fr. par 100 kil. de plus que ceux du Puy-de-Dôme, qui sont cependant plus gros.

Les pommes étant d'une consistance assez ferme, supportent facilement le transport, et de nos jours, grâce aux voies ferrées, il s'en fait un mouvement considérable.

En 1861, je priai un ami de m'adresser des greffes de pommiers des vergers de la Normandie ; quelques variétés ont déjà fructifié, mais je n'ai pas lieu de m'en applaudir : celles de nos localités leur sont supérieures.

Le choix du terrain influe beaucoup sur une plantation de pommiers, et il n'est pas rare de se tromper sur ce point. Moi-même j'avais planté un assez grand ténement de terrain passablement fertile, au sous-sol argilo-sablonneux ; je m'applaudissais d'avance du succès de cette plantation, qui eut lieu en 1856 ; aujourd'hui on n'y voit plus que quelques pieds qui vivotent : j'ai échoué au grand complet. A peu de distance de cette plantation, je possède une terre pauvre au dernier point, à peine y a-t-il 6 à 8 cent. de terre végétale très-maigre ; je ne la cultive que pour les arbres qui y sont plantés, car un hectolitre de seigle n'en rapporte que 2, rarement 3. Il y a quatre ans, je remplaçai par des pommiers de vieux châtaigners qui ne rapportaient presque plus rien ; ces pommiers, au contraire de ceux de la première plantation, font des jets de 50 à 70 cent. de longueur, chaque année, et promettent beaucoup. Si je fais la dépense de faire défoncer ce terrain, je suis assuré d'avoir un magnifique verger. Il en a été de même, et contre mon attente, de la plantation de pommiers que j'ai faite dans un pré d'une déclivité rapide, exposé en plein midi à toutes les ardeurs d'un soleil ardent ; mes pommiers jouissent d'une riche végétation et manquent rarement leur récolte ; les fruits qu'ils produisent sont surtout d'un coloris très-vif.

Des cultivateurs me disent souvent qu'ils plantent leurs pommiers dans des terrains excessivement riches, et qu'ils en espèrent d'abondants produits. Deux ou trois ans après, si je leur demande ce qu'est devenue leur plantation, leurs réponses sont toujours identiques : leurs arbres restent stationnaires et ne poussent pas. D'autres avouent naïvement qu'ils ont pris le soin de bien fumer sur les racines en plantant leurs jeunes arbres : le résultat seul leur répond contrairement aux espérances qu'ils avaient conçues. A ceux, mieux avisés, qui m'ont demandé mon avis, j'ai toujours invariablement répondu de bien se garder de faire une pareille sottise.

Le pommier, arrivé à sa grosseur naturelle, produit en grande quantité des fruits qui l'usent et l'épuisent ; il reste ainsi pendant quelques années, dans un état normal, puis il est atteint par le *blanc* ou la *carie*, c'est-à-dire, que le bois du centre du tronc et des branches devient *cuit* (expression locale), ou mieux, n'a plus de consistance ligneuse et devient mou, spongieux. Il se forme à la surface du tronc ou des branches un parasite roux ou marron, du poids parfois de 2 à 4 kilog., coriace ; sa page inférieure est formée de petits tubes poreux et soudés les uns aux autres. Ce parasite, qui est de la famille des champignons, est, si je ne me trompe, le *Polyporus Gallicus*. On ne peut s'empêcher d'admirer le bon ordre qui règne dans la nature et qui éclate là comme partout : ce parasite ne semble être à cette place que pour servir d'exutoire à l'humidité dont est imbibée la partie du bois atteint de la carie, et qui est constamment abreuvée par la pluie, les brouillards et même la sève. On remarque fréquemment, sur les arbres cariés, des trous ronds, pratiqués comme avec une tarière ; ces trous sont faits par des oiseaux qui viennent, sans s'en douter, nous rendre encore un éminent service. L'ouverture qu'ils opèrent, aère ce bois *micheux* par le haut, tandis qu'il suinte par le bas par le Polyporus. Ce bois finit par se dessécher, l'arbre devient creux et, en cet état, fournit encore souvent pendant dix ans, sinon d'abondantes, au moins de passables récoltes de fruits tout aussi bons qu'avant la maladie.

Le pommier creux sert de retraite aux oiseaux nocturnes, tels que chouettes, hiboux, chats-huants, grands et petits ducs, etc. J'ai peu de connaissances sur l'ornithologie, mais j'ai jugé des espèces par leurs excréments que j'ai trouvés dans le creux de cet arbre ; ils étaient composés de nombreux petits os, qui ne provenaient sans doute que des rongeurs que ces oiseaux chassent pendant la nuit, nous étant par là encore d'une utilité bien établie. Voici un fait que j'ai vu de bien près ; il se rapporte à un oiseau diurne. Je traçais quelques notes sous un arbre touffu ; depuis quelques instants déjà mon crayon courait sur le papier, lorsqu'un bruit insolite et strident comme le crépitement d'une balle me fit relever la tête, et je vis, à trois mètres de moi, un milan qui venait de s'abattre sur un lézard vert, qu'il emporta suspendu à son bec. J'étais à côté de ce lézard et je ne l'avais point vu, tandis que l'oiseau de proie, planant dans l'espace, doué d'un œil perçant, l'avait aperçu et avait fondu sur lui comme un trait. On se rend difficilement compte du bien que ces oiseaux, auxquels le cultivateur, sans savoir pourquoi, a voué une haine vindicative, il est difficile, dis-je, de se rendre compte des services qu'ils sont capables de rendre à nos récoltes.

Les petits oiseaux se plaisent à nicher sur le pommier et semblent fuir la forêt pour venir élever leur progéniture à proximité des habitations des hommes, comme pour leur demander assistance et les réjouir par leur chant si varié. L'écorce du pommier est lisse et glabre pendant sa jeunesse, plus tard elle se détache par plaques, mais tout à fait adulte, le pommier a une écorce qui se fendille et se crevasse ; elle sert de retraite à une multitude d'insectes ; on voit croître sur toute son étendue des mousses, des lichens et des champignons microscopiques, ces végétaux parasites peuvent aussi recéler des insectes et surtout leurs larves et leurs œufs. Des oiseaux grimpeurs sont continuellement en mouvement pour donner la chasse à ces hôtes incommodes ; rien n'est plus charmant que de les voir se livrer à ces exercices d'acrobates, à les voir aller du tronc aux branches sans le secours de leurs ailes, faire cent fois les mêmes circonvolutions en détruisant des milliers d'insectes. Honte donc à ceux que ces considérations n'arrêtent pas et dont la main coupable se porte sur les chers nids de ces pauvres petits oiseaux ! Quelle est donc la puissance qui arrêtera ces insensés ?.....

On rapporte que l'année dernière (1866), dans le grand duché de Bade et dans la Bavière, on a rempli des milliers de cages d'alouettes, de perdreaux, de merles, de grives, de pinsons et même de moineaux pour être expédiées en Australie où les récoltes sont compromises par les insectes qui pullulent dans ce pays ; des employés spéciaux étaient chargés de les soigner et les nourrir jusqu'à leur arrivée. On a donc reconnu les services qu'ils rendent à l'agriculture !

Il existe une société dite Société protectrice des animaux ; je ne connais ni ses statuts ni ses travaux ; mais je crois qu'elle est appelée à faire le plus grand bien à l'agriculture, en popularisant la connaissance des bienfaits que nous recevons de quelques-uns de ces animaux, dont la destruction journalière est un désastre. Voyez le crapaud, par exemple, dont la présence inspire l'horreur, et qui cependant ne se nourrit presque que de limaces, et l'on sait si les limaces causent du préjudice à nos récoltes!

Le pommier est encore le siége d'un parasite qui semble l'attaquer de préférence aux autres arbres ; c'est le *Gui* que chacun connaît et qu'un cultivateur soigneux ne souffre jamais sur ses pommiers, car il les épuise beaucoup.

Dans nos départements du centre, le pommier n'est cultivé que comme arbre fruitier ; mais dans le nord, où la vigne ne réussit point, on le cultive comme arbre à cidre. La fabrication du cidre est plus importante qu'on ne le pense en général : on évalue qu'il s'en fabrique annuellement 8 millions d'hectolitres. La Normandie seule entre dans ce chiffre pour 5 millions d'hectolitres évalués approximativement à 39,400,000 fr.

Voici les chiffres relatifs à chaque département de cette province :

Seine-Inférieure, 1,622,000 hect., évalués à 12,781,360 fr.
Calvados, 911,000 hect., évalués à 6,188,680 fr.
Orne, 858,000 hect., évalués à 6,741,040 fr.
Manche, 854,000 hect., évalués à 6,739,520 fr.
Eure, 755,000 hect., évalués à 6,949,400 fr.

Poirier commun. — *Pyrus communis*. — Linné. — Quoique le poirier et le pommier semblent se cultiver simultanément, le premier fructifie mieux dans les contrées plus méridionales, tandis que le second préfère les régions septentrionales ; au reste même culture et même terrain ; ce qui convient à l'un convient à l'autre. Le poirier devient généralement plus gros que le pommier.

On s'est beaucoup plus occupé du poirier que du pommier, et le nombre de ses variétés est très-grand. Le cultivateur ne devrait s'occuper que des sujets de plein-vent, néanmoins il n'est plus rare de cultiver des nains dans le jardin potager, ce qui ajoute une jouissance de plus à la ferme. Dans ce cas il faut s'adresser à l'horticulteur, qui a les connaissances pour procurer ce qu'il y a de plus beau et de plus productif. De nos jours, on possède des variétés d'un grand mérite, et si l'on place quelques pieds dans un jardin, il faut rejeter les médiocrités.

Le poirier se greffe sur franc pour verger, sur coignassier pour jardin ; la greffe sur aubépine n'est qu'une exception à la règle ; les essais que j'ai tentés à ce sujet ne m'ont point satisfait : après quelques récoltes de beaux fruits, ces poiriers ont péri.

Dans un verger où l'on veut obtenir des récoltes rémunératrices, il ne faut planter que des variétés dont la maturation s'effectue avant le 15 août ou après le 15 octobre. La majeure partie des poires arrivant à maturité entre ces deux dates, il s'ensuit une surabondance qui les réduit à un vil prix ; prix qui est encore abaissé par sa présence sur les marchés des raisins et des melons.

1. SORBIER DOMESTIQUE. — *Sorbus domestica*. — Linné. — Bel arbre de 10 à 15 m. de hauteur ; bourgeons glutineux ; feuil. pennées ; fl. blanches en corymbe rameux ; fruits en forme de petites poires arrondies. Dans chaque ferme où la récolte des arbres fruitiers forme le principal revenu, il est d'usage de posséder un ou plusieurs sorbiers qui atteignent parfois des dimensions considérables et embellissent très-bien un verger par leur beau feuillage, leurs nombreuses fleurs au printemps et leurs fruits abondants en automne. Ces fruits pèsent de 14 à 16 grammes, et sont hauts de 30 à 35 mill. sur un diamètre de 25 à 30 ; ils sont très-acerbes et servent à faire une boisson de qualité médiocre usitée chez les cultivateurs et recherchée par les ouvriers des usines qui travaillent auprès des feux, comme les verriers. Lorsqu'elle est arrivée à maturité et qu'elle est blette, la sorbe, d'acerbe qu'elle était, devient très-douce et agréable à manger. Je ne connais guère la manière dont se greffe le sorbier, mais j'en ai écussonnés qui ont repris avec facilité. Son bois est très-lourd et recherché par les menuisiers et les tourneurs.

2. S. DES OISELEURS. — *S. aucuparia*. — Linné. — Arbre ou arbrisseau à feuillage ressemblant à celui du *S. domestique* ; fl. blanches ; fruits rouges de la grosseur d'une merise. Ce petit arbre est très-commun dans les bois des montagnes froides ; il charme la vue par le nombre prodigieux de fruits terminaux dont il est chargé et qui persistent jusqu'à ce que les oiseaux les aient mangés.

3. S. ALOUCHIER. — *S. aria*. — Crantz. — Vulgairement, *Alisier*. — Arbre de 5 à 9 m., à feuil. entières, ovales, dentées, blanchâtres en dessous ; en mai, fl. blanches en corymbe serré ; en août-septembre, fruits rouge-orangé de la grosseur d'une petite cerise. L'alisier est très-commun dans les bois des montagnes ; son bois est très-lourd et de bonne qualité ; ses tiges servent à faire d'excellentes verges pour les fléaux.

# FAMILLE DES ONAGRARIÉES.

Les plantes toutes herbacées de cette famille n'offrent, à vrai dire, qu'un intérêt bien secondaire aux cultivateurs.

Le genre *Epilobium* se compose de plus de 12 espèces se rencontrant dans les haies, les ravins, les lieux ombragés, les bois et sur les hautes montagnes ; généralement peu communes, et, par cela même, peu nuisibles et sans utilité ; il serait donc à peu près inutile de s'étendre sur ce genre. Calice à 4 segments ; 4 pétales ; 8 étamines.

Onagre bisannuelle. — *Œnothera biennis*. — Linné. — Herbe bisannuelle, de 4 à 12 déc., dressée, rude ; feuil. lancéolées, sinuées, dentées, entières ; fl. jaunes, odorantes, en grappes terminales, feuillées. Des jardins elle est devenue sub-spontanée autour des habitations. Effet médiocre comme plante à fleurs.

Circée de paris. — *Circea Lutetiana*. — Linné. — Herbe vivace, dressée, de 3 à 8 déc.; feuil. opposées, ovales, dentées ; 2 sépales ; 2 pétales ; 2 étamines et 2 graines à chaque capsule ; fl. blanches ou rosées, en grappes terminales. Lieux ombragés et humides. Elle n'est pas recherchée par le bétail.

Clarkie gentille. — *Clarkia pulchella*. — Pursh. — Herbe annuelle, de 2 à 5 déc.; fl. blanches ou rosées, à pétales en croix, divisés en 3 segments au sommet. De la Californie ; jolie plante à fleurs, propre au jardin de la ferme ; ne réclame aucun soin ; semer au printemps.

Gaura de Leindheimer. — *Gaura Lindheimeri*. — Engl. — Herbe vivace, à tige dressée, de 8 à 12 déc.; feuil. oblongues, lancéolées, dentées, sinuées ; fl. blanches en longues grappes terminales. De Virginie. Très-ornementale ; réclame peu de soins ; se reproduit spontanément ; propre à la décoration du jardin du cultivateur.

Fuchsia écarlate. — *Fuchsia coccinea*. — Linné. — Les fuchsias étant des plantes de serre, ne rentrent point dans le nombre de celles dont doit s'occuper le cultivateur ; néanmoins ces plantes sont si belles qu'elles sont assez répandues ; on en voit souvent en pot, sur des fenêtres.

Au Comice agricole de Pélussin (Loire), qui eut lieu au mois de septembre 1866, M. Lombard, moulinier, avait exhibé un lot de Fuchsias composé au moins de 120 espèces ou variétés. Quelqu'étranger qu'on fût à cette spécialité, on ne pouvait se dispenser d'admirer l'ensemble et le détail de cette collection. Je notai les noms suivants : *Martagon ; Ratozzi*, panaché ; *Brune andalouse*, rose tendre ; *Rose de Castille*, sépales blanc-rosé ; *Kettlerii*, sépales blanc-rosé ; *Conspicua*, pétales blanc-veiné et sépales roses. Ces divers noms se lisaient sur le gradin inférieur, mais lorsque mes regards se portèrent au-dessus, ils rencontrèrent des plantes dont je ne puis faire l'éloge ; je suis convaincu que c'est tout ce qu'il y a de mieux en ce genre : corolles de toutes nuances, panachées, doubles, maculées, plantes naines ou très-élevées, tout y était. C'étaient entr'autres : *Eugène Camérand*, à fl. double-extra ; *Lucritia Borghèse ; Lord Clide*, panaché ; *Souvenir de Cornelisson*, panaché ou ligné ; *Carlo Dolu ; Marie Cornelisson ; Prince Alfred ; M$^{me}$ Adolphe Weick*, double plante de 1 m. 50 ; *Turban* et *M$^{me}$ Louise de la Chapelle*, plantes de 2 m. de hauteur ; *Handerson*, double. Toutes ces plantes rivalisaient de beauté et de fraîcheur. L'une d'entre elles fixa surtout mon attention, par une macule très-symétrique simulant un losange, au milieu de la surface extérieure des sépales ; on s'était abstenu d'y mettre le nom.

L'exposant de ce magnifique lot était d'une prévenance peu commune pour les visiteurs, et le Jury fit acte de justice en lui décernant la médaille de vermeil.

Ainsi que je l'ai dit plus haut, le Fuchsia réclame la serre, et le cultivateur qui désire posséder ces plantes et n'a point de local destiné à cet usage, peut suivre la méthode que je me suis tracée et que je donne ici : Je creuse une fosse de 50 cent. de profondeur au pied d'un mur, ayant un avant-toit d'un mètre de largeur ; sous cet abri la terre se trouve mi-sèche. Je prends mes pots et je retranche, avec des ciseaux, le bout de toutes les branches qui ne sont pas suffisamment aoûtées ; je coupe également toutes les feuilles, et j'enterre mes plantes dans la fosse au commencement de novembre. En avril, je les retrouve en parfait état de conservation, et aussitôt qu'elles sont exposées au jour, la végétation commence son mouvement. J'agis de même pour les espèces analogues, telles que les *Cuphéas*, les *Lantanas*, les *Verveines des Indes*, etc.; et le résultat a toujours été excellent.

## FAMILLE DES LYTHRAIRES.

SALICAIRE COMMUNE. — *Lythrum salicaria*. — Linné. — Herbe vivace, pubescente, anguleuse, dressée, de 5 à 12 déc.; feuil. oblongues, rudes, opposées ou verticillées à la base; fl. d'un beau rose, en épi terminal de 1 à 5 déc. de longueur. La Salicaire est assez commune aux bords des ruisseaux et dans les prés humides. Elle est très-ornementale et mérite bien d'être plantée dans les pelouses humides des parcs et jardins paysagers. J'ai eu occasion de voir, à la fin d'octobre, un pré formant vallon, où abondait cette plante; le coup-d'œil était ravissant.

CUPHÉA A LARGE ÉPERON. — *Cuphéa platycentra*. — Ch. Lem. — Petit arbuste à rameaux effilés; fl. rouge-vermillon, en long tube; fleurit tout l'été. Même culture que les Fuchsias. Plante d'amateur. Du Mexique.

## FAMILLE DES TAMARISCINÉES.

Ce sont des arbrisseaux très-propres à l'ornementation des jardins paysagers. Le cultivateur peut les employer pour son agrément en les plaçant près de son habitation. Ils ne demandent aucun soin; il faut se garder de les tailler : on retrancherait les fleurs. Multiplication par boutures qui reprennent avec facilité. Feuilles imbriquées de 1 à 3 mill. de longueur.

1. TAMARIX A QUATRE ÉTAMINES. — *Tamarix tetendra*. — Pallas. — Arbuste à rameaux grêles et pendants; fl. roses en chatons de 3-4 cent. de longueur, à 4 pétales et 4 étamines. Originaire de la Crimée.

2. T. DE NARBONNE. — *T. Gallica*. — Linné. — Fl. d'un blanc-rose, disposées en épi grêle un peu interrompu. Du midi de la France.

3. T. DE L'INDE. — *T. Indica*. — Willd. — Fl. disposées en grande panicule. Terrain sec.

En cultivant simultanément ces trois espèces de Tamarix, on aura une succession de jolies fleurs; le 1$^{er}$ fleurit au printemps, le 2$^e$ en été et le 3$^e$ en automne.

# FAMILLE DES CUCURBITACÉES.

Les plantes de cette famille sont toutes herbacées et en partie cultivées. Quoique en général elles n'appartiennent pas à la grande culture, il est peu de cultivateurs qui se dispensent d'en avoir, soit dans leurs champs, soit dans le jardin de la ferme.

Le genre *Lagenaria*, sans être comestible, est souvent entre les mains du cultivateur comme agrément ou comme objet curieux.

CALEBASSE COMMUNE. — *Lagenaria vulgaris*. — Seringe. — Herbe annuelle, grimpante, munie de vrilles palmées, longues de 1 à 3 déc., pubescente, à odeur fétide ; tige anguleuse ; feuil. en cœur, ondulées ; fl. blanches, à pédoncule long de 1 à 3 déc.; plante monoïque. La culture de la Calebasse n'offre aucune particularité : semer en avril-mai, dans un terrain défoncé, s'il se peut, en capots, à la manière des courges. Quelques auteurs en font plusieurs variétés distinctes que voici :

1. COURGE BOUTEILLE. — *Lagenaria gourda*. — Seringe. — Offre deux renflements superposés et inégaux ; le supérieur plus petit que l'inférieur. C'est la variété la plus répandue.

2. COUGOURDE. — *L. cougourda*. — Seringe. — Fruit fortement renflé à la base et se terminant par un col allongé.

3. GOURDE DE CORSE. — *L. depressa*. — Seringe. — Fruit arrondi, comprimé sur deux faces latérales.

4. GOURDE TROMPETTE. — *L. clavata*. — Seringe. — Fruit très-allongé, arqué et renflé en massue aux deux extrémités.

Le genre *Cucumis* fournit des plantes d'une certaine importance pour quelques localités, comme plantes alimentaires. Elles sont rampantes, à vrilles simples et à fl. jaunes.

1. CONCOMBRE PASTÈQUE. — *Cucumis citrullus*. — Seringe. — Plante un peu rude ; feuil. à lobes pennatifides ; vrilles fourchues ; fruit arrondi, bigarré vert et blanc ; graines rouges. Cette plante ne réclame pas plus de soins que la Calebasse, et se cultive de même. Propre au midi ; son goût est trop fade pour être consommée dans les départements du centre.

2. C. MELON. — *C. Melo*. — Linné. — Vulgairement,

*Melon.* — Herbe annuelle à tige rampante, cylindrique, hérissée de poils roides ; feuil. à 5 lobes obtus.

Le Melon est l'objet d'une culture étendue et d'un commerce important pour quelques localités qui se sont fait un nom par ce genre de culture : il suffit de citer Cavaillon et Honfleur. J'ai été fort surpris, en visitant les cultures de Melons des environs de Lyon, de l'importance des superficies du terrain affecté à ce produit. Le temps me manquait pour prendre les renseignements que je désirais, mais je présume qu'il y a des cultivateurs qui ont près d'un hectare de terrain planté de Melons. Aux deux côtés on laisse un chemin de service, car on fait chaque jour la cueillette avec un tombereau conduit par un cheval. Je n'ai pas pris garde à la distance d'une plante à l'autre, mais j'ai remarqué qu'il n'y a qu'un seul plant ou pied par capot. La plante, grosse comme le pouce, est très-nette ; elle fournit deux bras opposés. On me fit observer que le cultivateur apportait un grand soin à pincer ses plants ; il ne laisse aucune branche latérale, jusqu'à ce que les fruits se montrent ; il retranche toutes les fleurs mâles afin de concentrer la sève sur les deux branches qui porteront des fruits. Ces fruits sont très-gros, à côtes rugueuses et appropriés à ces localités.

Au milieu de la plantation s'élève un petit chalet en paille, pouvant abriter un homme s'il survient une averse. Chaque cultivateur, m'a-t-on dit, a, dans un coin de son champ de Melons, une bâche où il sème ses graines pour les avancer et les transplanter ensuite. Un expédient assez ingénieux est en usage dans ces cultures pour les préserver des vents froids : on sème de distance en distance et de l'est à l'ouest des bandes de seigle ; lorsque cette céréale est montée à épi, c'est le moment de mettre en place les jeunes plants de Melon, qui sont placés dans les intervalles que laissent entre elles les lignes de seigle.

La consommation de Melons est énorme, mais elle est justifiée par la bonté de cet agréable fruit. Les personnes habitant des localités à proximité des marchés, peuvent facilement s'en procurer ; il n'en est pas de même pour l'habitant des campagnes qui, pourtant, aime beaucoup le Melon. Il me semble qu'il ne serait point déplacé d'encourager cette culture pour l'usage de la ferme. On se fait illusion et l'on croit généralement qu'il est impossible au cultivateur de faire venir à point cette cucurbitacée. Je serais, moi-même, le premier pour lui dire : Laissez cela pour les hommes experts en la matière ; votre temps et vos soins sont réclamés ailleurs. Néanmoins, je crois qu'on peut obtenir des Melons sans pertes de temps excessives. Voici la manière dont j'ai opéré, réduite à sa plus grande simplicité :

Chaque hiver, dans une exploitation agricole, on opère quelque défoncement ; voilà la place du Melon ; il réussit très-bien dans un *miné* de vigne ou dans une terre à blé quelconque, pourvu qu'elle soit saine ; il veut être à grand plein champ, dans un lieu aéré, et ne se convient point dans un endroit trop abrité, encore moins ombragé. On fait, à un mètre de distance, des capots semblables à ceux des concombres et des courges, avec cette seule différence que, lorsqu'ils sont terminés, ils ne doivent pas présenter une surface au-dessous de celle du sol, ce qui pourrait retenir l'eau toujours nuisible au Melon ; mais ils doivent au contraire former une proéminence ou butte. Lorsque le temps est au beau fixe et chaud dans la première quinzaine de mai, on plante sur un capot ou une butte 3 graines, si l'on en a peu, et 10 à 12, si elles ne manquent pas. Quoiqu'il ne faille qu'une ou deux plantes par capot, il faut faire la part des accidents, des limaces et des insectes, qui sont friands de ces jeunes plants ; plus tard on peut toujours retrancher l'excédant et ne laisser que 2 pieds. A cette époque de l'année, le Melon lève sans difficulté, et il peut se passer de soins jusqu'à ce qu'il aie 4 feuilles, non-compris les cotylédons. Alors seulement on commence d'éclaircir en ne laissant que 3 pieds ; on pince avec les doigts ceux qui restent, en ne leur laissant que 2 feuilles ; cette opération renforce la plante. 10 ou 15 jours après, on visite ses melons ; on retranche le plus faible des 3 pieds, ce qui les réduit à deux qui suffisent. La première taille a fait sortir 2 branches latérales qui ont 4 ou 5 feuilles, on les taille comme la première fois, en ne leur laissant que 2 feuilles à chacune. Sur 60 à 80 pieds de Melons ces deux tailles sont bientôt faites. Maintenant, si le cultivateur est tellement pressé qu'il n'ait plus le temps de s'occuper de ses Melons, il n'a qu'à laisser aller : les soins que j'ai indiqués suffiront pour lui donner une récolte de fruits qui, sans être gros, seront du moins très-bons et alimenteront sa maison du 15 août au 15 octobre. Cependant trois choses encore sont fort utiles au Melon, sinon indispensables, ce sont les sarclages ; le Melon aime la propreté, les binages, si utiles à toute culture sarclée, et enfin le pinçage à une ou deux feuilles après que le fruit est formé et pour le faire tenir.

Dans les contrées réputées impropres à la production du Melon, telles que celles où ne croît plus la vigne ou même aux dernières limites de celle-ci, le cultivateur fera très-bien de faire choix de variétés à petits fruits ; ils sont toujours meilleurs et plus nombreux ; il y a donc compensation. Ordinairement ils sont désignés sous le nom de Melons d'amateur ; ils ne paraissent que rarement sur les marchés, et si quelques horticulteurs en font une spécialité, ils les placent chez les traiteurs, les maîtres d'hôtels ou chez des marchands de comestibles. Toutes les fois que j'ai tenté la culture de ces très-gros melons qui paraissent à nos marchés, je n'ai point réussi ; avec les petits, j'ai obtenu des fruits délicieux.

Etranger à ce genre de culture, je débutai par les variétés suivantes : — 1° Le *Melon muscade des États-Unis*, petit, oblong, à peau unie, vert-foncé, et chair blanc-verdâtre, très-fondante et d'un goût délicieux ; — 2° le *Melon d'Esclavonie*, petit, rond ou comprimé aux deux bouts, à peau unie, lisse, bigarrée, jaunâtre et verdâtre, côtes à peine saillantes, et chair blanche, fondante et très-bonne ; — et 3° le *Melon de M. Naudin*, rond, à peau jaune, unie, et chair rouge. Ces trois Melons à petits fruits mûrirent très-bien, donnèrent un produit satisfaisant et des fruits exquis et fondants. J'échouai complètement avec les gros Melons d'Ampuy, qui se vendent sur nos marchés. Le *Melon de Honfleur* avait, chez moi, la chair trop consistante et donnait de trop gros fruits en trop petit nombre. Celui nommé *Gros noir de Portugal*, fut aussi de mauvaise qualité. Depuis lors je me suis exclusivement arrêté à mes trois premières variétés qui, s'étant hybridées, me fournissent un mélange de Melons à chair blanche et à chair rouge, les uns précoces, les autres tardifs : c'est tout ce que je désire. Les diverses personnes auxquelles j'ai eu l'occasion d'offrir de ces melons, ont été bien étonnées de leur trouver une saveur exquise, le terrain du pays étant réputé impropre à une semblable production.

Le Melon est l'objet d'une culture de luxe pour le riche ; il lui faut des primeurs, et pour les obtenir, aucun sacrifice ne lui coûte, ni les quantités considérables de fumier frais de cheval pour les couches, ni les panneaux, les cloches et surtout l'homme de l'art, largement rétribué : aussi chaque Melon *Prescott*, *Noir des Carmes* ou *Boule de Siam,* revient à des prix fabuleux, lorsqu'il est servi sur sa table.

Le Melon, comme tous nos meilleurs fruits, est d'origine asiatique.

2. CONCOMBRE COMMUN. — *Cucumis sativus*. — Linné. — Herbe annuelle, couchée, hérissée de soies piquantes. Le Concombre est très-répandu et se cultive dans presque tous les jardins de nos campagnes, pour être mangé cru en salade. Il est également mangé cuit, mais alors il appartient à la cuisine bourgeoise. Sa culture n'offre rien de particulier ; semer en capots en avril ou mai. J'ai semé plusieurs variétés très-grosses, telles que le *C. Gloire d'Harnhstadt*, le *C. Pikès défiance*, et le *C. de Chine* ; mais après quelques récoltes, ils sont revenus au type primitif ; cela causé par l'hybridation à laquelle est trop sujette cette famille. Le cultivateur fait rarement usage du Cornichon. Un soldat de l'armée d'Orient m'assurait que les Concombres abondent sur les marchés de Constantinople, et que les Turcs en font un usage immodéré.

3. CONCOMBRE FLEXUEUX OU SERPENT. — *Cucumis flexuosus*. — Linné, — ou *serpentinus*, — Seringe. — Plante assez semblable à celle du précédent. N'est guère cultivé que par les amateurs. Ce Concombre est le plus remarquable ; il atteint souvent une longueur de plus d'un mètre. Sa culture est la même que celle des autres, et il sert aux mêmes usages. Traité en Cornichon et enroulé autour d'un bouilli, son effet est saisissant.

On cultive, comme plantes d'agrément ou de curiosité, plusieurs variétés de Concombres. On remarque le *Cucumis dipsaceus*, Ehrembert, de l'Afrique ; le *C. figarei*, Raffl., d'Abyssinie ; le *C. meluliferus*, Meyer, autre plante africaine ; le *C. myriocarpus*, Naudin. Les essais que j'ai faits de leur culture me donnèrent, il y a trois ans, des plantes vigoureuses, quelques rares fleurs, de peu d'effet, mais aucun fruit ne noua ; on comprend qu'elles ne se trouvaient plus sous leur ciel, et on a l'explication de leur stérilité.

Le genre *Cucurbita* se compose de plantes cultivées dans tous nos champs et nos potagers.

1. COURGE POTIRON. — *Cucurbita maxima*. — Duch. — Plante annuelle, à tiges couchées, s'étendant à de très-grandes distances, très-rudes ; feuil. en cœur, presque entières ; fruit lisse, rarement réticulé ou brodé, atteignant des grosseurs considérables. Cultivé dans les champs. — Variétés : 1. Courge romaine, *Cucurbita potiro*, Seringe, écorce jaune ou blanchâtre à la maturité ; — 2. Courge verte, *C. viridis*, Seringe, écorce verte.

En grande culture, le Potiron m'a toujours paru n'être

pas assez rustique ; il réclame, d'ailleurs, un terrain de bonne qualité, bien cultivé et amandé ; il fructifie moins que nos variétés communes. Si l'on voit parfois, chez des amateurs, des Courges romaines d'une grosseur monstrueuse, c'est qu'elles ont été l'objet de soins assidus et d'arrosements copieux.

La Société la Fourmilière a répandu une très-bonne variété, qu'elle a nommée *Reine des Courges*, peau unie, blanc-jaunâtre, forme ronde, comprimée aux deux bouts, de bonne qualité. Le *Flacon d'or* est à peau jaune, de forme ovoïde, est aussi de bonne qualité et devient très-gros.

2. C. patisson. — *C. melo-pepo*. — Linné. — Vulgairement, *Bonnet d'Electeur*. — Tiges courtes, à peine d'un mètre ; vrilles presque nulles ; feuil. à lobes obtus ; fruit bordé à son sommet d'un gros bourrelet circulaire. Le Bonnet d'électeur est très-bon comme aliment, mais en général, il ne se cultive que comme fruit d'agrément ; il en existe un grand nombre de variétés différentes de formes et de couleurs.

3. C. giraumon. — *C. pepo*. — Linné. — Tige courte, hispide, sans vrilles ; fruit généralement oblong, à peau verte ou jaune. J'ai cultivé la *Courge stationnaire de Worsay*, dont le fruit, à peau unie et verte, avait plus d'un mètre de longeur. Mais les courges s'hybrident si facilement, qu'il est très-difficile, pour ne pas dire impossible, de les conserver pures ; il faudrait pour cela n'en cultiver qu'une seule variété. Mes essais en ce genre portent sur plusieurs variétés dont la nomenclature offrirait peu d'intérêt aux cultivateurs. Les variétés provenant des pays chauds, n'ont pas suffisamment mûri leurs graines pour être conservées.

4-5. C. en poire. — *C. pyriformis*. — Lobel. — Et la C. orange. — *C. aurantiaca*. — Willd. — Sont quelquefois cultivées comme plantes d'agrément ; la dernière, d'une belle couleur jaune, n'est que de la grosseur d'une pomme.

6. C. vivace. — *C. perennis*. — Asa Gray. — Herbe vivace, à tiges très-longues, propres à couvrir les tonnelles ou masquer un mur déplacé ; racine plus grosse qu'une forte betterave. Découverte d'abord par un capitaine, chef d'expédition aux Montagnes-Rocheuses, en Amérique, il y a 15 à 18 ans ; trouvée ensuite au Texas et dans la Californie.

Bryone dioïque. — *Bryonia dioïca*. — Jacq. — Herbe vivace, à racine charnue du poids de 2 à 4 k., à odeur nauséabonde ; tiges grimpantes de 2 à 4 mètres ; fl. en petit corymbe, blanc-sale, dioïques ; baies rouges. La Bryone est très-commune dans les haies qu'elle n'embellit guère. Inutile de dire qu'elle est rebutée des bestiaux.

La famille des *Passiflorées* se lie à celle des Cucurbitacées par des tiges grimpantes, munies de vrilles axillaires. Les espèces qui la composent, sont toutes exotiques ; leurs tiges gèlent et repoussent au printemps comme celles des plantes vivaces. Elles sont connues sous le pseudonyme de *Fleurs de la Passion*. Offrent peu d'intérêt au cultivateur.

## FAMILLE DES PARONYCHIÉES.

Les plantes de cette famille sont-elles utiles, sont-elles nuisibles en agriculture ?... Pour être utiles elles sont petites, naines, couchées et rampantes sur le sol, la moindre ondée les éclabousse, la poussière les saupoudre en temps sec, et je suis porté à croire que les troupeaux ne doivent pas les manger avec avidité ; ils leur préféreraient une graminée dressée. Nuisibles ; elles ne peuvent causer un grand préjudice par les petites dimensions où elles se renferment. Quelques espèces semblent être complètement dépourvues de pétales, ou si elles en ont, ils sont à peine visibles à l'œil nu ; fl. en petits paquets.

Corrigiole des rivages. — *Corrigiola littoralis*. — Linné. — Herbe annuelle, étalée sur le sol, formant une touffe aplatie de 1 ou 2 déc. de diamètre ; pétales blancs, en petits paquets terminaux ; feuil. glauques, linéaire-cunéiforme, de 5 à 10 mill. de longueur. Je n'ai trouvé la Corrigiole que dans ma vigne où elle abonde, ce qui me fait supposer qu'elle est un peu rare. Ce n'est que par un beau soleil qu'on distingue les pétales et les étamines. C'est une petite plante jolie et mignonne.

Herniaire velue. — *Herniaria hirsuta*. — Linné. — Herbe annuelle ou bisannuelle, couchée, très-rameuse, de couleur cendrée ; petites feuil. ciliées ; fl. sessiles en petits paquets axillaires. Très-commune dans les terrains légers et sablonneux ; très-peu nuisible.

## FAMILLE DES PORTULACÉES.

Pourpier comestible. — *Portulaca oleracea.* — Linné. — Herbe annuelle, glabre, charnue ; feuil. ovales ; fl. sessiles, terminales, jaunes, ne s'épanouissant qu'au soleil. On trouve le Pourpier dans les lieux fertiles, près des habitations et dans les jardins. Il est rarement cultivé comme plante potagère, par le cultivateur. On cultive plusieurs variétés pour leurs fleurs qui sont fort grandes, abondantes et très-belles ; mais leurs graines étant très-fines et leur culture réclamant des soins assidus, tels que terreautage, fréquents sarclages et arrosages, elles sortent du domaine du cultivateur. — *Portulaca Thelussoni*; beau rouge. — *P. Thornburni*, fl. jaunes.

Montie des ruisseaux. — *Montia rivularis.* — Gmel. — Herbe annuelle, de 1 à 3 déc.; feuil. glabres, un peu charnues ; fl. blanches, à peines visibles. La Montie, plutôt connue par *petit cresson*, croît et forme de fortes touffes dans les eaux vives des montagnes ou près des sources dans les prés. Elle est comestible.

## FAMILLE DES CRASSULACÉES.

Les plantes de cette famille sont considérées avec indifférence par le cultivateur ; il faut les classer parmi les plantes nuisibles en tant qu'elles ne sont pâturées par aucun des bestiaux de la ferme, et que, croissant abondamment dans certaines cultures, elles ne peuvent que leur être préjudiciables. Quant à celles qui croissent sur les vieux murs et sur les rochers, il est bien certain que si elles ne sont pas utiles, du moins sont-elles inoffensives. Pour mieux caractériser la famille, nous nommerons ces plantes, plantes *grasses*, qualification qui semble leur être dévolue par leurs feuilles épaisses et charnues.

Le genre *Sedum* ; calice à 5 segments ; corolle à 5 pétales, 10 étamines, 5 carpels polyspermes. Plantes très-communes.

1. Orpin reprise. — *Sedum telephium.* — Linné. — Vulgairement, *Herbe aux coupures*; *Herbe de la Vierge.* — Herbe vivace, à tige grosse, de 3 à 5 déc ; feuil. larges, ovales, inégalement dentées ; en juillet et septembre, fl. roses, en corymbes terminaux. Cet Orpin est assez commun

dans les fentes des rochers, les haies sèches et sur les vieux murs.

2. O. ACRE. — *S. acre.* — Linné. — Herbe vivace, couchée; tiges de 4 à 8 cent., à feuil. cylindriques ; fl. d'un beau jaune, en 3 branches, en juin-juillet. Cette variété tapisse les rochers et les lieux très-secs ; très-commune.

3. O. A FLEURS RÉFLÉCHIES. — *S. reflexum.* — Linné. — Herbe vivace, couchée et radicante ; tiges de 1 à 3 déc.; fl. d'un beau jaune d'or en cimes rapprochées en corymbe terminal. Cette plante des rochers se trouve aussi dans les terrains très-secs; elle est douée d'une telle vitalité, que des plantes que j'avais extirpées de mes cultures et que j'avais exposées sur des pierres sèches, ont fleuri quand même et ont résisté à toutes les ardeurs de l'été.

4. O. BLANC. — *S. album.* — Linné. — Herbe vivace, de 1 à 4 déc.; en juin-août, fl. blanches ou rosées, en corymbe paniculé. Rochers, endroits pierreux.

5. O. FAUX OIGNON. — *S. cepea.* — Linné. — Herbe annuelle, à feuil. opposées, planes ; tiges grêles, d'abord couchées, puis redressées, de 1 à 3 déc.; fl. blanches ou rosées, en panicule serrée et allongée. Ce Sedum est très-commun dans les lieux ombragés et humides, au bord des chemins et dans les haies.

6. O. DE SIÉBOLD. — *S. Sieboldii.* — Sw. — Herbe vivace, à tiges couchées, de 1-2 déc.; feuil. cunéiformes à la base, arrondies au sommet, sinuées, verticillées 3 à 3 ; fl. roses en cimes terminales. Du Japon. Cette jolie plante est d'une multiplication très-facile par éclat ; elle est tellement rustique que, quoique sa place de prédilection soit un terrain très-sec, sur un mur ou entre des pierres, quelques pieds, plantés dans un sol argileux, depuis trois ans, me donnent de nombreuses fleurs.

JOUBARBE DES TOITS. — *Semper vivum tectorum.* — Linné. — Vulgairement, *Artichaut.* — Herbe vivace, à tige de 2-3 déc.; feuil. très-charnues, oblongues, brusquement acuminées, les caulinaires glaucescentes, bordées de cils à pointe rougeâtre ; en juin-septembre, fl. d'un rose-pâle, en corymbe rameux.

La Joubarbe croît spontanément dans le département de la Loire, à Malleval et ses environs. Elle est fort répandue sur les vieux murs des jardins des cultivateurs comme plante curieuse par ses feuilles disposées en rosette.

OMBILIC A FLEURS PENDANTES. — *Umbilicus pendulinus*. — D. C. — Herbe vivace, à feuil. peltées, concaves, arrondies, crénelées, charnues, tige de 1 à 4 déc.; fl. blanchâtres, pendantes, en longue grappe. Rochers, vieux murs; assez commune. Qui n'a jeté les yeux sur ces feuilles en entonnoir qui sortent entre les pierres des vieux murs, où se plaît l'Ombilic? Si nous considérons cette plante comme inutile, on ne saurait du moins lui imputer aucun méfait.

## FAMILLE DES CACTÉES.

Cette famille se rapproche beaucoup de la précédente par ses tiges charnues, mais qui sont dépourvues de véritables feuilles. Ces plantes, ne se trouvant que par exception entre les mains des cultivateurs, n'offrent pas assez d'intérêt pour être décrites en détail ; je me contenterai donc de faire une énumération sommaire de quelques-unes.

Les *Mamillaria* (Haw.) sont des plantes curieuses par leur forme ronde, ovale ou cylindrique ; presque toutes originaires du Mexique, elles réclament la serre et ne veulent pas des arrosements trop répétés ; ce n'est que par exception que quelques-unes résistent à nos hivers en pleine terre. — Les *Melocactus* (D. C.) sont de forme presque globuleuse, sillonnée de haut en bas. De Saint-Domingue. — Les *Echinocactus* (Link et Otto.) diffèrent des précédents par leurs fleurs. — Les *Cereus* (D. C.) offrent diverses variétés à tiges allongées, arrondies ou anguleuses ; les fleurs très-belles, naissent au milieu d'un faisceau d'épines. — On voit plus fréquemment le *Cactus en fouet*, *Cactus flagelliformis* (Mill.); tige rampante, très-flexible, rameuse ; nombreuses fleurs d'un rouge-carmin ; c'est l'une des plus singulières par sa forme et par ses belles fleurs ; elle est assez rustique : il suffit de la rentrer à l'approche des gelées. Originaire de l'Amérique du Sud. — Les *Epiplyllum* (Pfeiff.) ont la tige et les rameaux aplatis, et de très-belles fleurs. — Les *Opuntia* (D. C.) sont plutôt connus sous le nom de *Figuiers de Barbarie;* un sujet a fructifié chez moi, par une année exceptionnellement chaude.

## FAMILLE DES GROSSULARIÉES.

Ce sont de petits arbrisseaux très-rameux et trop connus pour les décrire.

1. GROSEILLER ÉPINEUX. — *Ribes uva crispa.* — Lamk. — Arbrisseau de 1 à 3 m., à épines ternées ; feuil. à 3 lobes dentés ; fl. verdâtres ; fruit rond, verdâtre, à saveur sucrée, comestible. Il est assez commun dans les haies. On en cultive, dans les jardins, des variétés à très-gros fruit vert ou rougeâtre. Se multiplie par éclat et couchage.

2. G. DES ALPES. — *R. Alpinum.* — Linné. — Arbrisseau de 1 à 4 m., à rameaux dressés ; feuil. à 3 ou 5 lobes profonds ; bractées égales aux pédicelles ; en avril-mai, fl. jaune-verdâtre, en grappes dressées ; fruit rouge à saveur fade. Commun dans les haies et dans les bois.

3. G. A FRUITS ROUGES. — *R. rubrum.* — Linné. — Quel est le jardin du cultivateur où ne se trouvent pas un pied de rosier et un pied de groseiller à fruits rouges? On néglige un peu trop de le renouveler, et lorsqu'il vieillit, il donne bien moins de fruits ; pour opérer ce renouvellement, on se sert des rejets qui poussent en grand nombre du pied-mère. Depuis que la confiserie sait se servir des groseilles avec avantage, cette culture s'est développée dans certaines localités.

4. G. DES ROCHERS. — *R. petrœum.* — Wulf. — Arbrisseau de 1 à 4 m.; feuil. grandes, à 3 ou 5 lobes aigus ; en mai-juin, fl. d'un rouge-brunâtre, en grappes ; fruits rouges, âpres. Hautes montagnes ; à Pilat, au saut du Giers.

5. G. SANGUIN. — *R. sanguineum.* — Pursh. — Arbuste de 1 à 3 m.; fl. d'un beau rose, en grappes pendantes ; fruits d'un violet-noirâtre, insipide. De Californie. D'agrément.

6. G. A FLEURS JAUNES. — *R. aureum.* — Pursh. — Arbuste de 1 à 3 m., à fl. jaunes, très-odorantes, en grappes ; fruit noir. De Californie. D'agrément. Multiplication facile de ces deux variétés, par éclats, rejetons et boutures.

7. G. A FRUITS NOIRS. — *R. nigrum.* — Linné. — Vulgairement, *Cassis.* — Arbuste de 1-2 m., à odeur très-prononcée ; fl. rougeâtres, en grappes pendantes ; fruits noirs, à saveur aromatique qui ne plaît pas à toutes les personnes. Le Cassis est l'objet d'une culture étendue pour les besoins de la confiserie. Se multiplie facilement d'éclats, rejetons et par boutures.

## FAMILLE DES SAXIFRAGÉES.

SAXIFRAGE A RACINE GRANULÉE. — *Saxifraga granulata.* — Linné. — Herbe vivace, de 2 à 6 déc., droite, poilue, glanduleuse ; feuil. radicales, réniformes ; fl. d'un blanc pur, à cloche, ce qui la ferait prendre, à première vue, pour une campanulacée, en corymbe paniculé. Elle est très-commune dans nos prés secs des vallons, et si elle ne donne pas un très-bon fourrage, il ne faut pas pour cela la ranger parmi les plantes nuisibles, je l'ai toujours vu manger par les bestiaux. Les autres saxifrages se trouvent sur les hautes montagnes et partant n'offrent nul intérêt aux cultivateurs. On cultive dans les jardins d'agrément la Saxifrage à feuilles épaisses, *Saxifraga crassifolia*, — Linné, — en mai, fl. d'un beau rose, en grappes. Multiplication d'éclats.

## FAMILLE DES OMBELLIFÈRES.

Le cultivateur rencontre fréquemment les plantes de cette famille dans ses prés ou dans ses champs. Elles sont toutes herbacées.

PANICAUT CHAMPÊTRE. — *Eryngium campestre*. — Linné. — Herbe vivace, de 3 à 6 déc., à racines blanches, très-grosses, presque charnues ; feuil. piquantes, à nervures saillantes ; folioles de l'involucre fortement épineuses ; en juillet-septembre, fl. blanchâtres en capitules arrondis. Le Panicaut doit être rigoureusement expulsé, non-seulement des terres cultivées et des prés, mais encore des pâturages, à cause de ses épines très-piquantes. Il se plaît surtout sur les coteaux arides.

SANICLE D'EUROPE. — *Sanicula Europea*. — Linné. — Herbe vivace, à tige de 2 à 5 déc., presque sans feuilles ; celles-ci sont toutes radicales, palmées, à 3 ou 5 lobes trifides ; fl. blanches ou rosées. Elle est assez commune dans les bois, les prés humides, près des ruisseaux, aux bords des ravins, mais toujours à l'ombre. Quoique les bestiaux la mangent, ils ne la recherchent pas.

CAROTTE SAUVAGE. — *Daucus carota*. — Linné. — Herbe annuelle, de 3 à 6 déc., à racine pivotante ; tige dressée, hispide ; feuil. 2 ou 3 fois pennées ; ombelles longuement pédonculées ; involucelles, les unes simples, les autres trifides ; fl. blanches, la centrale pourpre foncé et stérile. La carotte est très-nuisible à nos cultures qu'elle infeste ; je l'ai vue abondante dans des prairies naturelles, où elle fournit un fourrage grossier de peu de valeur.

**La culture de la carotte est vivement recommandée, soit**

pour l'alimentation du personnel de la ferme, soit pour l'entretien du bétail. Pour ce dernier emploi, la carotte blanche dite à collet vert, sortant hors de terre, est la plus usitée.

En jardinage, il existe un grand nombre de variétés que la cuisine emploie presque journellement.

SCANDIX PEIGNE. — *Scandix pecten*. — Linné. — Herbe annuelle à tige très-rameuse, de 1 à 3 déc.; feuil. 2 ou 3 fois pennées, à folioles multifides ; petites fl. blanches ; graines en bec long de 4-5 cent. Cette mauvaise plante, que je n'ai vue manger par aucun animal, infeste les blés : une seule plante donne jusqu'à 150 graines.

ANTHRISQUE COMMUN. — *Anthriscum vulgaris*. — Pers. — Vulgairement, *Chien*. — Herbe annuelle, de 2 à 4 déc.; feuil. 3 fois pennées, exhalant une odeur désagréable ; fl. blanches ; fruit ovale de la grosseur d'un haricot, hérissé de petits aiguillons crochus. Plante nuisible qui se trouve trop souvent dans nos cultures. Si ses graines entrent dans la chaussure, elles font souffrir. N'est pas mangée des bestiaux.

CERFEUIL HÉRISSÉ. — *Chœrophillum hirsutum*. — Linné. — Herbe annuelle de 4 à 10 déc., fistuleuse et rameuse ; fl. blanches. Se trouve dans les prairies humides des hautes montagnes. Elle est trop connue pour en parler, elle est dans presque tous les jardins où elle se ressème d'elle-même.

CONOPODE A TIGE NUE. — *Conopodium denudatum*. — Koch. — Vulgairement, *Cache-Michon*. — Herbe vivace, de 2 à 4 déc.; tige dressée, striée, flexueuse ; feuilles bipennées ; en juin-août, fl. blanches. Le conopode émet deux ou trois feuilles au printemps et bientôt apparaît sa tige nue ; sa racine est ronde, un peu bossuée, de la grosseur d'une petite noix, à écorce noire et chair blanche ; elle est charnue et d'un goût agréable mais trop fade.

ANGÉLIQUE ARCHANGÉLIQUE. — *Angelica archangelica*. — Linné. — Herbe bisannuelle ou vivace, haute d'un m.; feuil. deux fois pennées. Plante des jardins, rarement élevée par les cultivateurs.

PANAIS CULTIVÉ. — *Pastinaca sativa*. — Linné. — Herbe bisannuelle, de 4 à 10 déc., rude, anguleuse, sillonnée ; feuil. pennées ; fl. jaunes. Le panais vient dans les prairies fertiles où il fournit, par ses tiges fistuleuses et grossières, un fourrage de mauvaise qualité, d'autant plus que ses tiges, étant précoces, ont acquis trop de dureté au moment de la fenaison.

On cultive le panais dans les jardins pour sa racine charnue assez bonne. Sa culture en grand réclame un terrain substantiel et profond, aussi n'est-il pas cultivé dans nos sols légers et sujets à la sécheresse.

Ciguë tachée. — *Cicuta major.* — D. C. — Herbe bisannuelle, de 4 à 12 déc.; tige droite, très-rameuse, marquée de taches rouges ; feuil. 2 ou 3 fois pennées, à odeur fétide ; fl. blanches. La funeste renommée attachée à cette plante la fait assez connaître. Comme les autres plantes vénéneuses, elle se plaît dans les prés fertiles ; on doit avoir grand soin de ne point la laisser arriver à graines.

Persil cultivé. — *Petroselinum sativum.* — Hoffm. — Herbe bisannuelle, de 2 à 8 déc., à tige droite, striée, rameuse ; feuil. odorantes ; fl. d'un vert-jaunâtre. Le persil est assez commun dans les haies, les bois, les rocailles. Il est cultivé dans les jardins potagers, pour l'usage de la cuisine.

Fenouil officinal. — *Fœniculum officinale.* — All. — Herbe bisannuelle ou vivace, de 1-2 déc., à odeur aromatique ; tige droite rameuse, striée ; feuil. découpées en segments filiformes ; fl. jaunes. Assez commun sur les bords du Rhône et dans les vignes.

Lévistique officinale. — *Levisticum officinale.* — Koch. — Vulgairement, *Orviétan.* — Herbe vivace, de 1-2 m., à grosse tige fistuleuse et striée ; feuil. glabres, 2 ou 3 fois pennées, à odeur désagréable ; fl. jaunâtres. Ne se trouve guère que dans les jardins pharmaceutiques, rarement chez le cultivateur.

Berle chervis. — *Sium sisarum.* — Linné. — Herbe vivace des terrains secs, à racine charnue ; fl. blanches. De la Chine. Cultivée dans les jardins, mais non par le cultivateur. Semer au printemps, en terre douce.

Buplèvre frutescent. — *Buplefrum fruticosum.* — Linné. — Vulgairement, *Oreille de lièvre.* — Arbrisseau à tiges ligneuses ; feuil. coriaces, persistantes ; fl. jaunes ; propre aux grands jardins ; peu de mérite pour le cultivateur. Il s'est reproduit spontanément chez moi.

Ache a forte odeur. — *Apium graveolens.* — Hoffm. — Vulgairement, *Céleri.* — Herbe bisannuelle, à racine pivotante, rameuse ; plante fortement aromatique ; tige de 2 à 6 déc., dressée, très-rameuse, fistuleuse, sillonnée ; feuil. très-glabres, un peu charnues ; fl. petites, d'un blanc-verdâtre.

A cause du goût aromatique de cette plante, elle est recherchée des uns et dédaignée des autres. Se cultive dans les jardins des cultivateurs qui demandent les plants à l'horticulture.

## FAMILLE DES CAPRIFOLIACÉES.

Végétaux presque tous ligneux, indigènes ou exotiques, à fleurs odorantes et baies rouges, noires ou blanches. Le cultivateur les rencontre souvent dans les haies, et les bois, et sur les montagnes.

Le genre *Sambucus* est composé d'arbustes à feuil. pennées, répandant une odeur nauséabonde.

1. Sureau yèble. — *Sambucus ebulus*. — Linné. — Herbe vivace, à tiges dressées, cannelées ; fl. blanches ; fruits noirs. L'yèble est une mauvaise plante très-incommode où elle abonde ; elle est très-envahissante ; ses racines, blanches et charnues, sont traçantes et vont à une grande profondeur, ce qui en rend l'extraction très-difficile. Le plus petit fragment de ses racines suffit pour la reproduire. Les bestiaux la rebutent.

2. S. a fruits noirs. — *S. nigra*. — Linné. — Arbuste de 4-5 m., à rameaux pleins de moelle blanche ; feuil. pennées ; fl. blanches, en cimes, à odeur pénétrante ; fruits noirs. Un pied de sureau est agréable près d'une habitation, tant par ses fleurs que par ses fruits ; mais il ne faut pas le multiplier parce que ses racines blanches s'étendent à plus de 3 mètres et nuisent aux récoltes voisines. Le sureau à feuilles de persil, — *S. laciniata*, — Mill., — est cultivé dans les parcs.

3. S. a grappes. — *S. racemosa*. — Linné. — Arbuste de même grosseur que le précédent ; la moelle en est jaunâtre ; fl. blanches en panicule ovale ; fruits rouges. C'est sur les hautes montagnes, ombragées par des sapins, que le sureau à grappes montre à l'automne ses nombreuses baies, d'un rouge de corail : on l'a admis dans les plantations d'agrément.

Le genre *Viburnum* est composé d'arbustes assez communs.

1. Viorne aubier. — *Viburnum opulus*. — Linné. — Arbuste de 2 à 4 m., à écorce grisâtre ; feuil. à 3 ou 5 lobes acuminés ; fl. blanches, en cimes terminales, celles de

la circonférence plus grandes; fruits rouges. La *Boule de neige sauvage* se trouve dans les lieux humides des bois; assez commune. La variété à fleurs doubles est cultivée dans les jardins.

2. V. mancienne. — *V. Lantana.* — Linné. — Arbuste de même grandeur et à même écorce que le précédent; feuil. ovales, dentées, farineuses et blanchâtres en dessous; fl. blanches en cimes terminales; baies vertes devenant rouges, puis noires à la maturité; elles sont mangées avec avidité par les oiseaux, qui en disséminent partout les graines. Commun dans les bois qu'il embellit.

3. V. laurier-tin. — *V. tinus.* — Linné. — Arbuste de 2-3 m., à feuil. persistantes et fl. nombreuses. D'Espagne. Terre franche, légère; en pleine terre, à la plus chaude exposition, ou mieux en orangerie.

Le genre *Lonicera* est aussi très-commun.

1. Chèvrefeuille d'Étrurie. — *Lonicera Etrusca.* — Santi. — Arbuste à tiges grimpantes; feuil. obovales, mucronées, les supérieures connées; fl. infundibuliformes, blanches, puis jaunâtres, en capitules terminaux et pédonculés; baies rouges. Il arrive très-souvent qu'en marchant près d'une haie, la bonne odeur de ses fleurs fait découvrir cet arbuste. Sa floraison, très-prolongée, l'a fait admettre dans les jardins où il est taillé en boule, ou appliqué contre un mur, ou encore usité pour former des berceaux ou des tonnelles.

2. C. des bois. — *L. perichymenum.* — Linné. — Arbuste presque semblable au précédent, excepté que les feuil. du sommet ne sont point connées. Mêmes lieux et mêmes usages. Un grand nombre de variétés sont cultivées en horticulture.

3. C. a bois blanc. — *L. Xylosteon.* — Linné. — Vulgairement, *Chaméccrisier.* — Arbuste à tiges se soutenant d'elles-mêmes, de 1 à 3 m.; feuil. ovales, pubescentes; fl. axillaires, jaunâtres, à pédoncule biflore; baies rouges. C'est surtout sur les montagnes que se trouve le Xylostéon.

3. C. a fruits noirs. — *L. nigra.* — Linné. — Arbuste non-grimpant, de 1-2 m.; feuil. oblongues, très-glabres; fl. blanches en dedans, rosées en dehors; baies noires. Hautes montagnes.

Weigelie a fleurs roses. — *Weigelia rosea.* — Lindl. — Arbuste de 1-2 m., à feuil. elliptiques, dentées; en avril-mai, fl. roses à l'extrémité des rameaux. De Chine. Il se charge d'une telle quantité de fleurs, que ses rameaux fléchissent sous leur poids. Très-ornemental et d'une multiplication facile par éclats.

Leycesterie élégante. — *Leycesteria formosa.* — Wallr. — Arbrisseau de 1-2 m., à rameaux très-verts, dressés, fistuleux ; feuil. ovale-aigu ; en été, floraison très-prolongée ; fl. blanc-rosé, en grappes verticillées et munies de bractées colorées ; fruit noir. La Leycesterie, étant fistuleuse, craint la taille, car les étuis qui sont formés par cette opération se remplissent d'eau qui fait souffrir la plante. Multiplication de graines, en lieu ombragé, ou de bouture, mais rarement d'éclat. Cette jolie plante vient du Népaul.

## FAMILLE DES HÉDÉRACÉES.

Lierre grimpant. — *Hedera helix.* — Linné. — Arbrisseau à tiges rampantes et grimpantes, de 5 à 10 m., munies sur l'une des faces de crampons accrochants ; feuil. d'un vert-noir-sombre, persistantes ; fl. vert-jaunâtre, en ombelles terminales ; en septembre-octobre, fruits noirs à style persistant. Le lierre est très-propre à la décoration des rochers ; mais il arrive souvent que des cultivateurs négligents laissent envahir, par le lierre, leurs arbres fruitiers, surtout le prunier. Le lierre les charge jusqu'à ce que mort s'en suive et qu'un vent impétueux vienne renverser le bourreau et sa victime. Sa fleur est très-mellifère ; à l'automne on voit des multitudes d'abeilles qui viennent y butiner.

Cornouiller sanguin. — *Cornus sanguinea.* — Linné. — Arbuste de 1-3 m., à rameaux rougeâtres ; feuil. ovales, oblongues, acuminées ; fl. blanches en cimes, en mai-juin ; fruits noirs. Très-commun dans les haies et dans les bois. N'a rien qui le recommande au cultivateur. Je n'ai point observé le *Cornus mas*, — Linné. — L'Amérique du Nord a fourni un grand nombre de Cornouillers ; je n'en ai possédé qu'une seule espèce qui n'avait aucun mérite, pas même pour l'ornementation ; j'ai fini par le détruire.

## FAMILLE DES LORANTHÉES.

Le Gui a fruit blanc, — *Viscum album*, — Linné, — représente seul cette famille. C'est une plante ligneuse, glabre d'un vert-jaunâtre, très-rameuse, croissant par touffes arrondies ; feuil. opposées, oblongues, charnues ; en mars-mai, fl. d'un jaune-verdâtre, en paquets axillaires ; fruit blanc, transparent, laissant entrevoir la graine au milieu d'un suc gluant.

Le Gui est une plante parasite qui croît particulièrement sur les pommiers, qu'elle épuise sensiblement. On ne saurait trop blâmer le cultivateur qui laisse ronger ses arbres par ce parasite ; par sa négligence il aide à la propagation de ces plantes dangereuses, car, en ne les détruisant pas, il les laisse venir à graines, et les grives, qui s'en nourrissent pendant l'hiver, les disséminent partout avec leurs excréments ; de façon que ces graines, venant à tomber dans les rugosités de l'écorce des arbres fruitiers, s'y implantent et donnent autant de nouvelles plantes. Le poirier, l'amandier et l'aubépine sont très-sujets à être endommagés par le Gui ; je l'ai encore trouvé, mais plus rarement, sur le peuplier et sur le prunier épineux. Cette plante, l'une des plus nuisibles, doit être extirpée avec soin de toute propriété.

## FAMILLE DES RUBIACÉES.

Plantes herbacées ; très-communes partout.

Aspérule a esquinancie. — *Asperula cynanchica*. — Linné. — Herbe vivace, de 2 à 5 déc., grêle, étalée ; feuil. linéaires, verticillées 4 à 4 ; en juin-septembre, fl. petites, rosées, en corymbe. Très-commune dans les pâturages secs, mais délaissée par les bestiaux.

Le genre *Gallium* fournit de nombreuses plantes qui sont refusées par les animaux herbivores.

1. Gaillet croisette. — *Gallium cruciata*. — Scop. — Herbe vivace, à tige quadrangulaire, velue, couchée ; feuil. ovale-oblongue, verticillées 4 à 4 ; fl. jaunes, en petites grappes axillaires. Les haies, les prés et les bois.

2. G. caille-lait. — *G. verum*. — Linné. — Herbe vivace, de 2 à 4 déc., à tiges arrondies ; feuil. linéaires, verticillées par 6 ou 12 ; fl. d'un beau jaune, en panicule terminale. Dans les prés des coteaux, elle forme de grosses touffes, parfaitement fleuries au moment de la fauchaison.

3. Gaillet accrochant. — *Gallium aparine*. — Linné. — Herbe annuelle de 5 à 8 déc. ; tige faible et hérissée ; nœuds à 4 angles ; feuil. verticillées par 7 et 8, linéaires, lancéolées ; fl. blanc-verdâtre ; fruit hérissé de poils. Ce

Gaillet est très-commun dans les haies, où il est mieux qu'ailleurs, n'étant qu'une mauvaise plante. Il existe un grand nombre de Gaillets (plus de 30), annuels ou vivaces, venant dans les champs cultivés ou dans les lieux incultes, mais tous en général très-nuisibles.

**Garance des teinturiers.** — *Rubia tinctorum.* — Linné. — Herbe vivace, cultivée en grand dans le midi de la France pour la teinture ; j'ignore non-seulement la manière de la cultiver, mais la plante même m'est inconnue.

## FAMILLE DES VALÉRIANÉES.

**Centranthe a larges feuilles.** — *Centranthus latifolius.* — Dufr. — Herbe vivace, glauque et glabre, rameuse, de 3 à 5 déc.; feuil. ovales, lancéolées, entières ; fl. d'un rouge vif, en corymbe. Cette plante, très-propre au jardin du cultivateur, aime un terrain sec et léger ; se reproduit d'elle-même. Variété à fleurs blanches. On trouve encore la *C. angustifolius*, — D. C., — et la *C. calcitrapa*, — Dufr., — qui se reproduisent spontanément dans les champs ; mais elles sont rares.

**Valérianelle a fruit caréné.** — *Valerianella carinata.* — Lois. — Vulgairement, *Grasse-poule, Doucette.* — Herbe annuelle, de 1 à 4 déc., pubescente ; feuil. entières ; fl. en corymbe, d'un bleu cendré. Elle est très-commune dans les blés et autres récoltes auxquelles elle ne nuit guère. On la mange comme l'espèce cultivée qui n'est autre que celle que je viens de décrire, améliorée par la culture ; elle prend alors le nom de *Mâche d'Italie.* On distingue 5 ou 6 espèces de Valérianelle, que le cultivateur n'a pas d'intérêt à connaître.

1. **Valériane officinale.** — *Valeriana officinalis.* — Linné. — Herbe vivace, à tige de 5 à 9 déc., simple, cannelée, fistuleuse ; feuil. à nombreux segments ; fl. blanches ou rosées, en corymbe terminal. Assez rare ; on ne la trouve guère que dans les prés près des ruisseaux et lieux ombragés.

2. **V. phu.** — *V. phu.* — Linné. — Herbe vivace, de 6 à 12 déc.; feuil. entières à 5 ou 7 segments ; fl. blanches ou rosées, en corymbe terminal. Propre aux jardins pharmaceutiques ; se trouve quelquefois dans ceux des cultivateurs.

## FAMILLE DES DIPSACÉES.

Cardère sauvage. — *Dipsacus sylvestris*. — Mill. — Herbe bisannuelle, à tige droite, anguleuse, chargée d'aiguillons, haute de 8 à 14 déc.; feuil. aiguillonnées en dessous, sur la nervure médiane, les caulinaires largement connées, capables de retenir un demi-verre de l'eau de pluie ; fl. d'un rose-lilas, disposées en gros capitules ovoïdes. Le Cardère sauvage vient dans les lieux incultes et fertiles, aux bords des chemins, près des murs ; c'est une mauvaise plante refusée des bestiaux. Le Cardère des Foulons, — *D. fullonum*, — Mill., — est l'objet d'une grande culture dans le midi ; on se sert de ses têtes dans les manufactures de draps.

Le genre *Scabiosa* est commun dans les prairies, les champs cultivés et incultes, et ses plantes, sans être mauvaises, fournissent un fourrage trop grossier.

1. Scabieuse des champs. — *Scabiosa arvensis*. — Linné. — Herbe vivace, de 4 à 10 déc.; hérissée de poils ; fl. rose-lilas. Prés et champs.

2. S. succise. — *S. succisa*. — Linné. — Herbe vivace, à tige de 4 à 10 déc.; feuil. toutes très-entières, d'un beau vert ; fl. bleuâtres. Prés bas, près des ruisseaux.

3. S. a rameaux étalés. — *S. patens*. — Jord. — Herbe vivace, de 3 à 8 déc.; feuil. 2 ou 3 fois pennatiscquées à segments linéaires. Lieux secs et incultes.

4. S. pourpre noire. — *S. atropurpurea*. — Linné. — Herbe vivace cultivée dans les jardins à cause de sa fleur. Semée au printemps, elle fleurit parfois à l'automne suivant.

## FAMILLE DES COMPOSÉES.

La grande famille des Composées fournit au cultivateur quelques plantes d'un grand mérite, mais le plus grand nombre sont, les unes épineuses, très-nuisibles, les autres à feuilles radicales, étalées sur le sol, donnent un pâturage des plus médiocres ou un fourrage grossier, car la tige est presque toujours nue et sèche ; les graines, surmontées d'une aigrette, sont disséminées par le vent et laissent vide leur réceptacle dur et très-grossier. Ces nombreuses plantes sont presque toutes herbacées.

Les plantes du genre *Cirsium* sont à feuilles épineuses et très-nuisibles en agriculture.

1. CIRSE DES CHAMPS. — *Cirsium arvense.* — Scop. — Vulgairement, *Chardon.* — Herbe vivace, à racine traçante, drageonnante et charnue, blanche ; tige de 5 à 10 déc., cannelée et rameuse au sommet ; feuil. sessiles, un peu décurrentes, sinuées, ondulées et bordées d'épines ; involucre ovoïde, peu épineux ; fl. rose-pâle, blanches par exception, en capitules disposés en corymbe.

Quel est le cultivateur qui n'a pas eu à se plaindre du chardon ? On le trouve partout : dans les vignes, dans les champs, et l'on sait combien il est incommode au moment de la moisson, lorsqu'une terre à blé n'a pas été échardonnée. J'avais remarqué une pièce de terre qui se trouvait littéralement envahie par le chardon ; elle fut transformée en prairie et il disparut comme par enchantement.

2. C. ACAULE. — *C. acaule.* — All. — Herbe vivace, de 5 à 7 centimètres ; feuil. radicales en rosette ; involucre ovoïde, de la grosseur d'une noix ; fl. rouges, solitaires. Ce Cirse se trouve dans les pâturages des localités un peu froides.

3. C. LANCÉOLÉ. — *C. lanceolatum.* — Scop. — Herbe bisannuelle, à tige dressée, anguleuse, ailée ; feuil. décurrentes ; fl. purpurines en capitules solitaires au sommet de la tige. Dans les lieux fertiles, aux bords des chemins.

4. C. LAINEUX. — *C. eriophorum.* — Scop. — Herbe bisannuelle, à tige de 7 à 16 déc., robuste, anguleuse ; feuil. amplexicaules, pennatifides, à segments terminés par une épine ; involucre couvert d'une espèce de laine blanche ; fl. rouges en très-gros capitules solitaires, en juillet-août. Incultes et près des habitations.

5. C. DES MARAIS. — *C. palustris.* — Scop. — Herbe bisannuelle, à tige velue, cannelée, droite ; feuil. vert-foncé ; fl. rouges en capitules agglomérés. Commun dans les prairies humides et près des ruisseaux.

Il est inutile de dire que tous les cirses étant épineux, doivent être soigneusement expulsés de toutes les propriétés. Quant aux variétés bisannuelles, il suffit de ne point les laisser arriver à maturité pour qu'ils deviennent de plus en plus rares. Il en existe encore plusieurs espèces propres aux hautes montagnes ou aux marécages.

LEUZÉE CONIFÈRE. — *Leuza conifera.* — Linné. — Herbe

vivace, à tige de 1-3 déc.; feuil. rudes un peu laineuses ; fl. roses, peu nombreuses ; gros involucre. Cette plante, qui n'offre qu'un intérêt botanique, est très-rare dans nos départements ; particulière au midi de la France.

Le genre *Centaurea* est très-commun dans les prairies, les champs cultivés, les lieux vagues et ailleurs.

1. Centaurée jacée. — *Centaurea jacea*. — Linné. — Herbe vivace, à tige dressée de 3 à 8 déc.; feuil. sinuées, dentées ; fl. rouges, les extérieures rayonnantes ; capitules obovales, arrondis, à l'extrémité de chaque rameau. Très-commune dans les prés ; quoique ses tiges soient dures et grossières, son fourrage n'est point de mauvaise qualité.

2. C. bluet. — *C. cyanus*. — Linné. — Herbe annuelle ou bisannuelle ; tige rameuse et pluriflore, couverte de coton, haute de 3 à 6 déc.; fl. bleues ; fleurons de la circonférence plus grands et stériles. Le bluet n'est que trop commun dans nos moissons. Si la semaille du blé s'opère par un temps de sécheresse, le bluet sera toujours plus abondant ; aussi le cultivateur dit : Semer à la sécheresse, c'est semer de l'herbe. Cette plante est très-nuisible où elle abonde ; le blé est moins grainé, et l'on s'en aperçoit sensiblement en le moissonnant, à la pesanteur des épis. Son apparition dans nos vallons doit remonter à celle du blé, car il est très-probable que le bluet n'existait pas dans notre belle contrée à l'époque reculée où elle n'était qu'une vaste forêt. Il en est ainsi de beaucoup d'autres plantes.

3. C. scabieuse. — *C. scabiosa*. — Linné. — Herbe vivace, de 3 à 7 déc., ferme, plus ou moins rameuse ; feuil. rudes, profondément pennatiséquées ; fl. purpurines en capitules solitaires, au sommet de longs pédoncules. Très-mauvaise plante ; ses racines, s'enfonçant à 1 m. et plus dans le sol, sont grosses et charnues, cassantes, et par cela même d'une extraction difficile : autant de fragments laissés en terre reproduisent cette plante incommode, que les bestiaux refusent de manger.

4. C. a feuilles laciniées. — *C. tenuisecta*. — Jord. — Herbe bisannuelle, raide, anguleuse, un peu cotonneuse, à rameaux paniculés ; feuil. grisâtres, découpées en lanières linéaires ; involucre presque rond ; fl. rosés en juillet-septembre. Rare ; lieux chauds et sablonneux. Débris des carrières de houille, à Lorette (Loire), où cette plante abonde. Nul intérêt en agriculture.

5. C. SOLSTICE. — *C. solstitialis.* — Linné. — Herbe bisannuelle, de 3 à 6 déc., très-rameuse ; involucre à écailles terminées par une épine ; fl. jaunes en capitules solitaires. Lieux chauds et sableux ; peu commune. Trouvée sur les bords de la Loire. Très-mauvaise pour le cultivateur.

6. C. CHAUSSE-TRAPPE. — *C. calcitrapa.* — Linné. — Herbe bisannuelle, de 2 à 4 déc., très-rameuse ; involucre ovoïde, à écailles terminées par une très-forte épine ; fl. roses, terminales et axillaires. La chausse-trappe est très-commune dans les endroits incultes ; ses épines la rendent incommode.

7. C. NOIRE. — *C. nigra.* — Linné. — Herbe vivace, de 3 à 8 déc., dressée ; feuil. vertes, un peu rudes ; involucre d'un brun-noir, globuleux ; en juillet-septembre, fl. rouges en capitules solitaires à l'extrémité de la tige ou des rameaux. Bois et prairies des montagnes ; son fourrage est grossier.

Le genre *Cynara* nous donne deux plantes de jardin dont les cultivateurs ne s'occupent guère. Ce sont l'Artichaut ordinaire, — *Cynara scalymus,* — Linné, — et l'Artichaut cardon, — *Cynara cardunculus,* — Linné, — vulgairement, Cardon. — Je ne dirai rien de ces deux plantes, qui appartiennent à l'horticulture.

KENTROPHYLLE LAINEUX. — *Kentrophyllum lanatum.* — Duby. — Herbe annuelle, à tige très-ferme, laineuse au sommet ; feuil. inférieures pennatifides, coriaces et à nervures saillantes ; en juillet-août, fl. jaunes. Cette plante n'est mangée par aucun animal et semble placée sur les rochers, dans les lieux incultes et aux bords des chemins, pour réjouir la vue lorsque la terre est couverte de givre : elle reste seule debout et semble être pleine de vie, tandis qu'elle est réellement desséchée.

PETITE BARDANE. — *Lappa minor.* — D. C. — Herbe bisannuelle, de 6 à 10 déc., à très-grosse racine pivotante et charnue, feuil. pétiolées, blanchâtres en dessous ; fl. rouges en capitules disposés en grappe lâche ; écailles de l'involucre recourbées en hameçon, s'accrochant aux vêtements lorsqu'on s'en approche. Cette plante, au très-grand feuillage, se plaît autour des habitations rurales en lieux fertiles.

Le genre *Gnaphalium* comprend des plantes herbacées, blanchâtres, cotonneuses ou couvertes d'un tomentum blanc. Les fl. sont en petits capitules hémisphériques ou cylindriques. Elles se trouvent presque partout ; mais plus particulièrement dans les blés et les terrains légers des vallons.

Leur développement n'ayant lieu qu'après la moisson, et leur fleuraison à l'automne, elles ne sont guère nuisibles aux récoltes. Il est vrai qu'on ne peut les classer parmi les plantes utiles, en tant qu'elles sont dédaignées par les bestiaux ; elles sont donc inutiles pour le cultivateur.

Eupatoire à feuil. de chanvre. — *Eupatoria cannabinum.* — Tournefort. — Herbe vivace, rougeâtre, de 8 à 12 déc.; feuil. à 3 et 5 segments profonds, ayant quelque ressemblance avec celles du chanvre ; fl. purpurines, en grands corymbes terminaux, en juillet-septembre. Elle forme de grosses touffes, très-propres à l'ornement de nos ruisseaux et lieux humides où elle se plaît ; mais c'est là son seul mérite.

Tussilage pas d'ane. — *Tussilago farfara.* — Linné. — Herbe vivace, à feuil. radicales, pétiolées, en cœur anguleux, vertes en dessus, tomenteuses en dessous ; hampe de 1-2 déc., écailleuse ; fl. jaunes en capitule solitaire et terminal. Terrains ombragés et un peu humides. Nul intérêt pour l'agriculture.

Tanaisie commune. — *Tenacetum vulgare.* — Linné. — Herbe vivace, à forte odeur ; racines traçantes, très-envahissantes ; tiges de 8 à 12 déc.; feuil. pennées ; en juillet-août, fl. jaunes en corymbe terminal. Jardins pharmaceutiques ; des cultivateurs la possèdent sous le pseudonyme d'*herbe aux vers.*

Balsamite élevée. — *Balsamita major.* — D. C. — Herbe vivace à suave odeur ; tige de 6 à 10 déc.; feuil. ovales ; fl. jaunes, en corymbe terminal. On trouve souvent, dans les jardins des cultivateurs, cette plante, connue sous les noms de *Menthe-coq* ou *Mélisse mâle.*

Le genre *Arthemisia* offre des plantes qui ne sont utiles qu'à la pharmacie ; néanmoins elles sont assez répandues dans nos localités. Ce sont : l'Absinthe, — *Arthemisia absinthium,* — Linné ; — on en fait des bordures ; multiplication par éclats ; — l'Armoise commune, — *Arthemisia vulgaris,* — Linné, — assez commune dans les lieux fertiles ; — et l'Armoise aurone, — *Arthemisia abrotanum,* — Linné, — appelée *Citronnelle* ou *Arquebuse* ; — en touffes ou en bordure ; multiplication d'éclats des pieds.

Bident à feuilles tripartites. — *Bidens tripartita.* — Linné. — Herbe annuelle, très-rameuse, de 2 à 8 déc.; feuil. ordinairement tripartites, à segments lancéolés et dentés ; fl.

jaunes en capitules dressés ; graines surmontées d'arêtes persistantes, accrochant par de petits aiguillons recourbés. Fossés et lieux humides. J'ai eu l'occasion de remarquer que dans l'avoine qui se sème dans les étangs à leur assèchement, après leur 3e ou 4e année d'empoissonnement, le bident abonde tellement dans le fossé d'écoulement, près des chaussées et dans les parties basses, qu'il porte un grand préjudice à cette récolte, par sa lente dessication et ses capitules accrochants. D'ailleurs les bestiaux refusent de la manger : c'est donc une plante nuisible.

Le genre *Erigeron* donne des plantes herbacées et nuisibles.

1. VERGERETTE DU CANADA. — *Erigeron Canadensis*. — Linné. — Herbe annuelle, droite, rameuse et hérissée, haute de 4 à 10 déc.; feuil. oblongues ; petits capitules ; fl. blanc-jaunâtre formant une grande panicule pyramidale. Se plaît dans les terrains légers et sablonneux de nos vallons ; dans les vignes, elle atteint de grandes dimensions ; mauvaise plante.

2. V. ACRE. — *E. acris*. — Linné. — Herbe bisannuelle, de 1 à 4 déc., très-rameuse et hérissée ; fleurons jaunâtres ; capitules en corymbe. Incultes, lieux secs, bords des chemins. Refusée par les bestiaux.

Le genre *Solidago* fournit des plantes qui font l'ornement des bois des hautes montagnes ; mais là s'arrête l'intérêt qu'il peut offrir aux cultivateurs.

1. SOLIDAGE VERGE D'OR. — *Solidago virga aurea*. — Linné. — Herbe vivace, dressée, pubescente, de 2 à 10 déc.; capitules à courts pédicelles ; en août-octobre, fl. jaunes en panicule allongée. Commune dans les bois ; n'est pas pâturée.

2. S. DE MONTAGNE. — *S. monticola*. — Jord. — Herbe vivace, moins élevée que la précédente ; fl. jaunes en courte panicule. Bois des montagnes.

3. S. DU CANADA. — *S. Canadensis*. — Linné. — Herbe vivace, de 1 m. à 1 m. 50, dressée, velue ; fl. d'un beau jaune, en grappes rameuses, unilatérales, arquées. Jardin. Multiplication d'éclats.

Le genre *Aster*, très-important en floriculture, n'offre point de mérite pour le cultivateur ; au reste, la plupart de ses plantes ne se trouvent que dans les jardins. L'*Aster Alpinus*, — Linné, — vient dans les rocailles des hautes montagnes que ne visite point le cultivateur. L'Œil de Christ, —

*Aster amellus*, — Linné ; — des jardins, ainsi qu'un grand nombre d'autres espèces. Multiplication d'éclats des pieds. Tout le monde connait la Reine-Marguerite, — *Aster sinensis*, — Linné. — Herbe annuelle, de 1 à 6 déc., hispide, à rameaux uniflores ; fl. de couleurs très-variées. Joue un rôle important dans la flore des jardins.

Les plantes du genre *Senecio* sont herbacées et très-incommodes dans les cultures. Rejetées des bestiaux.

1. Seneçon commun. — *Senecio vulgaris*. — Linné. — Herbe annuelle, rameuse, glabre, de 1 à 3 déc.; feuil. sinuées, dentées, pennatifides ; involucre cylindrique ; fleurs jaunes en petits corymbes. Il vient dans la plupart des champs cultivés, mais surtout dans les terrains fertiles et les jardins. On le voit souvent fleurir pendant tout l'hiver. Très-mauvaise plante, que le bétail rejette obstinément.

2. S. visqueux. — *S. viscosus*. — Linné. — Herbe bisannuelle, plus grande, du double, que la précédente, visqueuse ; fl. jaunes, en corymbe terminal peu fourni. Moins commun que le précédent, ce seneçon croît aux bords des bois et des ruisseaux ; également refusé par le bétail.

3. S. jacobée. — *S. jacobea*. — Linné. — Herbe vivace, de 4 à 8 déc., droite, cannelée ; feuil. radicales, formant une rosace étalée ; fl. jaunes en corymbe serré. Il se trouve dans les prés, près des ruisseaux et des ravins ; fournit un fourrage grossier, et comme pâturage, j'ai toujours vu sa tige laissée par les bestiaux.

Il existe un grand nombre d'espèces de seneçons, les unes propres aux localités chaudes et fertiles, les autres aux hautes montagnes. En outre, la floriculture possède des variétés exotiques d'un grand mérite.

Arnique de montagne. — *Arnica montana*. — Linné. — Herbe vivace, de 2 à 6 déc.; feuil. entières, pubescentes en dessus, glabres en dessous, les radicales en rosette ; fl. d'un beau jaune. Cette plante aromatique croît sur les hautes montagnes. Je l'ai observée dans les prés élevés et très-froids.

Le genre *Inula* offre des plantes herbacées d'un intérêt secondaire pour le cultivateur.

1. Inule conyze. — *Inula conyza*. — D. C. — Herbe bisannuelle des lieux arides et pierreux, à odeur fétide ; tige de 5 à 10 déc, un peu visqueuse et rameuse au sommet ; feuil. ovales, dentées et pubescentes ; fl. nombreuses, jaune-

pâle, en corymbes terminaux, en juillet-octobre. Refusée des bestiaux.

2. I. SAULIÈRE. — *I. salicina.* — Linné. — Herbe vivace, drageonnante, envahissant de plus ou moins grands espaces; tige de 2 à 6 déc., droite, glabre, un peu rameuse au sommet; feuil. brillantes, coriaces, glabres, entières, finement dentées et amplexicaules; en août-septembre, fl. jaunes. Se trouve dans les prés où elle donne un fourrage qui, sans être mauvais, est un peu grossier.

3. I. DYSSENTÉRIQUE. — *I. dyssenterica.* — Linné — Herbe vivace, à racines drageonnantes et envahissantes; tige de 4 à 6 déc., cotonneuse; feuil. molles, ondulées, à oreilles amplexicaules; fl. jaunes en capitules formant corymbe. Fossés, bords des ruisseaux et lieux humides; jamais mangée par le bétail.

PAQUERETTE VIVACE. — *Bellis perennis.* — Linné. — Herbe vivace; feuil. toutes radicales; hampe de 1-2 déc.; fleurons jaunes, demi-fleurons blancs. On la trouve à peu près partout. Elle produit des fleurs presque toute l'année. Agréable à la vue, mais peu méritante pour le cultivateur.

CHRYSANTHÈME à fl. blanches. — *Chrysanthemum leucanthemum.* — Linné. — Vulgairement, *Grande Marguerite.* — Herbe vivace; feuil. charnues, oblongues, cunéiformes; tiges de 1 à 8 déc.; fl. grandes à disque jaune et rayons blancs. Elle est si commune, qu'elle finit par envahir des prairies. Un de mes voisins avait voulu convertir en pré un terrain léger et un peu sec, ombragé au sud par une haie de chêne; ce jeune pré fut tellement peuplé de chrysanthèmes, qu'il en paraissait tout blanc au moment de la fleuraison. Le fourrage en était si grossier, que ce pré fut rendu à la culture.

MATRICAIRE CAMOMILLE. — *Matricaria chamomilla.* — Linné. — Herbe annuelle, très-rameuse, dressée ou ascendante, de 2 à 6 déc.; feuil. 2 ou 3 fois pennatisequées, à segments linéaires; réceptacle longuement conique, creux; fl. nombreuses, à forte odeur. Très-commune dans nos champs en vallons légers et sablonneux.

Les plantes du genre *Anthemis* ont des rapports avec celles du précédent.

1. CAMOMILLE PUANTE. — *Anthemis coluta.* — Linné. — Vulgairement, *Amarelle.* — Herbe annuelle à odeur fétide, glabre; tiges de 2 à 5 déc., droites et rameuses; feuil. 2

fois pennatisequées; fl. jaunes à rayons blancs. Commune près des habitations, des jardins et dans les lieux fertiles.

2. C. romaine. — *A. nobilis.* — Linné. — Herbe vivace, aromatique; tiges couchées, rameuses et multiflores; fl. à disque jaune et rayons blancs. Très-rare à l'état spontané; mais commune dans les jardins pharmaceutiques. Elle est souvent employée en médecine.

Le genre *Achillæa* fournit des plantes presque toutes nuisibles.

1. Achillée sternutatoire. — *Achillæa ptarmica.* — Linné. — Herbe vivace, de 3 à 6 déc.; simple en bas, rameuse au sommet; feuil. glabres, rudes, oblongues, dentées; fl. blanches en corymbe terminal. Prés humides; son fourrage est médiocre.

2. A. mille-feuil. — *A. millefolium.* — Linné. — Herbe vivace, à racines traçantes et drageonnantes; feuil. 2 fois pennatisequées; fl. blanches en corymbe terminal. C'est l'une des plus mauvaises plantes des terrains secs; elle infeste les cultures.

Souci des champs. — *Calendula arvensis.* — Linné. — Herbe annuelle à odeur un peu nauséabonde, rameuse, souvent couchée, de 1 à 3 déc.; d'avril à octobre, fl. d'un jaune-clair. Vignes et champs cultivés. On connaît le *Souci des jardins*, qui se reproduit de lui-même.

Laiteron des jardins potagers. — *Sonchus oleraceus.* — Linné. — Herbe annuelle, à racine pivotante; tige dressée, rameuse, glauque, de 2 à 8 déc.; feuil. variables, les caulinaires amplexicaules; fl. jaunes en corymbe. Très-commun dans les cultures sarclées, le laiteron est détesté par le cultivateur.

Le genre *Lactuca* offre des plantes herbacées, dont la plupart sont annuelles ou bisannuelles.

1. Laitue vireuse. — *Lactuca virosa.* — Linné. — Herbe bisannuelle, droite et rameuse au sommet, de 1 m. à 1 m. 50; feuil. radicales, étalées, sinuées, lobées, armées de petits aiguillons à la page inférieure sur la côte médiane; fl. jaunes, formant une grande panicule ouverte. Murs, vignes et lieux abruptes.

2. L. sauvage. — *L. sylvestris.* — Lamk. — Herbe bisannuelle, droite, rameuse, aiguillonnée; feuil. très-glauques, munies d'aiguillons; fl. d'un jaune-pâle, en panicule terminale. Il est inutile de parler des diverses variétés cul-

tivées dans les jardins, d'un usage fréquent chez le cultivateur.

Prenanthe à fleurs purpurines. — *Prenanthes purpurea.* — Linné. — Herbe vivace, à racines traçantes ; tige droite, cylindrique, rameuse au sommet, de 1 m. à 1 m. 30 ; feuil. glabres, glauques, oblongues, dentées ; fl. pendantes, rouge-violet, en panicule terminale, en juillet-août. Bois des montagnes.

Pissenlit officinal. — *Taraxacum officinale.* — Wigg. — Vulgairement, *Dent de lion.* — Herbe vivace ; feuil. roncinées, pennatifides ; fl. d'un beau jaune, en avril-mai. Chacun connaît l'usage fréquent de cette plante dans nos fermes, où elle est consommée en salade.

Le genre *Hieracium* se compose d'un très-grand nombre d'espèces qu'il est inutile de décrire dans un travail destiné à l'agriculture.

1. Epervière piloselle. — *Hieracium pilosella.* — Linné. — Herbe vivace, émettant des stolons feuillés du pied de sa souche ; feuil. oblongues, glauques, parsemées de poils en dessus, blanches, tomenteuses en dessous ; hampe nue et uniflore ; fl. jaunes. Coteaux secs, bords des chemins et prairies sèches, où elle démontre que le sol a besoin d'engrais.

2. E. auricule. — *H. auricula.* — Linné. — Herbe vivace à stolons radicants ; feuil. glauques, spatulées, très-entières ; hampe de 1 à 3 déc., portant une ou deux feuilles ; fl. jaunes au nombre de 2 à 5, terminales. Prés secs, pâturages.

3. E. teinte. — *H. tinctum.* — Jord. — Herbe vivace ; tige grêle à poils épars, de 3 à 6 déc.; feuil. fortement tachées d'un brun-noirâtre, toutes pétiolées ; fl. jaunes en panicule. Cette plante se trouve dans les bois secs.

On compte plus de 60 espèces d'épervières dans le centre de la France.

Andryale à feuilles sinuées. — *Andryala integrifolia.* — Linné. — Herbe annuelle, couverte d'un duvet court et blanchâtre ; tige droite, rameuse, de 4 à 8 déc.; feuil. molles, sinuées et dentées ; fl. jaunes en corymbe. Commune dans les terrains exposés au midi, secs et légers. N'est jamais pâturée.

Le genre *Tragopogon* nous donne des plantes à racines charnues.

1. Salsifix à gros pédoncule. — *Tragopogon major.* — Jacq. — Herbe bisannuelle, de 4 à 7 déc., droite, glabre ; feuil. lancéolées, linéaires, acuminées ; pédoncules renflés à leur sommet ; fl. jaunes en capitules. Cultivé dans les jardins, mais rarement dans celui du cultivateur ; se trouve quelquefois spontané.

2. Salsifix des prés. — *T. pratensis.* — Linné. — Herbe bisannuelle, glabre, de 4 à 8 déc.; pédoncule peu ou point renflé ; fl. jaunes. Commun dans les prés.

3. Salsifix à feuilles de poireau. — *T. porrifolium.* — Linné. — Herbe bisannuelle, à racine charnue, douce et nourrissante ; tige dressée, de 5 à 10 déc.; fl. violacées. Je l'ai vue sub-spontanée dans mes cultures ; mais elle est plus cultivée dans les jardins, où l'on doit garantir les porte-graines des grands dégâts que lui causent les oiseaux.

Les plantes du genre *Scorzonera* sont herbacées et assez communes.

1. Scorzonère d'Espagne. — *Scorzonera hispanica.* — Linné. — Herbe bisannuelle à racine comestible, cultivée dans les jardins potagers ; tige droite, de 4 à 8 déc., rameuse, feuillée, pluriflore ; fl. jaunes. Cette plante et la précédente ne sont pas assez cultivées dans nos jardins de cultivateurs.

2. Scorzonère à feuilles de plantain. — *S. plantaginea.* — Schlech. — Herbe vivace, à tige uniflore, de 1 à 6 déc.; fl. jaunes. Assez commune dans les prairies en vallon des montagnes, où elle fournit un fourrage de médiocre qualité.

Porcelle enracinée. — *Hypochœris radicata.* — Linné. — Herbe vivace, à grosse racine ; tige nue de 4 à 8 déc.; feuil. en rosace, roncinées, pennatifides ; fl. jaunes. Cette plante est très-commune dans les prés, où la rosace de ses feuilles étalées embrasse trop d'espace, au détriment des graminées et des légumineuses qui lui sont bien préférables. Sa tige fistuleuse et grossière fait qu'on ne voudrait la voir, ni dans les prairies artificielles, ni dans les naturelles.

Le genre *Cichorium* est composé de plantes dont la plupart sont très-répandues.

1. Chicorée sauvage. — *Cichorium intibus.* — Linné. — Herbe vivace, à grosse racine pivotante ; tige de 3 à 10 déc., rude, flexueuse et rameuse ; feuil. pennatifides ; fl. bleues, en capitules axillaires. Très-commune dans les lieux incultes,

les pâturages, et même dans des terres à blé au sol peu profond ; sa longue tige est là très-incommode.

2. C. ENDIVE. — *C. endivia.* — Linné. — Vulgairement, *Chicorée.* — Cette plante est trop connue pour qu'il soit utile de la décrire. Cultivée dans tous les jardins.

LAMPSANE COMMUNE. — *Lampsana communis.* — Linné. — Herbe annuelle, pubescente ; tige feuillée et rameuse, haute de 3 à 8 déc.; feuil. inférieures lyrées ; petites fl. jaunes en panicule terminale. Très-commune dans les haies des terrains fertiles ; n'est guère mangée par le bétail.

SCOLYME D'ESPAGNE. — *Scolymus hispanicus.* — Linné. — Herbe vivace, à racine charnue et alimentaire ; tige droite, rameuse, de 5 à 10 déc.; feuil. sinuées, pennatifides, épineuses ; fl. jaunes en capitules sessiles. Cultivée dans les jardins ; sub-spontanée en quelques lieux.

Le genre *Helianthus* est formé de plantes exotiques, des champs et des jardins.

1. HÉLIANTHE TUBÉREUX. — *Helianthus tuberosus.* — Linné. — Vulgairement, *Topinambour.* — Herbe vivace, à racines charnues et tuberculeuses, rose-pâle, chair blanche, un peu mucilagineuse, à yeux fortement entaillés, blanchâtres et grandes cicatrices ; le poids moyen d'un tubercule est de 120 grammes ; tige droite, de 1 m. 50 à 2 m., velue, ponctuée, à ramifications opposées ; feuil. entières et dentées, opposées à la base, alternes au sommet, à 3 nervures, et longues de 25 à 30 cent. sur une largeur de 11 à 13 ; pétioles forts et canaliculés ; fl. jaunes, terminales, presque toujours stériles, ne s'épanouissant qu'à l'arrière-saison.

J'ai cultivé cette plante comparativement avec la pomme de terre ; son produit a été supérieur : 150 grammes de semences ayant fourni 5 plantes, ont produit 8 k. 500 gr., soit 56 p. 1 ; produit passablement rémunérateur. Cette plante aurait un grand mérite en agriculture, si la pomme de terre, venue comme elle d'Amérique, ne méritait pas de lui être préférée. Leur culture est la même, mais la parmentière est digne en tous points de la préférence qu'on lui accorde, quand même on ferait valoir l'avantage qu'a le topinambour de ne pas craindre les gelées. Néanmoins il est des exceptions où il est appelé à rendre des services réels.

2. H. ANNUEL. — *H. annuus.* — Linné. — Vulgairement, *Soleil.* — Herbe annuelle, à racines étalées et très-nombreuses ; grosse tige moelleuse, dressée, de 1 à 3 mètres ;

très-larges feuilles en cœur, dentées, rudes ; fl. jaunes, très-grandes, inclinées, terminales ; graines noires. Originaire du Pérou, le Soleil a été recommandé comme plante oléifère. Variétés : le *Soleil uniflore*, qui n'a qu'un seul capitule, mais d'une très-grande dimension ; le *Soleil nain*, qui ne s'élève qu'à 50 cent. Semer au printemps ; repiquer à distance convenable.

3. H. MULTIFLORE. — *H. multiflorus*. — Linné. — Vulgairement, *Soleil vivace*. — Herbe vivace, à racines fibreuses ; tiges velues, de 4 à 8 déc.; feuillage semblable à celui de ses congénères ; fl. jaunes. Propre à décorer les jardins. Multiplication d'éclats.

Les autres espèces d'*Helianthus* importées d'Amérique, offrent peu d'intérêt aux cultivateurs. C'est au parc de la Tête-d'Or, à Lyon, que j'en ai vu les spécimens ; ce sont : l'*H. mollis* (Lam.) ; l'*H. atro-rubens*; l'*H. faux-duronic*; et l'*H. giganteus*, plante de 2 mètres.

DAHLIA VARIABLE. — *Dahlia variabilis*. — D. C. — Vulgairement, *Dahlia*. — Herbe vivace, à racines charnues et tuberculeuses ; grosse tige très-rameuse ; feuil. pennées ou ternées, à folioles oblongues et dentées ; fl. de couleurs très-variées. Le Dahlia est très-propre à l'embellissement du jardin du cultivateur ou de quelque petit massif près de l'habitation. Sa culture est pour ainsi dire identique à celle des pommes de terre ; c'est-à-dire, que les tubercules doivent être rentrés en touffes avant les fortes gelées et replantés au printemps. Il a été introduit en Europe, il y a environ 67 ans, des plaines de Mexico, où le découvrit M. de Humboldt.

ZINNIA MULTIFLORE. — *Zinnia multiflora*. — Linné. — Herbe annuelle, droite, rameuse ; feuil. opposées, entières, à 3 nervures ; fl. à disque jaune et rayons rouges. Il existe plusieurs variétés, toutes d'une culture facile et à floraison très-prolongée. Semer au printemps. Plante d'ornement originaire du Mexique.

Le TAGÈTE à rameaux dressés, — *Tagetes erecta*, — Linné, — vulgairement, *Grand Œillet d'Inde*, — et le TAGÈTE à rameaux étalés, — *Tagetes patula*, — Linné, — sont deux plantes très-propres au jardin du cultivateur ; fl. jaunes, à forte odeur. Semer au printemps.

Le *Madia viscosa*, — Willd., — est une plante annuelle, à fl. jaunes, visqueuses ; les capitules s'attachent les uns aux autres, soit parce qu'ils sont visqueux, soit par leurs styles en hameçon. Les essais de sa culture, comme plante oléifère, n'ont pas donné de résultats satisfaisants. Du Chili.

## FAMILLE DES CAMPANULACÉES.

Plantes herbacées, à fl. en cloche et suc souvent laiteux ; communes partout.

Jasione de montagne. — *Jasione montana*. — Linné. — Herbe annuelle ou bisannuelle, formant une rosette sur le sol ; tige de 1 à 5 déc.; feuil. lancéolées, linéaires, ondulées, crispées, hérissées de poils blancs ; fl. réunies en capitule globuleux, d'un bleu-clair, en juin-septembre. Trèscommune dans nos terrains secs des coteaux. Je ne l'ai jamais vue pâturer.

Raiponce en épi. — *Phyteuma spicatum*. — Linné. — Herbe vivace, à racine charnue et pivotante ; tige simple, de 2 à 7 déc.; fl. blanc-jaunâtre en épi oblong, muni de bractées linéaires. Dans les prés des vallons humides des montagnes.

Le genre *Campanula* est représenté par les fleurs qui sont désignées vulgairement par le nom de *Cloches*.

1. Campanule à fleurs agglomérées. — *Campanula glomerata*. — Linné. — Herbe vivace ; tige de 2 à 5 déc., hérissée de poils blancs ; feuil. rudes et crénelées ; fl. bleues, sessiles, terminales, en paquets, à l'aisselle des feuilles supérieures. Commune dans les prés, où elle donne un fourrage grossier.

2. Campanule gantelée. — *C. trachelium*. — Linné. — Herbe vivace ; tige de 5 à 10 déc.; grandes fl. bleues, formant une longue grappe. Commune dans les haies et lieux abrités.

3. Campanule à feuilles de lin. — *C. linifolia*. — Lamk. — Herbe vivace, de 1 à 4 déc.; feuil. radicales en cœur, les caulinaires lancéolées, linéaires ; fl. bleues en grappes. Commune dans les pâturages ombragés ; peu de mérite en agriculture.

4. Campanule à grandes fleurs. — *C. grandiflora*. — Linné. — Bisannuelle ou vivace ; des jardins.

5. Campanule pyramidale. — *C. pyramidalis*. — Linné. — Bisannuelle ; jardins et lieux ombragés.

## FAMILLE DES VACCINIÉES.

1. AIRELLE MYRTILLE. — *Vaccinium myrtillus.* — Linné.
— Petit sous-arbrisseau couché ou penché, à tige anguleuse de 1 à 5 déc.; feuil. glabres, d'un vert-pâle, ovales, lancéolées ; fl. en grelot, blanches ou rosées, solitaires ; en juillet-août, baies d'un noir-bleuâtre, à saveur acidulée. Bois et incultes des montagnes, où de grands espaces sont couverts de cette plante. Son petit fruit, comme la violette, appartient à tous, et bien de pauvres gens en font la récolte. On en voit des quantités même considérables sur les marchés de nos villes industrielles.

2. A. DU MONT-IDA. — *V. Vitis-Idæa.* — Linné. — Très-petit arbrisseau, dressé ou penché, de 2 à 8 cent.; feuil. glabres, coriaces ; corolle campanulée ; fl. blanches ou rosées ; baies rouges. Ne se trouve que sur les hautes montagnes, dans les pâturages et bois secs.

## FAMILLE DES ÉRICACÉES.

BRUYÈRE COMMUNE. — *Erica vulgaris.* — Linné. — Sous-arbrisseau très-rameux qu'il est inutile de décrire. Les variétés étrangères se comptent par centaine, mais elles réclament des soins qui ne sont point à la portée du cultivateur ; elles ne sont, d'ailleurs, que de pure ornementation.

Les *Rhododendrons* sont des arbustes à feuil. persistantes, qui demandent la terre de bruyère. Cependant, j'en ai cultivés dans un sol léger ordinaire qui ont très-bien fleuri : ils aiment une exposition abritée et ombragée. Ce sont des plantes étrangères, à l'exception du *R. ferrugineum,* — Linné, — et du *R. hirsutum,* — Linné, — qui se trouvent sur les hautes montagnes.

L'*Andromède* est assez rare.

L'*Arbousier* est un sous-arbrisseau des hautes montagnes.

Les *Azalées* sont également de petits arbustes se couvrant d'un nombre prodigieux de très-belles fleurs. Mais je dois répéter que les nombreuses plantes de la famille des Ericacées offrent trop peu d'intérêt à l'agriculture, exigent des connaissances spéciales, et rentrent dans le domaine de l'horticulture.

## FAMILLE DES MONOTROPÉES.

Monotrope suce-pin. — *Monotropa hypopitris.* — Linné.
— Plante parasite, à racine écailleuse ; tige de 1-2 déc., à écailles remplaçant les feuilles ; ces écailles varient de couleur : blanc-jaunâtre dans leur jeunesse, deviennent blanches et enfin noires à la maturité ; fl. en grappe, blanc-jaunâtre. Cette plante vient sur les racines des pins, des sapins et d'autres arbres ; elle n'offre qu'un intérêt botanique.

## FAMILLE DES PRIMULACÉES.

Le genre *Primula* est formé de plantes bien communes dans nos prés, surtout aux bords des ruisseaux ; elles donnent peu de fourrage.

1. Primevère à grandes fleurs. — *Primula grandiflora.* — Lamk. — Herbe vivace, acaule ; feuil. radicales, oblongues, ridées ; hampe uniflore, hérissée de poils ; grandes fl. jaune-clair, de janvier à mai. Très-commune près des ruisseaux et des ravins. Plusieurs variétés de diverses nuances, simples ou doubles, sont cultivées dans les jardins.

2. P. variable. — *P. variabilis.* — Goup. — Feuilles oblongues, atténuées en pétiole ; hampe multiflore ; fl. jaunes, marquées de 5 taches orangées, en ombelles terminales, dressées. J'ai remarqué cette espèce mélangée avec la précédente et la *P. elatior*, mais en petit nombre, même rare. Peut être cultivée comme plante à fleur.

3. P. officinale. — *P. officinalis.* — Jacq. — Vulgairement, *Coucou*. — Herbe vivace, à feuil. radicales, ovales, ridées, tomenteuses, grisâtres ; fl. jaune-foncé en ombelle terminale et unilatérale. Très-commune dans les prés. On trouve encore sur les hautes montagnes la *P. elatior*, — Jacq.

4. P. auricule. — *P. auricula.* — Linné. — Herbe vivace ; feuil. radicales, épaisses et charnues ; fl. jaunes. Hautes montagnes. Cultivée sous toutes sortes de nuances, dans les jardins d'agrément.

Le genre *Lysimachia* se compose de plantes assez répandues.

1. Lysimaque commune. — *Lysimachia vulgaris.* — Linné. — Herbe vivace, à tige droite et rameuse, de 8 à 10 déc.;

feuil. ovales, oblongues, 3 à 3 ou plutôt verticillées ; fl. jaunes en petites grappes axillaires, formant une longue panicule feuillée. Commune dans les lieux aquatiques et les prés humides ; fourrage médiocre.

2. L. NUMULAIRE. — *L. numularia.* — Linné. -- Herbe vivace, couchée, rampante, anguleuse, de 1 à 6 déc.; feuil. opposées, rondes ; pédoncules uniflores ; fl. jaunes. Peu commune ; a peu de mérite et vient dans les lieux humides et ombragés.

3. L. DES BOIS. — *L. nemorum.* — Linné. — Herbe vivace, couchée, simple, grêle ; feuil. opposées ; fl. jaunes. Dans les bois et lieux ombragés des montagnes.

MOURON DES CHAMPS. — *Anagallis arvensis.* — Linné. — Herbe annuelle, quadrangulaire et couchée; feuil. opposées ; fl. blanches ; calice à 5 segments ; corolle divisée en 5 globes ; 5 étamines ; capsule s'ouvrant en forme de boîte à savonnette. Cette plante devient très-incommode dans les lieux fertiles et abrités, car en peu de temps, elle tapisse le sol. Le Mouron à fleurs rouges, — *Anagallis phœnicea,* — Lamk., — se trouve dans les champs secs et sableux ; il n'a pas la qualité envahissante de l'autre.

Les *Cyclamens* sont des primulacées très-propres à l'ornementation, et presque toutes exotiques ; excepté le *C. Europeum,* — Linné, — que je n'ai point trouvé à l'état spontané.

## FAMILLE DES APOCYNÉES.

1. PERVENCHE à grandes fleurs. -- *Vinca major.* — Linné. — Plante vivace, sous-ligneuse, à tiges couchées, de 2 à 5 déc.; feuil. persistantes, glabres, opposées ; fl. bleues. Lieux rocailleux et ombragés. D'un fréquent emploi pour l'ornementation.

2. PERVENCHE à petites fleurs. — *Vinca minor.* — Linné. — Feuil. oblongues ; fl. bleues. Commune dans les haies et dans les bois humides. Variété à fleurs doubles, d'un bel effet dans les jardins.

Le LAURIER-ROSE, — *Nerium oleander,* — Linné, — est une plante de serre cultivée assez fréquemment ; elle se charge de nombreuses fleurs simples ou doubles.

Les *Asclépiadées,* plantes de jardins, sont rarement cultivées chez le cultivateur.

## FAMILLE DES GENTIANÉES.

1. Gentiane pneumonanthe. — *Gentiana pneumonanthe.* — Linné. — Herbe vivace, à grosse racine ; feuil. oblongues, lancéolées, cônées à la base ; tige dressée ou penchée, de 1 à 5 déc.; en juillet-octobre, fl. à très-grande corolle campanulée, d'un beau bleu. Prés, pâturages et incultes des montagnes.

2. G. champêtre. — *G. campestris.* — Linné. — Herbe annuelle, de 5 à 20 cent.; fl. violet-vineux, formant par leur réunion une panicule dressée.

3. G. naine. — *G. acaulis.* — Linné. — Herbe vivace, sans tige ou à peu près ; feuil. radicales en rosette ; fleurs grandes, d'un beau bleu. Hautes montagnes.

Les espèces *G. lutea,* — Linné, — *G. punctata,* — Linné, — et *G. alpina,* — Will., — ainsi que plusieurs autres, sont particulières aux hautes montagnes, et n'offrent pas assez d'intérêt au cultivateur pour que leur description soit utile.

Erythrée centaurée. — *Erythrea centaurium.* — Pers. — Vulgairement, *Petite centaurée.* — Herbe bisannuelle, à tige quadrangulaire, simple à la base, ramifiée au sommet ; feuil. opposées et entières ; fl. roses en corymbe serré. Peu commune ; dans les bois et lieux incultes. Cette plante jouit d'une certaine célébrité parmi quelques cultivateurs.

## FAMILLE DES CONVOLVULACÉES.

Le genre *Convolvulus* se compose de plantes grimpantes qui s'enroulent à tout ce qui est près d'elles pour s'élever et se soutenir.

1. Liseron des haies. — *Convolvulus sœpium.* — Linné. — Herbe vivace, à tige anguleuse s'élevant de 1 à 3 m., en s'enroulant aux végétaux ligneux les plus rapprochés ; feuil. ovales, sagittées ; fl. blanches. Dans les haies, les bois humides et ombragés.

2. L. des champs. — *C. arvensis.* — Linné. — Herbe vivace à racine d'une difficile destruction, car elle s'enfonce dans la roche jusqu'à un mètre de profondeur ; feuil. sagittées ; fl. blanc-rosé. Au mois de juillet, par un temps sec, lorsque toutes les autres plantes semblent se faner, on voit

briller de tout son éclat la fleur du liseron dont la profonde racine brave la sécheresse. C'est une très-mauvaise plante pour nos cultures, quoique les bestiaux la mangent avec avidité.

Le *C. cantabrica*, — Linné, — vient sur les coteaux secs et pierreux.

Les Liserons cultivés comme plantes ornementales sont très-propres aux jardins des cultivateurs. Les voici :

Liseron pubescent, — *Convolvulus pubescens*, — Linné ; — L. changeant, — *C. mutabilis*, — Salisb.; — L. tricolore, — *C. tricolor*, — Linné, — vulgairement, *Belle-de-Jour*.

On peut ajouter pour l'ornementation les *Ipomées coccinea*, — Linné, — et *quamoclit*, — Linné.

Je ne parle pas du genre *Cuscuta* et de ses diverses espèces ; on ne connaît que trop les dommages que ces plantes causent aux récoltes. J'ai l'avantage de ne pas avoir la Cuscute dans ma propriété.

## FAMILLE DES SOLANÉES.

Cette importante famille tient un rang élevé tant en agriculture qu'en horticulture. Plantes généralement herbacées et exotiques.

Datura stramoine. — *Datura stramonia*. — Linné. — Herbe annuelle, à odeur fétide ; tige droite et rameuse, haute de 3 à 8 déc.; feuil. d'un vert-sombre, sinuées, dentées ; fl. blanches ; capsules de la grosseur d'une noix, hérissées d'épines, à 4 loges, s'ouvrant par 4 valves ; graines nombreuses. Décombres, lieux incultes. Très-mauvaise plante.

Jusquiame noire. — *Hyoscyamus niger*. — Linné. — Herbe annuelle ou bisannuelle, à grosse racine pivotante ; feuil. d'un vert-pâle, molles, sinuées et anguleuses ; tige de 2 à 8 déc., droite, rameuse ; fl. d'un jaune livide et veiné ; capsule à 2 loges, s'ouvrant par un couvercle. Autour des habitations, des murs et dans les jardins. Plante vénéneuse qui doit être écartée de toute culture soignée.

Le genre *Verbascum* fournit un grand nombre d'espèces qu'il serait trop long de décrire séparément. Il suffit de dire que si ces plantes donnent des fleurs d'un fréquent usage en pharmacie, elles n'offrent aux cultivateurs que des feuilles molles et laineuses et des tiges à consistance ligneuse qui, les unes et les autres, ne sont presque jamais mangées par les animaux.

La plus commune de ces plantes, c'est le Molène officinal, — *Verbascum thapsus*, — Linné, — vulgairement, *Bouillon blanc*. — Plante bisannuelle, toute couverte d'un duvet blanchâtre et à tige de 1-2 mètres.

Lyciet de Barbarie. — *Lycium Barbarum*. — Linné. — Sous-arbrisseau, à rameaux grêles, flexibles et retombants; fl. d'un violet-clair; baies rouges. Propre à garnir des tonnelles dans les jardins.

Athope Belladone. — *Atropa Belladona*. — Linné. — Herbe vivace; tige de 8 à 15 cent., droite et rameuse; feuil. ovales, acuminées; calice à 5 divisions; fl. violet-livide, strié de veines brunes; baies noires. Bois, haies et bords des chemins des montagnes. Tout le monde connaît de nom cette solanée aux principes vénéneux. En dehors des lieux où elle croît spontanément, on ne la trouve plus que dans les jardins botaniques ou pharmaceutiques.

Coqueret alkekenge. — *Physalis alkekengi*. — Linné. — Herbe vivace, à tige droite, de 3 à 6 déc.; feuil. géminées, sinuées, anguleuses; calice à 5 dents, gonflé en vessie; fl. d'un blanc sale; corolle en roue; calice fructifère rouge-vif. Le Coqueret croît spontanément dans les haies de quelques vignes; on le cultive dans les jardins d'herboristes. On cultive aussi pour la table le Coqueret comestible, — *Physalis pubescens*, — Linné, — à fruits gros comme une cerise. J'ai eu l'occasion de voir une collection de *Physalis* étrangers dont je regrette n'avoir pas conservé les noms.

Le genre *Solanum* est le plus important de cette famille, parce qu'il renferme la pomme de terre. Calice à 5 ou 10 segments; corolle en roue; baies à deux loges.

1. Morelle douce-amère. — *Solanum dulcamara*. — Linné. — Herbe vivace, sous-ligneuse à la base, à racines étalées, munies d'aspérités; tige sarmenteuse, grimpante, de 3 à 6 m.; feuil. pétiolées, ovales, lancéolées; fl. violettes en petites grappes; baies rouges, persistant une partie de l'hiver. Spontanée dans quelques haies, mais le plus souvent cultivée dans les jardins pour ses propriétés médicinales.

2. M. noire. — *S. nigra*. — Linné. — Herbe annuelle, à tige étalée et rameuse, de 2 à 5 déc.; feuil. glabres, pétiolées, ovales; fl. blanches, réunies plusieurs ensemble; baies noires. Après la première façon de la vigne, qui se fait

en mai, le sol est net de mauvaises herbes ; c'est alors que lève la Morelle noire, qui croît avec une telle rapidité, que si les binages ont été négligés, elle couvre le terrain en août-septembre. Ce n'est point seulement dans les vignes que se plaît cette mauvaise plante, qui est rebutée des animaux ; mais elle envahit aussi les terrains fertiles, les jardins, etc. On ne saurait apporter assez de soins pour ne point la laisser arriver à maturité, car ses graines sont très-nombreuses.

3. M. faux-piment. — *S. pseudo-capsicum.* — Linné. — Vulgairement, *Pommier d'amour*. — Petit arbuste à tige ferme et rameuse, de 6 à 9 déc.; feuil. glabres, oblongues ; fl. blanches ; baies d'un rouge-clair, faisant tout le mérite de la plante. De Madère. Multiplication de semis ; ses nombreuses graines lèvent facilement. Orangerie. On le voit souvent chez le cultivateur.

4. M. mélongène. — *S. melongena.* — Linné. — Vulgairement, *Aubergine*. — Herbe annuelle, particulière au midi de la France ; tige de 2 à 5 déc.; fl. blanchâtres ; baie ovoïde égale à un œuf de poule ou même plus grosse, charnue, blanche ou plus souvent violette. On voit rarement l'Aubergine dans le jardin du cultivateur du centre, et moins encore du nord. Semer sur couche en février ou mars, pour repiquer en pleine terre lorsque les gelées ne sont plus à craindre.

La *Poule qui pond*, cultivée comme plante à fruit d'agrément, est une variété de la Mélongène.

5. M. tubéreuse. — *S. tuberosum.* — Linné. — Vulgairement, *Pomme de terre*. — (Voir l'art. spécial.)

Piment annuel. — *Capsicum annuum.* — Linné. — Vulgairement, *Poivron*. — Herbe annuelle, à tige de 2 à 4 déc.; feuil. ovales, aiguës ; fl. blanchâtres, solitaires, à pédoncules opposés aux feuilles ; baie rouge ou jaunâtre, ovale ou oblongue, très-lisse et à saveur piquante. Semer sur couche en février-mars et repiquer en pleine terre à fin d'avril ; ou encore semer en pleine terre au commencement d'avril. Propre au midi de la France ; peu cultivée dans le nord ; rare chez le cultivateur. De Guinée.

Tomate comestible. — *Lycopersicum esculentum.* — Dun. — Herbe annuelle, à tige anguleuse, rameuse, de 3 à 6 déc.; feuil. pennatisequées, à folioles inégales et velues ; fl. jaunes ; baies rouges, irrégulières, de la grosseur d'un marron d'Inde à celle d'un œuf de poule. Du Mexique. Cultivée dans les jardins potagers pour les apprêts culinaires. Semer sur couche et repiquer après les gelées. Elle est si rustique, qu'elle s'est reproduite spontanément dans mes cultures, pendant quatre ans. Se trouve rarement chez les cultivateurs.

Tabac rustique. — *Nicotiana rustica*. — Linné. — Herbe annuelle, un peu grosse; tige de 5 à 10 déc.; feuil. pétiolées, ovales, obtuses, ondulées; calice à 5 segments; corolle en entonnoir; fl. d'un jaune-verdâtre, en panicule terminale; capsule s'ouvrant en 2 valves. Importé de l'Amérique, le tabac est devenu presque indispensable à notre époque. Sa culture, assez facile, est soumise aux règles de la législation, et ce n'est que comme plante d'agrément que l'on se permet d'en cultiver quelques pieds dans le jardin de la ferme. On connaît encore dans nos campagnes le T. de Virginie, — *N. tabacum*, — Linné, — s'élevant jusqu'à 2 m., et le T. à feuilles glauques, atteignant 3 m.

## FAMILLE DES BORRAGINÉES.

Elle offre des plantes herbacées plutôt nuisibles qu'utiles en agriculture; la plupart ont des feuilles hérissées de poils rudes qui les font rejeter des bestiaux.

Consoude officinale. — *Symphytum officinale*. — Linné. — Vulgairement, *Consolida-major*. — Herbe vivace, à racine charnue; tige droite, anguleuse, de 3 à 8 déc.; feuil. ovales, oblongues, molles, rudes; fl. blanc-jaunâtre, en grappe penchée. Cette plante est pharmaceutique, ainsi que l'indique son nom; on la trouve dans les prés, où elle forme de grandes touffes; elle est peu aimée des bestiaux. On trouve encore dans les prairies le *Symphytum tuberosum*, — Linné.

Bourrache officinale. — *Borrago officinalis*. — Linné. — Herbe annuelle, hérissée de poils rudes, même piquants; tige de 1 à 4 déc., droite, rameuse, grosse; feuil. ondulées, oblongues; fl. bleues, en grappes terminales, feuillées. Le cultivateur aime à posséder quelques pieds de cette plante dans son jardin où elle se reproduit d'elle-même.

Grémil des champs. — *Lithospermum arvense*. — Linné. — Herbe annuelle, d'un vert-gris; tige simple ou un peu rameuse, de 2 à 5 déc.; petites feuil. oblongues; fl. blanc-jaunâtre; collet de la plante rougeâtre. Commune dans nos moissons; sa tige rude et dure la range parmi les plantes nuisibles.

Pulmonaire tubéreuse. — *Pulmonaria tuberosa.* — Schrk. — Herbe vivace, à grosses racines charnues; tige droite, hérissée de poils, de 1 à 3 déc.; feuil. molles, tachées de blanc en dessus; fl. rouges, puis violettes; 4 carpels ou graines. La Pulmonaire se plaît auprès des ruisseaux, dans les prés, les bois, les haies en lieux bas et ombragés. Elle fleurit dès le mois de mars. Plante officinale.

Vipérine commune. — *Echium vulgare.* — Linné. — Herbe annuelle, hérissée de poils piquants; tige rameuse, de 3 à 6 déc.; feuil. oblongues et lancéolées; calice à 5 divisions; corolle en entonnoir, à limbe coupé obliquement; fl. bleues, en petits faisceaux unilatéraux, formant une panicule pyramidale. Lieux arides et pierreux, et dans les cultures sarclées. Plante nuisible.

Héliotrope d'Europe. — *Heliotropium Europæum.* — Linné. — Herbe annuelle, grisâtre; tige de 1-2 déc., souvent diffuse; feuil. ovales, très-entières; corolle en entonnoir, à 5 lobes; fl. blanchâtres, en épi unilatéral. Se trouve çà et là dans les cultures, et si elle n'a aucun mérite par son utilité, du moins elle n'est pas nuisible ni abondante.

L'H. du Pérou, — *H. Peruvianum*, — Linné, — est une plante sous-ligneuse, à fl. très-odorantes, qui se cultive à plein air en été, et en orangerie pendant l'hiver.

Le genre *Myosotis* offre au cultivateur de petites plantes herbacées, qui se rencontrent partout; dans les sols secs et arides, marais et lieux humides, dans les champs cultivés et dans les prairies. Le calice est à 5 dents; la corolle en soucoupe; les fleurs sont disposées en grappes; 4 carpels.

1. Myosote des marais. — *Myosotis palustris.* — With. — Vulgairement, *Souvenez-vous de moi.* — Herbe vivace, rameuse, de 2 à 5 déc.; feuilles oblongues, lancéolées; fl. bleues, roses ou blanches, à gorge jaune. Ce Myosote est assez commun dans les prés humides; fourrage de qualité médiocre.

2. M. hispide. — *M. hispida.* — Sch. — Herbe annuelle, velue, de 1-2 déc.; feuil. molles, très-velues; fl. bleu-pâle, à gorge jaune. Commun dans les terrains légers et secs.

## FAMILLE DES VERBÉNACÉES.

Parmi les plantes de cette famille, une seule est indigène, c'est la *Verveine officinale ;* les autres sont exotiques et brillent d'un vif éclat chez le floriculteur et l'horticulteur ; elles ne sont pas dédaignées du cultivateur qui aime les fleurs.

1. Verveine officinale. — *Verbena officinalis.* — Linné. — Herbe vivace, haute de 3 à 7 déc., droite, rameuse, striée ; feuil. oblongues ; fl. bleues, disposées en épis terminaux. Cette plante se trouve au bord des chemins, autour des habitations et des jardins.

2. V. du Canada. — *V. Canadensis.* — Linné. — Vulgairement, *Verveine des Indes.* — Arbuste de 1-2 m.; feuil. oblongues, lancéolées, à court pétiole, dentées, scabres au bord, verticillées 3 à 3 ou 4 à 4 ; fl. petites, un peu violettes, disposées en épis axillaires, verticillés ou paniculés. Cette plante, importée du Pérou en 1784, a différents noms botaniques qui peuvent embarrasser les cultivateurs. Le *Bon Jardinier* la nomme *Lippia citriodora,* — Kunt.; — *Verbena triphylla,* — L'Hér.; — *Aloysia citriodora,* — Ort.; — *Lippia à 3 feuilles ;* — *Verveine citronnelle.* — Ajoutons que dans le *Manuel général des plantes de Jacques et Herincq,* elle porte encore le nom de *Zipania citriodora,* — Lamk.

Cette dissertation peut paraître un peu longue pour un travail qui ne s'adresse qu'à de simples cultivateurs, mais j'ai remarqué que s'il ne cultive pas de plante d'orangerie, il fait exception pour celle qui nous occupe, et l'on en voit très-fréquemment sur les fenêtres ou dans les jardins de la campagne. Elle périt souvent par excès de soins ; on croit généralement qu'il faut beaucoup l'arroser, tandis que c'est le contraire ; c'est surtout lorsqu'elle est rentrée, à sa période de repos, qu'on doit ménager les arrosements. J'avais en pots, il y a sept ans, deux forts pieds de verveine ; je les dépotai au printemps et les confiai à la pleine terre, contre un mur à l'exposition ouest ; pendant l'été ils s'élevèrent à près de deux mètres de hauteur, et donnèrent de magnifiques panicules de fleurs odorantes. A la Toussaint, j'essayai d'un moyen de conservation en pleine terre ; ce fut de couper les tiges rez-terre et de couvrir la souche de 40 cent. de terre, les abandonnant ainsi à elles-mêmes jusqu'à la fin d'avril. A cette époque je trouvai mes plantes bien conservées. Je les ai laissées depuis en pleine terre, où elles ont été toujours plus vigoureuses qu'en pots. Ne pourrait-on pas appliquer cette méthode à bon nombre d'autres plantes? Si le cultivateur aime la verveine des Indes pour sa bonne odeur, il l'aime encore plus pour les vertus qu'il lui attribue ; car s'il est indisposé, quelques feuilles de cette plante en infusion remplacent le thé pour lui.

3. Les Verveines à feuilles de véronique, — *Veronica veronicæfolia*, — Sm.; — variétés Mélindres, Mélindroïdes. — Véroniques à feuilles de germandrée, — *V. chamædryfolia*, — Juss.; — du Paraguay. — Verveine de Miquelon, — *V. Aubletia*, — Linné ; — annuelle de l'Amérique septentrionale, 1774. — Verveine incisée, — *V. incisa*, — Hook.; — vivace du Brésil austral, 1836.

Toutes ces verveines sont de haut ornement, et il semble que le cultivateur n'a rien à y voir ; mais elles sont si belles, leurs fleurs offrent des couleurs si brillantes et leur culture est si facile, qu'elles sont dignes en tous points d'être introduites parmi les plantes ornementales de la ferme. Je dis que leur culture est facile ; voici un fait à l'appui de ce que j'avance. Parmi mes graines, j'avais un paquet de graines de verveines que je semai, par distraction, dans ma culture comparative de pommes de terre, courges, haricots, etc.; le sol laissait à désirer pour sa qualité et pour sa culture. Je les avais semées sans soin et je n'y pensais plus, lorsqu'en octobre je fus frappé de la beauté des fleurs que je vis ; c'étaient mes verveines oubliées qui étaient d'une végétation et d'un brillant incomparables. Je n'engagerais jamais un cultivateur, dont tout le temps est si précieux, à s'occuper de ces minuties ; mais il est des exceptions, et dans certaines positions agricoles, on aime à posséder un joli massif de fleurs choisies. N'y a-t-il pas aussi dans la vie des circonstances et des âges où les distractions deviennent en quelque sorte indispensables? Quelle distraction sera plus agréable que celle de la culture des fleurs? Et si l'on a un instant de loisir, pourrait-on mieux l'employer qu'à cela? Dans une famille nombreuse, il est rare que l'un ou plusieurs de ses membres ne soient pas d'une santé trop faible pour se livrer aux rudes travaux de la campagne ; ne pourraient-ils pas, ces chers malades, soigner quelques fleurs pour leur procurer une jouissance toujours salutaire?... Je dois avertir le cultivateur qu'il fera bien de s'en tenir aux espèces annuelles, car les vivaces réclament les soins de l'orangerie.

Je ne saurais non plus l'engager à cultiver le Lantana commun, — *Lantana camara,* — Linné. — C'est un arbrisseau de 1 m. 30, à rameaux penchés, munis d'aiguillons, ressemblant un peu à nos ronces des haies. Il donne tout l'été de nombreuses fleurs en petits corymbes serrés, du plus bel effet. On en fait des massifs du plus bel aspect. D'orangerie ; on le met en pleine terre en mai. J'en avais quelques pieds auxquels j'accordais peu de soin, et qui, néanmoins, me donnaient beaucoup de fleurs ; je les perdis par une surprise de gelée. Du Brésil, 1691.

## FAMILLE DES LABIÉES.

Les plantes de cette famille offrent plusieurs particularités qui les font facilement reconnaître : tige carrée ; feuilles opposées, calice persistant ; corolle irrégulière ; fruit composé de quatre graines nues, libres et monospermes.

Genre *Salvia ;* calice et corolle à 2 lèvres.

1. Sauge officinale. — *Salvia officinalis.* — Linné. — Herbe vivace, sous-ligneuse à la base, haute de 3 à 8 déc.; feuil. ovales ou oblongues, ridées, crénelées ; fl. bleu-lilacé, réunies en verticilles formant un épi interrompu et terminal, en juin-juillet. Toute la plante est pubescente, ce qui la fait paraître blanchâtre ; elle est fortement aromatique. On aime à posséder cette plante dans les jardins. Multiplication d'éclats. Elle est spontanée dans les localités chaudes et rocheuses des bords du Rhône.

2. S. sclarée. — *S. sclarea.* — Linné. — Vulgairement, *Toute-bonne.* — Herbe bisannuelle ou vivace, de 4 à 8 déc.; feuil. en cœur, ridées ; fl. bleu-pâle, formant une panicule terminale. Elle se plaît autour des habitations, mais elle a une odeur aromatique si pénétrante, qu'elle déplaît à beaucoup de personnes.

3. S. des prés. — *S. pratensis.* — Linné. — Vulgairement, *Prudhomme.* — Herbe vivace, de 4 à 8 déc.; fl. bleues, verticillées en un long épi terminal ; tout est visqueux dans la fleur. Cette labiée s'empare parfois de certaines parcelles des prés secs au détriment des herbes fines. Sans être une mauvaise plante par elle-même, elle donne un fourrage trop grossier. On doit lui faire la guerre pour la remplacer par des graminées ou des légumineuses.

Lycope d'Europe. — *Lycopus Europœus.* — Linné. —

Herbe vivace, à racines traçantes et drageonnantes ; feuil. irrégulièrement dentées, sinuées, opposées, longues de 10 à 12 cent. à la base des tiges ; celles-ci s'élèvent de 7 à 10 déc.; fl. blanches, axillaires, en verticilles serrés. Cette plante, rejetée des bestiaux, se trouve dans les lieux humides, près des ruisseaux et des fossés.

Les plantes du genre *Mentha* sont aromatiques ; elles sont communes dans les terrains humides.

1. MENTHE à feuilles rondes. — *Mentha rotundifolia.* — Linné. — Vulgairement, *Baume.* — Herbe vivace, à racines drageonnantes ; tiges de 4 à 6 déc., droite, rameuse au sommet ; feuil. crénelées, chagrinées, sessiles, ovales, arrondies, velues en dessus, blanches et laineuses en dessous ; fl. blanches ou rosées, en verticilles formant un épi terminal.

2. M. DES CHAMPS. — *M. sylvestris.* — Linné. — Herbe vivace, de 1 à 5 déc., couchée, rameuse ; feuil. velues ; en juillet-septembre, fl. roses en verticilles axillaires, persistants. Cette menthe est très-commune dans les champs argileux.

3. M. CULTIVÉE. — *M. sativa.* — Linné. — Herbe vivace, drageonnante, de 2 à 6 déc.; feuil. vert-gai ; fl. roses en verticilles axillaires. Très-aromatique. Cultivée dans les jardins ; spontanée dans le département du Rhône.

4. M. AQUATIQUE. — *M. aquatica.* — Linné. — Herbe vivace, de 4 à 8 déc., à rameaux étalés ; feuil. à court pétiole ; fl. roses à forte odeur. Commune dans les fossés et lieux aquatiques.

Les Menthe poivrée, — *M. piperita,* — Linné ; — M. citronnée, — *M. citrata,* — Ehr.; — M. des jardins, — *M. gentilis,* — Linné, — se trouvent dans les jardins où elles sont cultivées pour leur bonne odeur aromatique et pénétrante.

Genre *Origanum.* — 1. ORIGAN COMMUN. — *Origanum vulgare.* — Linné. — Herbe vivace, de 3 à 6 déc., droite, velue, rougeâtre, à très-bonne odeur ; feuil. ovales, pétiolées ; en juillet-septembre, fl. roses, munies de larges bractées colorées, en verticilles formant une panicule étroite. Très-commun dans les lieux secs, au bord des chemins, où il forme de fortes touffes des plus gracieuses.

2. O. MARJOLAINE. — *O. majorana.* — Linné. — Vulgairement, *Marjolaine.* — Herbe vivace, aromatique, de 1-2 déc.; petites fleurs blanchâtres, en épi. Se cultive dans

quelques jardins comme assaisonnement; multiplication d'éclats.

Genre *Thymus*. — 1. Thym serpolet. — *Thymus serpilius*. — Linné. — Herbe vivace, à base sous-ligneuse; tiges radicantes, formant gazon; feuil. obovales, linéaires; calice strié, fermé par des poils après la fleuraison; fl. purpurines en épi interrompu. Très-commun sur les côteaux secs et pierreux, où il forme un gazon rampant que les bestiaux mangent sans le rechercher. Il a une odeur aromatique très-suave. Lorsqu'on trouve le serpolet dans un pré, c'est l'indice que le sol en est pauvre, qu'il manque d'engrais et d'irrigation; c'est pour cela qu'il est souvent le compagnon de l'hélianthème commune.

2. T. laineux. — *T. lanuginosus*. — Sch. — Herbe vivace ayant deux lignes de poils; feuil. ovales, hérissées de poils. Plante des lieux secs et sablonneux; assez rare. Le Thym germandrée, — *T. chamædris*, — Fr., — est rare.

3. T. commun. — *T. vulgaris*. — Linné. — Petit arbuste de 1-2 déc., à suave odeur, gazonnant; feuil. grisâtres; fl. rose-pâle. On fait des bordures de thym; multiplication par éclats; si le terrain est un peu fort, on met du sable sur les racines en le plantant : la réussite est assurée. Du midi.

Hyssope officinale. — *Hyssopus officinalis*. — Linné. — Plante vivace, sous-ligneuse, de 3 à 6 déc.; feuil. lancéolées, blanchâtres; calice tubuleux, strié; en juin-juillet, fl. d'un beau bleu, en épis unilatéraux. L'hyssope est fortement aromatique. Rare à l'état spontané; cultivée dans les jardins. Multiplication d'éclats.

Ce n'est que par exception que le cultivateur possède la Sarriette des jardins, — *Satureia hortensis*, — Linné, — plante aromatique d'assaisonnement.

Le genre *Calamintha* donne des plantes aromatiques dont la fleur a quelque ressemblance avec celle des Serpolets.

1. Calamant basilic. — *Calamintha acinos*. — Clairv. — Herbe annuelle de 1 à 3 déc.; tiges pubescentes; feuil. à court pétiole; fl. roses, disposées en petits verticilles formant un épi feuillé, en juin-septembre. Commun dans nos champs de blé en côteaux; mais ne se développant qu'après la moisson, il ne saurait être considéré comme plante nuisible à nos cultures.

2. C. officinal. — *C. officinalis*. — Moench. — Herbe

vivace, de 3 à 6 déc., à odeur douce, velue ; feuil. ovales, obtuses, pétiolées, dentées ; fl. rouges, disposées en petits paquets axillaires, en août-septembre. On le trouve assez rarement au bord des chemins. Plusieurs autres espèces de Calamants sont propres aux hautes montagnes.

Mélisse officinale. — *Melissa officinalis*. — Linné. — Herbe vivace, de 3 à 8 déc.; feuil. pétiolées, ovales, dentées ; fl. blanches en demi-verticilles unilatéraux. On trouve la Mélisse autour des habitations, des jardins et de quelques haies ; elle est très-aromatique.

Gléchome lierre-terrestre. — *Glechoma hederacea*. — Linné. — Herbe vivace, rampante ; feuil. réniformes, crénelées ; fl. violet-clair, en mars-mai. Le Lierre-terrestre est une plante à odeur pénétrante, assez commune dans les lieux ombragés. Plante officinale.

Genre *Lamium*. — 1. Les Lamier à feuilles amplexicaules, — *Lamium amplexicaule*, — Linné ; — Lamier purpurin, — *Lamium purpureum*, — Linné, — et Lamier à feuilles incisées, — *Lamium incisum*, — Will., — sont des herbes annuelles, hautes de 1 à 4 déc.; feuil. presque toutes pétiolées ; fl. roses ou purpurines, en épis feuillés et terminaux. Ces trois espèces sont très-communes à peu près partout et fleurissent presque en tout temps ; il n'est point rare de voir des fleurs dans le courant de janvier. Les Lamiers ne sont pas nuisibles, mais ils sont dédaignés du bétail.

2. Lamier à fleurs blanches. — *Lamium album*. — Linné. — Herbe vivace, à tiges velues, dressées, de 2 à 4 déc.; feuil. dentées, ressemblant à celles de l'ortie ; fl. blanches, verticillées à distance, en avril-mai. N'est jamais mangé des bestiaux. Lieux humides ; peu commun. — Le Lamier à feuilles tachées, — *Lamium maculatum*, — Linné, — est propre aux hautes montagnes. — Le Lamier orvale, — *Lamium orvala*, — Linné, — est cultivé dans les jardins à mi-ombre. D'Italie.

Dracocéphale de Moldavie. — *Dracocephalum Moldavicum*. — Linné. — Vulgairement, *Moldavie*. — Herbe annuelle, de 4 à 7 déc.; feuil. lancéolées, dentées ; fl. purpurines ou bleues, en faux verticilles formant un épi feuillé. Semer en place au printemps.

Galéobdolon à fleurs jaunes. — *Galeobdolon luteum*. — Huds. — Vulgairement, *Ortie jaune*. — Herbe vivace, de 2 à 6 déc.; feuil. dentées, ressemblant à celles de l'ortie, comme celles du Lamier ci-dessus ; fl. jaunes, safranées, disposées en verticilles 6 à 6. Vient dans les lieux ombragés des montagnes et au bord des ruisseaux.

Le genre *Galeopsis* fournit des plantes communes dans les champs où elles sont rarement pâturées par les bestiaux. Elles abondent dans les pièces de blé à terrain léger, mais elles ne prennent du développement qu'après la moisson.

1. Galéope tétrahit. — *Galeopsis tetrahit.* — Linné. — Vulgairement, *Chanvre bâtard*. — Herbe annuelle, de 3 à 10 déc., très-rameuse, hérissée et renflée sur les nœuds ; calice à 5 dents épineuses ; corolle à 2 lèvres, dont l'inférieure est trilobée ; fl. purpurines ou rosées, en juillet-août. Terrains légers et ombragés.

2. Galéope à grandes fleurs. — *G. grandiflora.* — Roth. — Herbe annuelle, de 1 à 4 déc., poilue ; grandes fl. blanches, jaunâtres ou rouges. Très-commune dans nos champs après la moisson. On trouve aussi, mais plus rarement, les *Galeopsis intermedia*, — Willd.; — *G. Angustifolia*, — Erh.; — *G. sulfurea*, — Jord.

Genre *Stachys ;* plantes herbacées ; calice à 5 dents ; corolle à 2 lèvres.

Epiaire des marais. — *Stachys palustris.* — Linné. — Herbe vivace, de 5 à 10 déc., hérissée ; feuil. sessiles ; fl. roses, tachées de blanc, verticillées en épi terminal. Se trouve près des ruisseaux, en lieux humides et ombragés ; n'est jamais mangée par les bestiaux. Les autres espèces de Stachys, étant dédaignées comme fourrage et pâturage, ne présentent aucun intérêt.

Bétoine officinale. — *Betonica officinalis.* — Linné. — Herbe vivace, de 2 à 6 déc., droite et ferme ; feuil. à profondes crénelures ; calice à 5 dents ; corolle à 2 lèvres ; fl. rouges en épi serré et interrompu. La Bétoine est très-commune dans nos prés rapprochés des ruisseaux, où elle donne un fourrage assez grossier. — Les espèces *Betonica hirsuta*, — Linné, — et *Betonica alspecuros*, — Linné, — n'étant propres qu'aux hautes montagnes, offrent trop peu d'intérêt pour être décrites.

Ballotte fétide. — *Ballota fœtida.* — Lamarck. — Herbe vivace, de 3 à 5 déc., rameuse ; feuil. pétiolées, ovales, crénelées, velues ; fl. roses, en petits corymbes axillaires. Inutile de dire que cette plante à odeur désagréable n'est jamais mangée par les animaux. Commune au bord des chemins.

MARRUBE COMMUN. — *Marrubium vulgare.* — Linné. — Herbe vivace, de 3 à 6 déc., rameuse, très-feuillée, blanche, tomenteuse; feuil. pétiolées, chagrinées; fl. blanches, à l'aisselle des feuilles en verticilles sessiles et bien fournis. L'odeur pénétrante de cette plante dégoûte les bestiaux qui refusent obstinément de s'en nourrir. Bords des bois, des haies; commune.

MÉLITTE à feuilles de Mélisse. — *Melittis melissophyllum.* — Linné. — Herbe vivace, de 3 à 5 déc, droite, hérissée; feuil. pétiolées, en cœur, crénelées; calice membraneux, campanulacé; corolle à 2 lèvres, très-longue; fl. roses, solitaires, géminées ou ternées, axillaires. Cette plante, à forte odeur, se trouve dans les bois et sur les bords des ruisseaux. N'est point mangée par les bestiaux. Commune.

BRUNELLE COMMUNE. — *Brunella vulgaris.* — Moench. — Herbe vivace, de 1 à 4 déc., couchée, un peu rude; feuil. pétiolées, dentées; calice à 2 lèvres dentées; corolle à 2 lèvres, l'inférieure à 3 lobes; fl. bleu-violet, en épi, à bractées acuminées. Commune dans les prés et pâturages; fourrage de qualité médiocre. Les *B. alba*, Pallas, et *B. grandiflora*, Moench., se trouvent dans les pâturages des coteaux secs.

BUGLE RAMPANTE. — *Ajuga reptans.* — Linné. — Herbe vivace, de 1 à 2 déc., velue; feuil. ovales, entières; calice à 5 dents égales; fl. bleues, rarement roses ou blanches, en épi terminal, feuillé. Commune au bord des chemins; se trouve aussi dans les prés pauvres, où elle donne un fourrage grossier. Elle émet, à sa base, comme des stolons ou plutôt des rejetons stériles.

Genre *Teucrium*. — 1. GERMANDRÉE PETIT CHÊNE. — *Teucrium chamædris.* — Linné. — Vulgairement, *Petit chêne.* — Herbe vivace, de 1 à 3 déc., sous-ligneuse à la base, couchée ou dressée; feuil. fortement dentées, petites, presque coriaces, vert-luisant; calice à 5 dents; fl. roses en verticilles axillaires, formant une grappe feuillée. Commune sur les collines sèches, au bord des chemins, dans les clairières des bois. Peu de mérite pour pâturage.

2. G. DES BOIS. — *T. scorodonia.* — Linné. — Vulgairement, *Sauge des bois.* — Herbe vivace, de 3 à 6 déc.; feuil. en cœur, dentées, chagrinées, blanchâtres; fl. jaunâtres,

en longues grappes axillaires. Bord des bois, près des murs de soutènement. Rejetée par les bestiaux.

3. G. BOTRYDE. — *T. botrys.* — Linné. — Herbe annuelle, de 1 à 3 déc.; feuil. 1-2 fois pennatipartites; fl. d'un lilas purpurin. Commune dans les blés en terrain pierreux et léger. Sa forte odeur et sa viscosité font que le bétail la dédaigne.

LAVANDE VRAIE. — *Lavendula vera.* — D. C. — Herbe vivace, sous-ligneuse, de 3 à 5 déc.; feuil. linéaires; calice coloré à 5 dents; fl. bleues, bractéolées, en épis terminaux, interrompus. L'odeur agréable de cette plante la fait cultiver en bordure dans les jardins; multiplication d'éclats. Elle ne croît pas spontanément dans nos départements, mais elle est commune dans les lieux arides du Midi.

C'est à la fille de la maison qu'est dévolu le soin de cultiver en pot, sur la fenêtre, le Basilic ordinaire, — *Ocymum basilicum,* — Linné; — herbe annuelle, de 3-4 déc. Cette plante, l'une des plus aromatiques et dont l'odeur est des plus suaves, se sème sur couche en mars, pour repiquer en pot plus tard; ou bien on attend que les chaleurs soient venues pour le semis en pleine terre, en terrine ou en pot. C'est une petite culture de fantaisie qui plaît à bien des personnes.

# FAMILLE DES BIGNONIACÉES.

CATALPA COMMUN. — *Catalpa bignonioides.* — D. C. — Arbre de la Caroline, de 8 à 10 m.; tronc grisâtre, souvent peu dressé; tête arrondie; grandes feuil. en cœur, verticillées 3 à 3; fl. tachées de pourpre et de jaune, formant une panicule d'un diamètre de 6 à 10 cent., d'un effet magnifique. Peu difficile sur le terrain, il a très-bien fleuri dans le sol pauvre où je l'ai cultivé. Il est exclusivement ornemental; les feuilles que j'ai voulu faire manger aux brebis, chèvres, etc., ont été constamment refusées.

TÉCOMA GRIMPANT. — *Tecoma radicans.* — Juss. — Vulgairement, *Jasmin de Virginie.* — Grand arbrisseau sarmenteux, grimpant, de l'Amérique du Nord, s'accrochant aux murs et aux arbres comme le lierre au moyen de petites radicelles; feuil. imparipennées; fl. longues, rouges, disposées en grappes. Cette plante, toute d'ornement, est propre à dissimuler un mur, à cacher un puits, etc. Elle est rustique ; j'en ai placé dans un sol argileux, elle a réussi ; et dans une exposition chaude au midi elle s'est couverte de fleurs.

## FAMILLE DES PERSONNÉES OU ANTHYRINÉES.

Ce qui caractérise cette famille, c'est la forme de gueule plus ou moins bien représentée par la corolle. La capsule est non moins étrange et ressemble, dans quelques espèces, à la tête d'un animal.

Le genre *Digitalis* se compose de plantes herbacées, assez élevées et plutôt nuisibles qu'utiles.

1. DIGITALE POURPRÉE. — *Digitalis purpurea.* — Linné. — Herbe bisannuelle, haute de 5 à 10 déc., ferme, pubescente ; feuil. tomenteuses, ressemblant à celles du *bouillon-blanc ;* calice à 5 segments ; corolle tubuleuse, à limbe oblique, glabre en dehors, velue en dedans ; fl. rouges, marquées en dedans de points d'un rouge plus foncé, bordées de blanc et disposées en longues grappes unilatérales. Elle fait l'ornement des hautes montagnes du mois de juin au mois d'août ; elle est un peu vénéneuse.

2. DIGITALE à grandes fleurs. — *D. grandiflora.* — Lamk. — Herbe vivace, de 4 à 8 déc.; feuil. mi-amplexicaules, oblongues ; fl. d'un jaune-blanchâtre, disposées en grappe lâche et unilatérale. Haies et bois des revers au nord.

3. DIGITALE à petites fleurs. — *D. parviflora.* — Lamk. — Herbe bisannuelle, de 4 à 9 déc.; feuil. glabres, oblongues, lancéolées, dentées en scie ; fl. blanc-jaunâtre, en long épi unilatéral. Cette espèce et la précédente sont communes dans ma localité ; elles ne sont d'aucune utilité et participent sans doute aux mauvaises qualités de la première.

SCROPHULAIRE à racines noueuses. — *Scrophularia nodosa.* — Linné. — Herbe vivace, de 4 à 10 déc., à racines renflées ; tige anguleuse, dressée ; feuil. glabres, ovales, lancéolées, dentées, pétiolées ; fl. d'un brun-rougeâtre, en panicule terminale ; capsule ronde, à 2 valves et 2 loges. Bords des ruisseaux et lieux humides ; n'est jamais mangée par le bétail. Elle a quelques propriétés pharmaceptiques et des cultivateurs la préconisent comme remède à certaines plaies des bestiaux.

Le genre *Anthirrinum* est plutôt connu sous le nom de *Gueule de Lion*.

1. **Muflier rubicond.** — *Anthirrinum oruntium.* — Linné. — Herbe annuelle, dressée, plus ou moins rameuse, de 1 à 4 déc.; tige glauque, couverte d'une poussière cendrée ; feuil. linéaires, lancéolées ; fl. roses, peu apparentes ; capsules à 2 loges, s'ouvrant par 3 trous. Commun dans les champs cultivés ; mauvaise plante ; n'est jamais pâturée.

2. **Muflier** à grandes fleurs. — *A. majus.* — Linné. — Herbe vivace, à tiges décombantes, très-rameuses, hautes de 4 à 8 déc.; grandes fleurs rouges, de plusieurs nuances dans l'espèce cultivée. Cette plante se plaît dans les vieux murs qu'elle embellit.

**Chélone glabre.** — *Chelona glabra.* — Linné. — Herbe vivace, formant des touffes ; feuil. oblongues ; tiges de 8 à 12 déc.; fl. pourpres, longues, ayant de la ressemblance avec celles des Cuphéas, en grappes axillaires. Cete plante d'ornement de l'Amérique septentrionale, réclamant un sol substantiel et à mi-ombre, s'est montrée avare des tiges florifères dans mon terrain léger et en plein soleil.

**Paulownia impérial.** — *Paulownia imperialis.* — Siebold. — Arbre à très-grand feuillage opposé, ovale-arrondi. On dit que, placé convenablement, il donne des pousses de 2 et même 3 mètres, avec des feuilles énormes, mais il lui faut une terre fertile et fraîche. Il s'en faut beaucoup que j'aie obtenu un pareil résultat dans mon terrain sec ; je n'ai même pas pu avoir des fleurs : je dois donc m'abstenir. Du Japon.

Le genre *Linearia* fournit des plantes très-communes dans nos champs, où souvent elles infestent les cultures. Elles sont herbacées ; corolle personnée avec éperon ; capsule ovale, à 2 loges, s'ouvrant par plusieurs valves.

1. **Linaire batarde.** — *Linearia spuria.* — Mill. — Herbe annuelle, velue, rameuse, couchée, de 2 à 6 déc.; feuil. ovales, arrondies, pétiolées, alternes ; fl. jaunes, axillaires, à pédoncules velus et très-longs. Très-commune dans nos champs cultivés.

2. **Linaire** à fleurs rayées. — *L. striata.* — D. C. — Herbe vivace, plus ou moins rameuse, glauque ; tige de 2 à 8 déc.; feuil. verticillées à la base ; fl. blanc-lilas, en grappes terminales. Commune dans les lieux pierreux et stériles.

3. Linaire commune. — *L. vulgaris*. — Mill. — Herbe vivace, de 2 à 5 déc., glauque et glabre ; feuil. linéaires, lancéolées ; fl. jaunes à palais orangé, en grappes terminales. Cette linaire est commune dans les cultures sarclées qu'elle infeste ; on la trouve encore dans les vignes et ailleurs ; ses racines traçantes et drageonnantes forment de fortes touffes. Les bestiaux les mangent rarement.

Anarrhine à feuilles de pâquerette. — *Anarrinhus bellidifolium*. — Desf. — Herbe bisannuelle formant une rosette de feuilles d'où part la tige dressée de 2 à 6 déc., plus ou moins rameuse ; calice à 5 divisions ; petites fl. bleuâtres, en longues grappes terminales; capsule globuleuse à 2 loges, s'ouvrant chacune par un trou. Terrains secs et pierreux. Je l'ai toujours vue rejetée des bestiaux.

Les plantes du genre *Eufrasia* sont petites, herbacées et très-communes dans les prés, pâturages, bois, bruyères, hautes montagnes et ailleurs. La description de plus de 12 espèces qui composent ce genre nous conduirait trop loin ; il suffit de dire que le calice est à 4 dents égales, la corolle à 2 lèvres, et que c'est dans le courant de l'été et surtout en automne, qu'elles embellissent les pâturages par leur grand nombre de fleurs blanchâtres ou violettes, striées de lignes purpurines.

Eufrasie champêtre. — *Eufrasia campestris*. — Jord. — Herbe annuelle, droite, rameuse, de 5 à 20 centimètres ; petites feuil. entaillées de 4 dents profondes ; fl. à lèvre supérieure lilas striée de violet, et lèvre inférieure blanchâtre, tachée de jaune. On ne saurait définir si les Eufrasies sont utiles en agriculture ; je penche à croire que les bestiaux s'en nourrissent sans les rechercher ; du reste, leur petite taille n'en fait que des plantes bien secondaires.

Genre *Melampyrum* ; plantes très-communes et très-nuisibles.

1. Mélampyre des champs. — *Melampyrum arvense*. — Linné. — Herbe annuelle, de 1 à 5 déc., droite, rameuse ; feuil. opposées, oblongues ; calice campanulé, à 4 divisions; corolle à 2 lèvres ; bractées d'un beau rouge, découpées en lanières ; fl. purpurines, en épi serré, en juin-juillet. Cette plante, n'étant bien développée qu'après la moisson, cause moins de préjudice au blé qu'on ne le suppose généralement.

2. M. des forêts. — *M. sylvaticum*. — Linné. — Herbe annuelle, de 1 à 3 déc.; feuil. opposées, très-entières ; brac-

tées vertes; fl. jaunes, en grappe feuillée unilatérale. Bois des montagnes. Refusée des bestiaux. On trouve encore les *M. cristatum*, — Linné; — *M. nemorum*, — Linné, — et *M. vulgatum*, — Pers.

Genre *Rhinanthus;* plantes herbacées, très-nuisibles et de mauvaise qualité.

1. RHINANTHE GLABRE. — *Rhinanthus glabra.* — Lamk. — Vulgairement, *Tartaré.* — Herbe annuelle, droite, simple ou rameuse, de 2 à 5 déc.; feuil. sessiles, oblongues, crénelées, dentées; bractées ovales; calice renflé à 4 dents; fl. jaunes. Dans les prés où abonde le tartaré, il est l'indice d'une récolte de fourrage peu abondante. Cette plante elle-même ne fournit qu'un fourrage grossier et de qualité bien inférieure.

2. R. HÉRISSÉ. — *R. hirsuta.* — Lamk. — Diffère du précédent par une stature plus haute et vient plutôt dans les moissons que dans les prés.

Quant au *Rhinanthus minor*, — Erh., — il n'est particulier qu'aux hautes montagnes.

Le genre *Pedicularis* est formé de plantes basses, de 1 à 6 déc. au plus, et qui ne se trouvent que sur les montagnes. Mon observation ne s'est pratiquée que sur la Pédiculaire des bois, — *Pedicularis sylvatica*, — Linné; — herbe bisannuelle ou vivace, de 5 à 15 cent.; feuil. pennatipartites, à segments incisés, dentés; calice à 5 dents inégales; fl. roses, disposées en grappe terminale. Prés et pâturages des localités froides.

Le genre *Veronica* fournit beaucoup de plantes qui sont très-communes dans nos champs, jardins, pâturages, etc. Corolle en roue; 2 étamines.

1. VÉRONIQUE BÉCABONGUE. — *Veronica becabunga.* — Linné. — Herbe vivace, aquatique, entièrement glabre, de 1 à 5 déc., couchée, puis redressée; feuil. opposées, ovales, dentées, presque charnues; de mai à septembre, fl. d'un beau bleu, en grappes axillaires.

2. V. GERMANDRÉE. — *V. teucrium.* — Linné. — Herbe vivace, de 1 à 4 déc., velue, souvent couchée; feuil. sessiles, profondément incisées; fl. d'un beau bleu, disposées en grappes serrées, d'un bel effet. Pâturages incultes, bord des chemins.

3. V. DES CHAMPS. — *V. arvensis.* — Linné. — Herbe annuelle, de 1-2 déc.; feuil. crénelées; petites fl. bleues, presque sessiles. Très-commune dans les champs cultivés.

4. Véronique à feuilles de lierre. — *V. hederefolia.* — Linné. — Herbe annuelle, à tige couchée ; fl. bleu-pâle ; très-commune dans nos cultures. Je ne m'étends pas davantage sur ce beau genre, dont les espèces sont nombreuses. En ornementation, il existe aussi plusieurs espèces exotiques qui réclament l'orangerie.

## FAMILLE DES OROBANCHÉES.

Les plantes de cette famille offrent peu d'intérêt aux cultivateurs. On doit néanmoins les classer parmi les plantes nuisibles, en tant que ce sont des parasites qui doivent porter préjudice aux plantes qui leur servent d'aliment. Elles sont dépourvues de vraies feuilles ; celles-ci sont remplacées par des écailles. Ce sont des végétaux roussâtres, qu'on voit se développer dans les prés, au printemps, en été et à l'automne ; une nouvelle plante succède à celle qui se flétrit. Calice campanulé ; corolle à 2 lèvres ; fl. disposées en épi terminal. Ces plantes atteignent jusqu'à 6 déc.; elles se trouvent presque partout dans les prés et les bois.

## FAMILLE DES PLOMBAGINÉES.

Représentée par le STATICE à feuilles de plantain. — *Armeria plantaginea.* — Willd. — Herbe vivace, à feuilles linéaires, lancéolées ; à souche dure ; hampe de 1 à 6 déc.; fl. rose-clair, réunies en têtes terminales, en juillet et août. Lieux incultes et sablonneux.

L'ARMERIE COMMUNE, — *Armeria vulgaris,* — Willd., — se plante en bordure dans les jardins. — L'*Armeria pseudo-armeria,* — Murr., — ne se trouve pas souvent dans les jardins ; elle est originaire de l'Algérie et demande une terre légère.

## FAMILLE DES PLANTAGINÉES.

On connaît l'abondance des Plantains dans nos prés des vallons ; ils fourmillent dans les terrains secs. Lorsqu'au printemps la sécheresse sévit, elle est presque toujours accompagnée du vent froid du nord ; on voit alors s'arrêter l'accroissement de l'herbe de nos prairies ; le plantain seul semble braver l'intempérie, et sa hampe s'allonge au-dessous du fourrage vert ; alors on aperçoit une multitude d'épis ovales, nommés *têtes-noires* par les cultivateurs : c'est un mauvais présage de récolte de foin.

1. Plantain à larges feuilles. — *Plantago major.* — Linné. — Herbe vivace ; feuil. atténuées en longs pétioles ; hampe cylindrique, dressée, de 1 à 5 déc.; fl. en épi droit, très-allongé. Très-commun partout.

2. Plantain à feuilles lancéolées. — *P. lanceolata.* — Linné. — Herbe vivace, à feuil. oblongues, lancéolées, à 3 ou 5 nervures. Cette plante n'est que trop commune dans nos prés.

## FAMILLE DES AMARANTACÉES.

Genre *Amaranthus ;* herbes nuisibles dans les récoltes sarclées.

Amaranthe blite. — *Amaranthus blitum.* — Linné. — Herbe annuelle, diffuse, de 2 à 8 déc.; tige rameuse dès la base ; fl. vertes en paquets axillaires, formant une espèce de grappe. Cette plante se plaît dans les lieux fertiles qu'elle infeste, auprès des habitations, des fossés d'écoulement, dans les jardins, en un mot, dans tous les meilleurs terrains. Elle produit une infinité de graines. Sa racine pivotante est rougeâtre.

L'horticulture possède plusieurs espèces répandues pour l'ornement des jardins. L'*Amaranthus caudatus,* — Linné, — est une plante annuelle de 6 à 12 déc., à fl. d'un beau rouge, en épis allongés, formant de longues panicules pendantes. Il y a plusieurs autres espèces. On connaît l'effet magnifique des *Crêtes de coq,* — *Celosia cristata,* — Linné ; — leurs nuances sont des plus belles, des violettes, des roses, des jaunes, des chamois, etc.

## FAMILLE DES CHÉNOPODÉES.

Ici nous perdons les fleurs ou à peu près ; nous avons déjà vu quelques plantes dépourvues de pétales ; nous n'apercevrons plus que quelques étamines, encore faut-il souvent un beau soleil pour les distinguer.

Le genre *Chenopodium* fournit des plantes nuisibles et qui abondent surtout dans les cultures sarclées.

1. Anserine blanche. — *Chenopodium album.* — Linné.

— Vulgairement, *Chou-gras*. — Herbe annuelle, de 2 à 8 déc., dressée ; feuil. pétiolées, couvertes d'une poussière blanchâtre ; fl. réunies en petits paquets, formant plusieurs grappes constituant une panicule feuillée ; graines noires, lisses et luisantes. L'Anserine blanche est très-commune en certains endroits ; j'ai vu un champ qui avait été labouré au printemps, mais pour lequel on avait négligé les binages ; l'Anserine y était montée à graines, et de loin on ne pouvait discerner quelle était la récolte ensemencée ; cette plante l'avait littéralement envahi. Le nombre de graines que donna cette récolte sauvage dut être prodigieux. Dans un sol convenable, cette mauvaise plante prend, en peu de temps, un grand développement très-nuisible aux plantes environnantes.

2. A. POLYSPERME. — *C. polyspermum*. — Linné. — Herbe annuelle, de 2 à 6 déc., étalée ; feuil. pétiolées, très-entières, souvent rougeâtres ; fl. en petites grappes. Moins commune et moins nuisible que la précédente, elle aime les terrains un peu humides.

3. A. FÉTIDE. — *C. vulvaria*. — Linné. — Herbe annuelle, de 1 à 3 déc., couchée, rameuse et couverte d'une poussière grisâtre ; fl. en petites grappes terminales. Cette plante, à odeur repoussante, se trouve dans les localités un peu chaudes, notamment sur les bords du canal de Givors. Inutile de dire que jamais les bestiaux ne s'en nourrissent. Il existe encore plusieurs espèces d'anserine, mais qui sont moins communes.

ARROCHE à rameaux étalés. — *Atriplex patula*. — Linné. — Herbe annuelle, de 3 à 9 déc., très-rameuse ; feuil. triangulaires, hastées ; fl. d'un vert blanchâtre, en épis plus ou moins feuillés. Elle croît et se plaît dans les lieux fertiles ; on en trouve quelques plantes isolées, mais pas nombreuses ; on ne saurait d'ailleurs la classer parmi les bonnes plantes : les bestiaux la dédaignent. L'*Arroche des jardins* est cultivée dans les potagers, mais rarement chez le cultivateur.

## FAMILLE DES POLYGONÉES.

Le genre *Rumex* se compose de plusieurs espèces de plantes qu'il est inutile de toutes décrire ; elles sont assez connues du cultivateur qui les déteste, car quelques-unes sont très-nuisibles. On les trouve à peu près partout, dans les prés, les champs, aux bords des chemins, des fossés, dans les lieux secs et dans les lieux humides.

1. Patience oseille. — *Rumex acetosa.* — Linné. — Herbe vivace, dressée, rameuse au sommet, de 4 à 10 déc.; feuil. à oreillettes, hastées ou sagittées ; fl. en grappes formant une panicule terminale. Cette oseille est assez commune dans nos prés, où elle donne un fourrage grossier ; on la cultive dans les jardins, et la variété dite de *Belleville* est renommée.

2. P. petite oseille. — *R. acetosella.* — Linné. — Vulgairement, *Oseille rouge.* — Herbe vivace, de 1 à 3 déc., à racines traçantes et drageonnantes; tiges dressées ou ascendantes ; fl. disposées en grappes grêles. Lorsqu'un vent desséchant du nord semble arrêter la végétation des plantes herbacées dans le courant d'avril ou de mai, il semble au contraire favoriser le développement de l'*Oseille aigrelette*, qui envahit totalement certaines récoltes. Les trèfles surtout ont à souffrir de cette plante qui, en prenant le dessus, compromet gravement la récolte de ce fourrage.

Genre *Polygonum*; plantes herbacées, la plupart nuisibles.

1. Renouée liseron. — *Polygonum convolvulus.* — Linné. — Herbe annuelle, volubile, de 2 à 10 déc.; feuil. sagittées; fl. en petites grappes. C'est surtout dans les vignes que croît cette plante ; elle s'accroche aux ceps qu'elle surmonte. Quoique commune dans les récoltes, elle s'y développe moins et cause moins de dommages.

2. R. bistorte. — *P. bistorta.* — Linné. — Herbe vivace, simple et dressée, de 2 à 8 déc.; racine épaisse ; fl. roses en épi serré. Je ne saurais me prononcer sur la bonne ou mauvaise qualité de cette plante ; mais quoi qu'il en soit, elle fait un bel effet dans les prés et les pâturages des hautes montagnes où je l'ai étudiée.

3. R. poivre d'eau. — *P. hydropiper.* — Linné. — Herbe annuelle, de 3 à 8 déc., élancée, à rameaux dressés ; fl. d'un blanc-verdâtre, en épis grêles. Cette plante est commune dans les fossés, au bord des eaux et dans les lieux humides. Sa saveur poivrée en interdit la consommation aux bestiaux.

4. R. persicaire. — *P. persicaria.* — Linné. — Herbe annuelle, de 4 à 8 déc., couchée à la base, rougeâtre ; fl. rouges, en épis axillaires, terminaux. Fossés.

5. R. des petits oiseaux. — *P. aviculare.* — Linné. —

Herbe annuelle, couchée, de 1 à 7 déc., très-rameuse; gaines blanchâtres, déchirées; petites fl. blanches, toutes axillaires. C'est autour des habitations que pullule cette plante; elle envahit les cours et les chemins peu fréquentés. Des champs de blé entiers en sont parfois infestés, mais elle leur est peu nuisible; elle ne prend du développement qu'après la moisson. Il n'en est pas de même de certaines cultures sarclées, où elle cause un grand dommage. J'ai vu une plantation de vigne en bon sol, dont la moitié des boutures avait manqué, par la sécheresse produite par cette plante qui couvrait le sol.

6. R. D'ORIENT. — *P. Orientale.* — Linné. — Vulgairement, *Persicaire.* — Herbe annuelle, de 1-2 m., dressée, rameuse; feuil. pétiolées, en cœur; fl. rosées, en grappes axillaires; graines triangulaires. Très-propre à l'ornementation du jardin du cultivateur, en tant qu'elle ne demande que peu de soins et qu'elle se ressème d'elle-même.

7. R. SARRAZIN. — *P. fagopyrum.* — Linné. — Vulgairement, *Sarrazin, Blé noir.* — Herbe annuelle, de 3 à 8 déc., très-rameuse; fl. blanches, en grappes axillaires; graines triangulaires. Le blé noir a été importé d'Afrique depuis un temps immémorial. On ne le cultive guère que dans les pays pauvres, ou quelquefois en culture dérobée, c'est-à-dire aussitôt après le blé. Des cultivateurs le mêlent au fourrage vert; mais il n'est guère du goût des bestiaux; d'autres l'enfouissent comme engrais végétal. Le *Sarrazin de Tartarie*, originaire de la Sibérie, est une variété du précédent.

## FAMILLE DES PHYTOLACÉES.

PHYTOLAQUE à dix étamines. — *Phytolacca decandra.* — Linné. — Herbe vivace, de 1-2 m.; tiges rougeâtres, fermes, rameuses, très-moelleuses; feuil. un peu ondulées, très-glabres, pétiolées; petites fl. un peu rosées, en grappes dressées, pédonculées; baies noires, à petites côtes. On trouve quelques pieds de cette plante dans les vignes et les jardins, où sa racine atteint de fortes dimensions. Peu de mérite. De la Virginie.

## FAMILLE DES THYMELACÉES.

Les plantes de cette famille sont toutes plutôt horticoles qu'agricoles. On distingue le Bois-gentil, — *Daphne meze-*

*reum*, — Linné, — remarquable par la précocité et l'abondance de ses fleurs roses à suave odeur : on le trouve sur les hautes montagnes ; — le Laurier des bois, — *Daphne laureola*, — Linné, — commun dans les bois ; fl. précoces, jaune-verdâtre ; — et le Thymélée des Alpes, — *Daphne cneorum*, — Linné, — l'une des plus belles plantes d'ornement, par ses belles fl. rouges et odorantes : se trouve dans les rocailles.

## FAMILLE DES LAURINÉES.

Laurier d'Apollon. — *Laurus nobilis*. — Vulgairement, *Laurier-sauce*. — Arbrisseau de 3 à 6 m., à écorce d'un vert-sombre ; feuil. persistantes, sinuées, dentées, acuminées, très-odorantes ; fl. blanchâtres ; baies noirâtres. Rarement employé dans les plantations d'agrément ; quoique d'un beau port, il est presque toujours relégué dans un coin du potager pour ses feuilles employées à donner du goût à certains apprêts culinaires. Du midi ; on le voit bien peu souvent fleurir et encore moins fructifier dans nos départements du centre.

## FAMILLE DES EUPHORBIACÉES.

Le genre *Euphorbia* est composé de plantes herbacées, annuelles ou vivaces et à suc blanc, très-communes partout ; je n'ai jamais vu pâturer une seule Euphorbe : on peut, à bon droit, les classer parmi les plantes nuisibles. Elles sont assez connues de tout le monde pour que leur description soit utile. Je me bornerai à dire qu'elles ont toutes plus ou moins de ressemblance avec l'Euphorbe épurge, — *Euphorbia lathyris*, — Linné, — plante bisannuelle, de 6 à 12 déc.

Buis toujours vert. — *Buxus sempervirens*. — Linné. — Trop connu pour être décrit. Dans les jardins de luxe, on emploie le buis nain en bordure, tandis que le cultivateur se contente d'en posséder un fort pied dans un angle de son jardin. Je l'ai remarqué en abondance dans les bois, aux bords du Rhône, entre Givors et Vienne.

Le Ricin. — *Ricinus communis*, — Linné, — est une plante annuelle, cultivée dans les jardins, mais offrant peu d'intérêt aux cultivateurs.

Genre *Mercurialis*. — 1. Mercuriale annuelle. — *Mercurialis annua*. — Linné. — Herbe annuelle, de 2 à 5 déc., droite, rameuse, d'un vert clair ; racine pivotante ; feuil. pétiolées, ovales, dentées, opposées ; fl. sessiles ou à courts pédoncules, souvent géminés ; capsules hérissées, contenant deux graines accolées ensemble. Plante nuisible qui se plaît dans les terrains fertiles et dans les cultures sarclées ; elle abonde dans les jardins et surtout dans les vignes. Elle est annuelle, et pourtant je viens d'observer au cœur de l'hiver (8 février) des pieds encore bien verts, qui semblent avoir bravé la gelée. Refusée de tous les herbivores.

## FAMILLE DES URTICÉES.

Genre *Urtica*. — 1. Ortie dioïque. — *Urtica dioïca*. — Linné. — Herbe vivace, de 4 à 8 déc., à racines drageonnantes ; tiges dressées ; feuil. opposées, pétiolées, ovales, bordées de grosses dents ; fl. dioïques, en panicule. L'Ortie est connue et redoutée de tout le monde à cause de ses piqûres occasionnant une douleur cuisante. Elle se plaît dans les sols fertiles et envahit parfois les lieux vagues auprès des habitations. Pendant les sécheresses de l'été, l'ortie est attaquée par une chenille noire qui lui est propre : je ne l'ai remarquée sur aucune autre plante.

2. O. brulante. — *U. urens*. — Linné. — Herbe vivace, de 2 à 5 déc., décombante, plus petite dans toutes ses parties que la précédente ; se plaît dans les mêmes lieux.

Pariétaire officinale. — *Parietaria officinalis*. — Linné. — Herbe vivace, de 5 à 15 cent., couchée, formant touffe ; feuil. alternes, ovales, oblongues ; tiges rougeâtres ; fl. peu apparentes, par grappes axillaires, sessiles. On la trouve le plus souvent entre les pierres de vieux murs humides, qu'elle tapisse. Elle serait peut-être dans l'oubli, si ce n'était son emploi fréquent en médecine usuelle ; aussi est-elle bien connue des cultivateurs.

Houblon grimpant. — *Humulus lupulus*. — Linné. — Herbe vivace, s'élevant très-haut, à tiges rudes et anguleuses, grimpant sur les plantes et arbres voisins ; feuil. opposées, pétiolées, irrégulières, dentées ; fl. dioïques, les mâles disposées en panicules, les carpellées formant de petits cônes. C'est au bord des ruisseaux et dans les lieux frais que se plaît le houblon. J'avais planté quelques fragments de racines au pied d'une tonnelle ; dès la 2ᵉ année, elle était couverte par les tiges. Des insectes attaquent le houblon, et j'ai vu dans le courant de l'été, en quelques jours, ses feuilles toutes perforées. La culture de cette plante est tout à fait inconnue dans ma localité.

J'ai connu un jeune homme qui possédait quelques moyens naturels joints à une instruction moyenne, et qui, trouvant la terre trop basse pour la cultiver, déserta les champs pour se placer en ville, où quelques années après il devint commis-voyageur ou plutôt voyageur de commerce. Se trouvant à Lyon, il rencontra l'un des camarades qu'il avait laissés au village, et lui offrit gracieusement une cruche de bière. Il tranchait un peu du grand monde et s'exprima ainsi : Oh! moi, je ne bois que de la bière de Munich. Il avait raison ; car ce qui vient de loin se paie plus cher et partant doit être meilleur, tant il est vrai que pour certaines personnes, le prix seul fait la qualité de la chose. Il avait encore raison ; mais peut-être l'ignorait-il, parce que la bière fabriquée en Bavière jouit d'une réputation bien méritée, et la ville de Munich, qu'il citait, possède, à elle seule, 34 brasseries.

On n'évalue pas à moins de 8 millions d'hectolitres le produit de plus de 3,000 brasseries en Autriche, et à 7 millions pour la Belgique. En France, notre consommation s'élève à 5 ou 6 millions d'hectolitres.

Le cultivateur possédant une vigne et buvant rarement de la bière, est surpris de l'énormité de cette consommation. Les chemins de fer transportent, à peu de frais, des quantités considérables de vins dans les pays qui en étaient privés, et la fabrication de la bière, loin d'en souffrir, prend de l'extension. La Prusse compte plus de 7,000 brasseries.

C'est en Poméranie et dans les provinces polonaises de la Prusse que se récoltent des quantités considérables de houblon. Le Wurtemberg, la Bavière et la Bohême ont acquis une juste renommée pour cette culture.

Chanvre cultivé. — *Canabis sativa*. — Linné. — Inutile de le décrire ; il est assez connu des cultivateurs. Chaque récolte que nous tirons du sol, l'épuise ; mais elle nous fournit des matériaux propres à faire des engrais pour lui restituer la fertilité. Ainsi en est-il des fourrages, de la paille des céréales, des tubercules et racines des récoltes sarclées ; la vigne rend bien peu, mais ses feuilles enfouies sont déjà quelque chose. Le chanvre ne rend rien à la terre, et cependant il lui faut un terrain substantiel, grassement amendé.

# FAMILLE DES ARTOCARPÉES.

Cette famille est composée d'arbres ou arbrisseaux à suc laiteux.

Genre *Morus* ; très-répandu et important pour la nourriture des vers-à-soie.

1. MURIER BLANC. — *Morus alba.* — Linné. — Ce n'est qu'un praticien qui peut parler avec autorité de cet arbre précieux, qui fait la prospérité des départements du midi de la France. Je ne m'en suis jamais occupé, et par conséquent je m'abstiens sur ce sujet.

2. M. NOIR. — *M. nigra.* — Linné. — Beaucoup de cultivateurs aiment à posséder, près de leurs habitations, un pied de mûrier rouge, soit pour son ombrage, soit pour ses fruits qui se succèdent pendant assez longtemps.

MACLURE à fruits d'oranger. — *Maclura aurantiaca.* — Nutt. — Vulgairement, *Oranger des Osages.* — Arbre dioïque de la Louisiane, à très-grosses épines et beau feuillage ; propre à faire des clôtures. Les pieds que j'en possède n'ont pas encore porté de fleurs. Dans mon sol léger et pierreux, ils donnent des pousses de plus d'un mètre de longueur ; je présume que c'est là le terrain qui leur convient.

FIGUIER COMMUN. — *Ficus caria.* — Linné. — Petit arbre propre à certains départements méridionaux. En remontant le cours du Rhône, ce n'est guère que jusqu'à Lyon que l'on peut compter sur une récolte passable de figues. Je l'ai cultivé afin de l'étudier chez moi, mais c'est à peine si j'ai pu récolter quelques fruits arrivés à maturité.

# FAMILLE DES ULMACÉES.

Les divers auteurs de botanique sont partagés sur le classement des arbres de cette famille, qui sont placés par quelques-uns dans celle des Amentacées. L'Ormeau est un bel arbre ornemental et dont le bois est souvent employé en agriculture.

1. ORME CHAMPÊTRE. — *Ulmus campestris.* — Linné. — Grand et bel arbre, à port majestueux ; écorce grisâtre, lisse ou rugueuse ; feuil. rudes, dentées, pétiolées, acuminées ; les fleurs paraissent avant les feuilles et sont rougeâ-

tres, en petits paquets latéraux ; la graine est une petite samare. Pour multiplier par semis, il faut semer aussitôt la maturité de la graine, en terrain bien préparé, et peu recouvrir la semence. Tout le monde a pu remarquer quelques-uns de ces pieds énormes d'ormeaux, dont l'existence remonte à plusieurs siècles et qui ont abrité sous leur ombrage tant de générations passées. On fait remonter leur plantation à Sully. Ils disparaissent les uns après les autres, ces arbres vénérés ; ils sont emportés par le temps, ce grand destructeur de toutes choses.

2. ORME TORTILLARD. — *Ulmus minor.* — Linné. — Moins grand, dans toutes ses parties, que le précédent, il est assez commun dans les haies et aux bords des champs cultivés.

3. ORMEAU SUBÉREUX. — *Ulmus suberosa.* — Ehrh. — Très-commun dans ma localité, il forme un petit arbre dont l'écorce est fortement subéreuse et crevassée. Il offre, du moins chez moi, cette particularité, que beaucoup de ses feuilles sont boursouflées et cloquées ; ainsi disposées, elles servent de retraite à des myriades d'insectes presque imperceptibles.

On cite encore l'Orme des montagnes, — *U. montana,* — Sm., — et l'Orme à fleurs pendantes, — *U. effusa,* — Willd.; — l'un et l'autre se trouvent dans les bois, mais sont peu communs.

MICOCOULIER DU MIDI. — *Celtis australis.* — Linné. — Vulgairement, *Perpignan.* — Arbre de moyenne grandeur, à écorce grisâtre, ayant quelque ressemblance avec l'orme. Il réussit bien dans ma culture, mais je n'ai pas encore vu ni sa fleur ni son fruit ; il est trop jeune. Dans le département de la Loire, on ne le trouve que dans les communes bordant le Rhône. Sa flexibilité le rend propre à divers usages agricoles. Les manches de fouet tordus, que chacun connaît, sont en bois de micocoulier.

## FAMILLE DES JUGLANDÉES.

Le Noyer représente seul cette famille sur laquelle il serait inutile de s'étendre. Causant par son ombrage et ses racines beaucoup de préjudice aux récoltes, le noyer tend à disparaître du milieu des champs cultivés ; on le relègue au fond des vallons, où il semble se plaire. Certains cantons sont très-propres à ce genre de culture : on cite les bords de l'Isère et même une partie du département qui porte ce nom, pour leur récolte de noix en quantités relativement considérables.

Il existe de nombreuses variétés de noyers ; celle dite *Noyer à la mésange* semble être préférable aux autres : son fruit se casse avec facilité, sous la simple pression des doigts, et l'arbre est très-fertile. Mes noyers tardifs sont encore trop jeunes pour fructifier ; je n'ai pu les apprécier ; mais leur végétation n'a lieu que 15 jours ou 3 semaines après celle des autres.

Le Noyer commun que nous cultivons est d'origine asiatique ; mais de nombreuses variétés se mêlent aux chênes séculaires dans les forêts du Nouveau-Monde. Plusieurs de ces variétés ont été importées parmi nous, mais plutôt à titre d'arbres d'agrément, que pour leur produit, qui est inférieur à celui de nos espèces.

## FAMILLE DES AMANTACÉES.

Cette famille est d'une grande importance par les grands et beaux arbres qu'elle renferme, et dont le bois est propre à tant d'usages. Ils sont employés dans les constructions rurales, pour la confection de divers ustensiles agricoles, etc.

Coudrier noisetier. — *Corylus avellana.* — Linné. — Arbrisseau de 3 à 5 m., à rameaux gris, monoïques ; fl. staminifères, se montrant dès l'automne et s'épanouissant, parfois en janvier, mais généralement en février et mars ; chatons par 3 ou 5, pendants, et longs de 5 à 10 cent.; les fl. carpellées sont annoncées par des styles rouges qui sortent du bouton au moment de l'émission du pollen ; le fruit est enveloppé à demi par un involucre foliacé.

Le Noisetier vient à peu près partout, mais son milieu est le bois des montagnes, où il fructifie abondamment. La récolte des noisettes est une récréation pour les enfants et un amusement pour les jeunes gens. Cet arbrisseau émet des rejetons élancés et droits propres à divers usages ; ils sont employés dans la ferme à la confection de plusieurs ouvrages de vannerie. C'est avec les branches droites et lisses du coudrier que sont faits les paniers qui servent au transport des fruits sur les marchés ; on fend, en lanières, les branches destinées à cet usage. Dans un bois taillis où domine le noisetier, il abaisse la valeur des fagots, car il est bien inférieur au chêne comme bois à brûler. On ne peut guère s'en servir, en fagots feuillés, pour la nourriture des moutons, car sa dessication s'effectue très-mal.

On cultive, pour la table, la noisette *grosse rouge*, dite *Aveline*, et la *grosse ronde du Piémont;* mais les amateurs en ce genre, élèvent les noisetiers à une vingtaine de variétés. Dans les parcs, on rencontre le *Noisetier pourpre*, ainsi nommé de la couleur de son feuillage ; introduit en 1824. On connaît encore le *Noisetier à feuilles laciniées*, dont le feuillage est très-découpé, et les *Noisetiers du Levant, de Byzance, d'Amérique* et le *Cornu*.

Genre *Quercus*. — 1. Chêne à fruits sessiles. — *Quercus sessiliflora*. — Sm. — Vulgairement, *Roule*. — Arbre de grandeur moyenne, généralement peu droit ; écorce crevassée ; feuil. pétiolées, glabres, sinuées, lobées ; fl. staminifères en chatons pendants, interrompus ; fl. carpellées renfermées dans un involucre formé d'écailles, en avril et mai ; glands agglomérés, sessiles ou à peine pédonculés, mûrissant en août-septembre. Très-commun dans les bois taillis, les haies, au bord des champs cultivés.

2. C. pubescent. — *Q. pubescens*. — Willd. — Diffère du précédent par son port moins élevé et par ses feuilles moins pétiolées ; il est moins commun.

3. C. a fruits pédonculés. — *Q. pedunculata*. — Ehr. — Vulgairement, *Mayère*. — Arbre très-grand, à tronc droit et élancé ; écorce moins crevassée que celle des 2 précédents ; feuil. glabres, presque sessiles ; glands à longs pédoncules et en épi lâche. On le trouve assez souvent dans les bois, mais il préfère le vallon, en terrain substantiel.

4. C. des Apennins. — *Q. Apennina*. — Lamk. — Vulgairement, *Chêne blanc*. — A beaucoup de ressemblance avec le précédent, mais il est moins élancé.

Quoique le Chêne ne soit point un arbre fruitier, il doit être considéré comme le plus utile de tous les arbres forestiers. Il fournit du bois, pour les constructions, de dimensions dont la solidité est à toute épreuve et d'une durée presque illimitée ; une partie de nos instruments aratoires est en chêne ; la charronnerie en fait un fréquent usage. Il est vrai qu'on peut quelquefois lui préférer le frêne ; mais le frêne n'est le produit que de quelques lieux exceptionnels, tandis que le chêne se voit presque partout : il semble affecter spécialement le flanc du coteau ; on le trouve également à la base, et si l'on monte au sommet, on trouve encore le chêne, peut-être moins grand, mais égal en qualité à celui du flanc et de la base. Allez du nord au sud de la France, toujours vous rencontrerez le chêne : dans les départements du midi, ce sera le Chêne vert, — *Quercus ilex*, — Linné ; — dans ceux de l'ouest, le Chêne liége, — *Q. suber*, — Linné. — En Afrique, nous trouvons le Chêne Tauzin, — *Q. Tauza* ; — sous le climat du figuier, le Chêne aux Kermès, — *Q. coccifera*. — L'Amérique est abondamment pourvue de chênes.

Le cultivateur sait assez que le chêne est peut-être l'arbre le plus rustique ; car si l'on réfléchit au désordre occasionné dans les végétaux ligneux, l'amputation des branches ou la coupe près du sol, à l'époque de l'ascension de la sève, on est surpris de voir le chêne supporter tout cela sans paraître en souffrir. On veut souvent, du moins dans ma localité, tirer parti de l'écorce des baliveaux, pour la tannerie ; cette opération se fait en pleine sève ; les retardataires coupent du bois entièrement feuillé ; le chêne supporte très-bien cette mutilation. Dans le courant de septembre, lorsque la sève est encore en mouvement, on fait ce qu'on appelle des fagots de feuilles, pour hiverner les brebis et les chèvres ; nos pauvres têtards sont encore entièrement dégarnis de leurs branches sans qu'une seule leur soit laissée pour élaborer la sève encore assez abondante. Dans ces tristes conditions le têtard émet de nombreux rejetons qui, n'étant pas assez aoûtés, périssent dans l'hiver ; mais vienne le printemps, on le voit pousser avec une nouvelle vigueur.

Voici encore un fait qui prouve la rusticité incomparable du chêne. J'étais encore enfant et, par une faute que mon âge pouvait seul me faire pardonner, je mis le feu à un chêne séculaire dont le tronc était creux. La flamme, avivée par l'air qui circulait de la base au sommet, consuma tout le bois mort ; il ne resta du tronc que ce qui était vert, c'est-à-dire l'écorce et une mince partie de bois. Le feu diminuant d'intensité, et mon père étant venu à mon aide, nous parvînmes, à force d'eau, à éteindre ce brasier dressé. Malgré cette combustion intérieure qui aurait dû le faire périr, ce chêne donne du bois avec autant de vigueur que si rien ne lui fût arrivé ; et pourtant il y a de cela plus de vingt-cinq ans.

Je me trouvais un jour avec un homme qu'un chien accompagnait. Je ne faisais nullement attention à ce quadrupède, lorsque son maître me dit tout à coup : — Vous voyez mon chien ; je ne le céderais pas pour cent francs. — Je crus avoir affaire à un braconnier émérite, et je lui répliquai : — Il est bon pour les lièvres. — Non, me répondit-il ; mais c'est un véritable *truffier ;* il a le flair très-bon ; je vais avec lui dans les bois de chênes, à la recherche des truffes ; il les sent, se met à gratter la terre, et muni d'un instrument, je lui aiderai à déterrer les truffes. Il est des jours où ma chasse me produit d'assez fortes sommes ; nous avons des marchands qui achètent les truffes à des prix élevés et les expédient sur Paris. — Je trouvai cela fort curieux, d'autant plus que j'étais étranger à ce cryptogame, que l'on ne trouve pas dans le département de la Loire. Depuis cette époque, j'ai appris que des essais ont été tentés sur la production des truffes, en semant des chênes, que l'on qualifie de *truffiers*. Les résultats seront-ils satisfaisants? A l'avenir appartient la réponse.

A certaines époques de chaque année, le vent du midi dévaste nos campagnes, ou forme des orages qui fondent en tourbillons et font des dégâts affreux. Les arbres fruitiers surtout subissent cruellement les effets de cette violence dévastatrice ; les branches sont brisées, les troncs mutilés, et si la terre est détrempée, l'arbre entier est arraché et jeté gisant sur le sol. Mais le chêne est à toute épreuve, et je ne me souviens pas d'avoir vu un seul sujet arraché ou cassé par le vent ; c'est bien l'un des plus solidement implantés dans la terre.

Le chêne se reproduit spontanément avec la plus grande facilité. Son gland, oblong, lourd et très-glabre, se trouve, en tombant, souvent couvert par les bruyères, les mousses, les herbes ou même les feuilles sèches ; ainsi caché, il est favorisé par les rosées abondantes d'octobre et de novembre. Arrive l'hiver, il est abrité des vents secs et froids, émet une radicule qui s'enfonce profondément ; et si la taupe maudite vient à recouvrir cette semence de terre, elle se trouve dans la meilleure des conditions. Pendant quelques années, la plante sera un peu faible, mais le pivot se renforcera et émettra des racines latérales qui transmettront à la plante une vigoureuse végétation. Pour la culture, il ne faut pas agir de même ; mais on doit faire stratifier les glands récoltés pour semence, au fur et à mesure qu'ils sont amassés ; car s'ils sont placés en tas dans un lieu quelconque, ils s'échauffent en peu de temps et perdent leur qualité reproductrice.

Quoique le chêne soit d'une très-grande longévité, il n'échappe point à la règle commune, qui veut que tout prenne fin dans ce monde, et nous voyons des sujets de belle apparence, dont l'intérieur est carié ; on ne le croirait pas ; rien ne l'annonce. Mais il est un oiseau qui ne se trompe point à ce sujet ; c'est un grimpeur, le *Pic-vert*. Avec son long bec, il perce un chêne, qui a encore un centimètre de bois vert, avant d'arriver au bois carié. L'ouverture est parfaitement circulaire ; l'oiseau s'introduit dans l'intérieur et y élève sa famille, composée de 3 à 6 petits.

Le chêne produit sur ses feuilles ou sur ses brindilles de petites protubérences globuleuses, les unes très-glabres, de la grosseur d'une groseille, les autres tuberculeuses, de consistance charnue ; d'autres enfin sont ligneuses et viennent sur le petit bois ; ces dernières sont de la grosseur d'une noisette. Elles sont toutes parfaitement sphériques et renferment à leur centre un petit ver qui, plus tard, se métamorphose en mouche, perce son enveloppe et prend son essor dans les airs. La noix de galle du commerce est aussi le produit d'un chêne.

Hêtre des forêts. — *Fagus sylvatica*. — Linné. — Vulgairement, *Foyard*. — Grand arbre de forme arrondie et peu élancée, lorsqu'il est isolé, mais s'élevant assez haut lorsqu'il est en fourré ; écorce glabre et peu rugueuse ; bois blanc ; rameaux bruns ; feuil. pétiolées, ondulées ; monoïque ; fl. staminifères (vulgairement, fl. mâles), paraissant en avril, en chatons globuleux ; fl. carpellées (vulgairement, fl. femelles), solitaires, géminées ou ternées ; fruit triangulaire, assez semblable à un grain de sarrazin, appelé vulgairement *Faîne*, contenu dans une enveloppe à épines peu piquantes, s'ouvrant par 4 valves.

Le Fayard aime les montagnes froides ; je ne l'ai point vu sous le climat de la vigne. Ses feuilles remplacent le matelas dans le lit des pauvres gens de la montagne ; son fruit, qui est oléifère, est abandonné à tout le monde ; son bois est dur et lourd ; on l'emploie fréquemment en charronnerie.

Châtaigner commun. — *Castanea vulgaris*. — Lamk. — Grand arbre, monoïque, à feuil. oblongues et dentées ; fl. staminifères en chatons sessiles, dressés, ayant 8 à 15 cent. de longueur, en mai-juin, elles font de l'effet par leur grand nombre ; fl. carpellées, au nombre ordinaire de 3 dans un involucre, elles ont 6 à 8 stygmates ; fruits appelés *châtaignes*, renfermés dans une enveloppe soyeuse en dedans et piquante en dehors, s'ouvrant par 4 valves.

Le Châtaigner atteint parfois des dimensions colossales, et

il existe des sujets plusieurs fois séculaires. Il est très-rustique ; néanmoins, la majeure partie de sa récolte fut enlevée par les désastreuses gelées des 25, 26 et 27 avril 1854, de triste mémoire ; les bourgeons furent gelés, et les sous-bourgeons qui succédèrent ne donnèrent presque pas de fruits. Les fabriques d'acide gallique, établies dans l'arrondissement de Saint-Etienne, faisaient naître des craintes au sujet de cet arbre fruitier, qui tend à diminuer par la grande consommation de son bois dans ces usines ; mais les chemins de fer comblent amplement le déficit, et les marrons ne font pas défaut sur nos marchés.

On traite aussi le châtaignier en bois taillis ; il fournit alors des tiges propres à faire des cercles de tonneaux. Ce bois est un mauvais combustible ; mais il est de longue durée et excellent pour faire des échalas, des tuteurs d'arbres et autres emplois pour des objets devant être exposés aux injures du temps.

Charme commun. — *Carpinus betulus.* — Linné. — Arbre moyen, parfois simple arbrisseau, dressé ou tortueux ; écorce grisâtre peu rugueuse ; feuil. à courts pétioles, ovales, glabres, dentées et entières ; en avril-mai, fl. staminifères en chatons pendants ; fl. carpellées en cônes lâches ; fruits osseux, terminés par plusieurs dents.

Le Charme est très-commun dans nos bois, nos haies et au bord des ruisseaux. Son tronc est estimé pour bois de chauffage, mais dans les taillis où il domine, il est inférieur au chêne ; les boulangers lui préfèrent ce dernier et l'exploitant perd le produit de l'écorce. Le bétail est avide de ses fagots feuillés, pendant l'hiver. Le gros bois du charme est très-dur, serré et solide ; on en fait des maillets et autres instruments.

Bouleau blanc. — *Betula alba.* — Linné. — Arbre moyen, monoïque, plus ou moins droit ; écorce blanchâtre, se détachant par lanières circulaires et minces ; rameaux rougeâtres, très-flexibles et pendants ; feuil. pétiolées, dentées, tremblotantes ; fl. staminifères en chatons cylindriques en avril et mai ; fl. carpellées en chatons également cylindriques, à écailles membraneuses et caduques ; fruit très-petit.

Le Bouleau est bien connu des cultivateurs qui s'en servent pour faire des balais dont on se sert au moment du battage des blés ; on emploie aussi son bois à fabriquer des cercles de tonneaux. Il appartient aux montagnes et aux pays septentrionaux ; je ne l'ai point vu croître dans le climat de la vigne, si ce n'est dans les parcs, comme arbre d'agrément.

Aulne glutineux. — *Alnus glutinosa*. — Gaërt. — Vulgairement, *Verne*. — Arbre élancé, monoïque, à écorce grisâtre, couverte de points blancs ; feuil. pétiolées, entières, dentées ; fl. staminifères en janvier-février, rarement en mars, en chatons cylindriques, pendants, rougeâtres, si nombreux, que l'arbre en paraît chargé ; ils font un bel effet à cette époque de l'année où tout semble en repos dans la nature ; la poussière fécondante est si abondante, que dans le moment où le soleil darde ses rayons, il semble voir sortir un nuage de l'arbre si une légère brise vient en agiter les branches ; fl. carpellées en chatons ovoïdes ; fruits ovoïdes formant de petits cônes noirs, ligneux et persistants, de la grosseur d'une cerise, au nombre de 4 à 8 portés sur un pédoncule rameux et terminal.

Ami des eaux, le Verne ne vient qu'au bord des ruisseaux et dans les lieux humides, où il se multiplie spontanément avec une grande facilité par ses graines, qui sont innombrables. Ses racines flexibles résistent très-bien au courant de l'eau et sont propres à retenir la terre. Sa croissance est très-rapide ; il n'est point rare de voir des pousses d'une année atteindre 2 mètres de longueur ; mais une fois arrivé à sa hauteur, il se charge de cônes et reste dans un état d'engourdissement ; il faut alors le receper par pied pour avoir des rejetons. Le bois du Verne est un bois blanc qui a peu de mérite ; ce n'est que par exception qu'on en fait des planches, mais seulement pour l'usage de la ferme. Ce bois, étant très-léger, sert encore à faire des ranchers pour récolter les fruits, et quelques autres objets. Comme bois feuillé pour les bestiaux, c'est peut-être le moindre de tous.

Le genre *Populus* fournit de grands arbres dioïques, très-communs, et dont les fleurs, en chatons cylindriques, paraissent avant les feuilles.

1. Peuplier tremble. — *Populus tremula*. — Linné. — Vulgairement, *Tremble*. — Arbre de moyenne grandeur ; écorce gris-cendré ; bois tendre ; bourgeons noirâtres ; pétioles de 6 à 10 cent.; feuilles orbiculaires, agitées par la brise la plus légère, ayant un diamètre de 6 à 9 cent., et 15 à 20 petits lobes ou grosses dents ; fl. en chatons pendants, de 6 à 8 cent. de longueur, en janvier-février ; alors l'arbre se reconnaît de loin. Quoique le tremble soit

des pays septentrionaux, on le voit néanmoins dans des localités assez chaudes. Il est envahissant par ses racines, qui tracent au loin et émettent des rejetons. Son bois est de mauvaise qualité et son tronc devient caverneux.

2. P. PYRAMIDAL. — *P. pyramidalis*. — Linné. — Vulgairement, *Peuplier d'Italie*. — Très-grand et bel arbre, à branches droites et serrées contre le tronc ; sa forme représente une pyramide ainsi que l'indique son nom ; on ne rencontre que le pied mâle, quoiqu'il soit dioïque ; en février-mars, fl. rouges, en chatons dressés, de 18 à 20 mill. de longueur sur un diamètre de 7 à 9, mais presque toujours au sommet de l'arbre. Ce peuplier est d'une multiplication facile par boutures qui s'enracinent promptement. Il est fréquemment employé pour avenues et se plaît au fond des vallons, en terrain sableux et humide, où, en peu de temps, il atteint une très-grande hauteur. Les planches faites de son tronc, quoique tendres, font un bon usage à l'abri de la pluie. Son introduction en France ne remonte pas au delà de 1700.

3. P. NOIR. — *P. nigra*. — Linné. — Vulgairement, *Peuplier ordinaire*. — Arbre très-élevé, à écorce fortement crevassée ; dioïque ; branches étalées ; feuil. pétiolées, triangulaires ; fl. du pied mâle en chatons dressés et étamines rouges ; graines du pied femelle, à long duvet blanc ressemblant à du coton ; ces graines m'ont paru stériles en majeure partie ; je n'ai vu que quelques rares pieds venus de semis ; aussi est-on dans l'habitude de le multiplier par boutures ou plançons de 2 m., qui manquent rarement. On voit parfois des pieds monstrueux tombant de vétusté, mais qui ont fourni des quantités de bois très-considérables. Les fagots de ses branches feuillées sont très-estimés pour nourrir les bestiaux, et les planches de son tronc d'un fréquent usage dans la ferme.

Ces trois variétés sont les plus répandues. J'ai tenté des essais sur le Peuplier de Virginie, — *P. molinifera*, — Mich. ; — il paraît bien réussir chez moi. Ainsi en est-il du Peuplier blanc de Hollande, — *P. alba*, — Linné, — qui est assez ornemental par son feuillage blanc en dessous. Quant au Peuplier de la Caroline, — *P. angulata*, — H. K., — il craint les gelées et n'est propre qu'à un amateur.

Le genre *Salix* donne des végétaux ligneux et très-flexibles. Ses nombreuses espèces sont assez difficiles à analyser ; mais le cultivateur a peu d'intérêt à les connaître, elles lui sont même inutiles, à l'exception d'une qui lui est indispensable ; c'est le

1. Saule jaune. — *Salix vitellina.* — Linné. — Vulgairement, *Ambre.* — Arbre à rameaux dressés, mais étêté chaque année dans nos cultures ; feuil. oblongues, lancéolées, denticulées ; chatons verdâtres, mais excessivement rares, parce qu'ils naissent sur le vieux bois qui n'existe pas à cause de l'étêtement. L'*Osier jaune* demande un terrain humide et se multiplie facilement par boutures. Outre l'emploi qui en est fait pour la confection de divers objets de vannerie à l'usage du cultivateur, il sert encore aux tonneliers pour lier leurs cercles de tonneaux ; on en fait aussi usage chaque jour pour l'emballage de divers produits. D'après des expériences, il résulte que cet osier, cultivé dans un terrain propice, peut donner de bons bénéfices à son producteur.

2. Saule blanc. — *Salix alba.* — Linné. — Vulgairement, *Saule commun.* — Nous avons l'habitude de voir les saules exploités en têtards, au tronc caverneux attestant leur vieillesse ; mais je n'ai eu qu'une seule occasion d'admirer un saule arrivé à son développement naturel ; c'était au fond d'un vallon où il s'élançait droit et pyramidal aussi haut et plus beau qu'un peuplier d'Italie ; il n'avait jamais subi l'étêtement et me donna une preuve du mérite ornemental de cet arbre. Ses jeunes pousses sont usitées comme celles du précédent ; mais elles leur sont inférieures en souplesse. On aime à posséder le saule blanc près des pièces d'eau, des sources ou des ruisseaux.

3. Saule de Babylone. — *Salix Babylonica.* — Linné. — Vulgairement, *Saule-pleureur.* — Il est facile à reconnaître à ses rameaux flexibles et pendants ; il n'est propre qu'à orner les lieux humides des parcs où il devient très-gros.

On trouve fréquemment dans les bois plusieurs espèces de *Salix,* ne différant les unes des autres que par de faibles nuances. Les hautes montagnes en produisent en abondance ; mais je ne saurais engager le modeste cultivateur à abandonner ses occupations agricoles pour aller étudier au sommet des Alpes le *Salix glauca,* — Linné, — et le *Salix reticulata,* — Linné.

# FAMILLE DES CONIFÈRES.

Grands arbres ou arbrisseaux résineux, vulgairement appelés *arbres verts*, par leurs feuilles généralement persistantes, rarement caduques ; fl. monoïques ou dioïques.

Mélèze d'Europe. — *Larix Europœa.* — D. C. — Grand arbre droit et élancé ; feuil. vertes formant un faisceau de 15 à 20, au printemps, caduques ; elles tombent à l'automne ; fl. mâles en chatons, les carpellées ovales ; fruit en forme de cône, long de 3 à 4 cent., formé d'écailles imbriquées et ligneuses, longues de 8 à 10 mill., sur une égale largeur ; graines ailées de la grosseur d'un grain de millet. Le Mélèze est particulier aux hautes montagnes ; mais son beau port l'a fait admettre dans les parcs, où il réussit assez bien, sans atteindre les mêmes dimensions que dans son habitat ordinaire.

Genre *Abies*. — 1. Sapin à feuil. distiques. — *Abies pectinata.* — D. C. — Arbre monoïque des hautes montagnes et de première grandeur ; ses branches sont verticillées et étalées horizontalement ; feuil. linéaires, de 20 à 25 mill. de longueur, d'un vert-sombre ; fl. mâles en chatons ; cônes dressés, longs de 10 à 15 cent., sur un diamètre de 4 à 6, à écailles très-obtuses et longues de 25 à 30 mill., sur une largeur à peu près égale ; chaque écaille contient 2 graines ailées que le vent disperse au loin.

Le sapin fait l'ornement et la richesse des forêts des hautes montagnes et des pays septentrionaux. Il ne se met à fruit que dans un âge déjà avancé ; ses cônes font un bel effet la première année qu'il en porte ; ils sont sur un ou deux rangs verticillés des branches, placés près du sommet de l'arbre, et rangés symétriquement au nombre de 20 à 30. La reprise des jeunes plants de sapins s'effectue assez difficilement, ce qui étonnera quelques cultivateurs qui, en traversant les montagnes où croît cet arbre, arrachent de jeunes pieds pour les transplanter dans leur jardin, où ils reprennent presque toujours. Voici pourquoi : c'est qu'on ne traverse la haute montagne que dans la belle saison, en avril-juin, qui est précisément l'époque de la plantation des arbres verts : on plante donc au moment convenable.

2. Sapin élevé. — *Abies excelsa.* — Poir. — Vulgairement, *Epicéa*. — Arbre de première grandeur, à branches verticillées comme celles du précédent ; feuil. éparses ; cônes

pendants à écailles persistantes. L'Epicéa ne croît que sur les hautes montagnes, Vosges, Jura, Alpes, Pyrénées. On le plante dans la plupart des parcs.

S'il n'y a que ces deux espèces qui offrent quelque intérêt au cultivateur, il n'en est pas de même en horticulture, où se plante fréquemment le Sapin blanc, — *Abies alba*, — Poir., — vulgairement *Sapinette blanche*; — du Canada; rustique; réussit bien; — le Sapin noir, — *A. nigra*, — Poir., — vulgairement *Sapinette noire*; — du nord de l'Amérique. J'ai tenté la culture de l'*A. pinsapo*, — Boissier; — de l'Andalousie; mais il a péri; ma localité s'est trouvée probablement trop froide. On a importé de la Californie de nombreuses espèces, telles que l'*A. Douglasii*, — Loud.; — l'*A. amabilis*, — Douglas; — l'*A. bracteata*, — Lindl.; — l'*A. grandis*, — Douglas; — l'*A. nobilis*, — Lindl. — L'Hymalaya fournit l'*A. Pindrow*, — Royle, — et l'*A. Webbiana*, — Lindl. — Le Mexique a envoyé l'*A. religiosa*, — Lindl., — croissant à une altitude de 2,600 à 3,000 mètres, ce qui semble le rendre précieux pour nos régions froides; il en est de même d'un grand nombre d'autres espèces. Les conifères sont plus rustiques qu'on ne le suppose généralement; quoique ma localité ne soit pas propre à ces résineux, les quelques sujets que j'expérimente, ne donnent pas moins des pousses de 50 à 80 cent.

Genre *Cedrus*. — 1. Cèdre d'Orient. — *Cedrus orientalis*. — D. C. — Vulgairement, *Cèdre du Liban*. — Grand et bel arbre monoïque, à forme pyramidale; ses branches sont étalées; ses feuilles solitaires semblent réunies par touffes; cônes obtus, à écailles tellement serrées les unes contre les autres, que, pour avoir la semence qui est d'un prix assez élevé, on est obligé de percer le cône de la base au sommet, afin d'en détacher les écailles qui recouvrent la graine ailée. J'ai fait une remarque qui a été faite par d'autres aussi, c'est que le sommet du cèdre, toujours incliné, penche constamment vers son lieu natal, le Liban. Généralement parlant, le cèdre, qui est d'un prix élevé, appartient plutôt au jardin paysagiste du riche ou de l'amateur, qu'au champ du cultivateur.

2. C. Déodar. — *C. deodara*. — Loud. — Arbre de 60 à 80 m. dans son pays, sur un diamètre de 4 à 5 m.; son tronc est tortueux lorsqu'il est jeune; mais en croissant, il se redresse parfaitement, et il fait un des plus beaux arbres verts, soit par son écorce lisse et d'un beau vert, soit par

son feuillage argenté et ses branches étalées et flexibles, à extrémités pendantes comme celle du sommet de l'arbre. Le seul pied que je possède a 6 à 7 m. de hauteur ; il est greffé sur un cèdre du Liban, parce qu'à l'époque où je me le procurai, les graines venant directement de l'Hymalaya étaient fort rares. Ce sujet, étant déjà fort, a subi une transplantation dont il n'a pas souffert. Je l'ai placé dans un lieu plat en terrain sablo-argileux, humide en hiver, très-sec en été ; il semble se plaire dans ces conditions.

J'ai été moins heureux dans la culture du Cèdre de l'Atlas, — *Cedrus Atlantica*, — Renou., — dont je m'étais procuré quelques pieds : ils périrent dès la première année.

Genre *Pinus*. — 1. PIN SAUVAGE. — *Pinus sylvestris*, — Linné. — Vulgairement, *Pin commun*. — Arbre tantôt élevé, si le sol est substantiel, tantôt rabougri, si le terrain est pauvre et peu profond ; ses branches sont verticillées, vulgairement en couronne, comme dans le genre précédent ; fl. monoïques, en avril-mai, les mâles en chatons très-nombreux, donnant, au moment de leur émission, une grande abondance de pollen ; cônes formés d'écailles imbriquées et ligneuses ; graines ailées ; les feuil. sont persistantes et réunies par 2 dans une espèce de gaine.

Le pin sylvestre croît sur les montagnes ; néanmoins j'en ai vu aux dernières limites de la vigne ; mais ils laissaient à désirer sur la vigueur de leur végétation, et étaient en certaines années attaqués par une chenille qui les faisait souvent mourir, particularité qui ne se présente pas, je crois, dans son climat favori. Ce pin se reproduit de lui-même avec une grande facilité ; sa graine, munie d'une aile, est disséminée partout par le vent. Pour le semis artificiel, on doit attendre le mois d'avril et ne pas trop se hâter, de crainte d'abord qu'une levée trop précoce ne soit anéantie par les gelées tardives ; ensuite que la graine ne soit mangée par les oiseaux qui en sont très-friands ; plus tard ces granivores, trouvant de la nourriture en plus grande abondance, causeront moins de dégâts. On est dans l'habitude de semer dans de l'avoine pour que le jeune plant soit abrité d'un soleil trop ardent et des vents brûlants.

Il ne faut jamais se dispenser d'éclaircir les jeunes pins ; car on aurait des sujets grêles et élancés, qui diminueraient notablement la valeur d'une forêt. L'élagage n'est pas moins important et ne doit être confié qu'à un homme expert en cette matière. Chaque branche doit laisser au tronc un chicot d'une certaine longueur ; et le sommet de l'arbre doit rester garni de 4 à 6 couronnes de branches ; mieux vaudrait même en laisser 8 et répéter l'élagage plus souvent.

Dans une ferme, on emploie le bois du pin à tous les usages pour lesquels on peut se passer de celui du chêne ou du frêne. Dans le bassin houiller du département de la Loire, il s'en débite des quantités considérables pour l'étayage des galeries souterraines ; ces bois sont connus sous le nom de *bules*.

2. P. D'AUTRICHE. — *P. Austriaca.* — Hoss. — Vulgairement, *Pin noir d'Autriche.* — Les quelques pieds que je possède, n'ayant que 3 m., je ne puis trop asseoir mon jugement sur sa hauteur ; leur végétation est satisfaisante ; leurs bourgeons noirs lui ont probablement valu son nom vulgaire ; 2 feuil. un peu pédonculées, longues de 12 à 14 cent., renfermées dans une gaîne blanchâtre, longue de 7 à 9 mill. Je n'ai vu ni la fleur, ni le cône.

3. P. DU LORD. — *P. strobus.* — Linné. — Bel arbre pyramidal, très-propre à l'ornementation ; écorce verdâtre et lisse ; feuil. disposées par 4 et longues de 10 à 12 cent., vert-gai ; gaînes caduques ; cônes oblongs, pendants. Ce pin est le plus fréquemment employé dans les parcs.

4. P. MARITIME. — *P. pinaster.* — Willd. — Arbre moyen, souvent peu élancé et peu droit ; feuil. 2 à 2 dans chaque gaîne, très-longues : quelques-unes atteignent 25 cent. ; nombreuses fl. mâles ; cônes de 7 à 9 cent. de long. Ce pin, qui est particulier aux landes et aux rivages de l'Océan, est appelé vulgairement *Pin de Bordeaux.* Il réussit très-bien dans les lieux peu élevés et sablonneux ; j'en semai, il y a vingt ans, dans ces conditions ; ils prospérèrent à merveille et avaient formé un fourré compact, qu'à regret j'ai été obligé d'arracher par suite d'un changement dans la destination de mon terrain.

5. P. ROUGE D'ÉCOSSE. — Il paraît être une variété du pin sylvestre, dont il diffère bien peu.

Voilà à peu près les observations que j'ai pu faire sur ce genre précieux. En horticulture et en sylviculture surtout, il existe une foule d'espèces, de variétés et sous-variétés d'un grand mérite, mais qui ne sont pas du ressort de l'agriculture. Des établissements renommés pour cette spécialité possèdent jusqu'à 80 variétés de pins. On est porté à croire, et je l'ai cru aussi, que les pins ne sont propres qu'aux pays froids des montagnes ; j'ai été détrompé en voyant, de Tarascon à Cette, de longs parcours du chemin de fer bordés de ces conifères, qui croissent aussi sur les bords du Rhône, mais peu élevés. Par un larcin que la loi serait impuissante à réprimer, je cueillis un cône qui doit être du *Pin de Montpellier ;* par essai, je semai ces graines méridionales ; elles ont levé sans difficulté ; les plantes ont traversé un hiver rigoureux sans paraître en souffrir.

Cyprès toujours vert. — *Cupressus sempervirens.* — Linné. — Arbre de 10 à 15 m.; feuilles n'ayant que quelques millimètres de longueur, persistantes, imbriquées ; fl. monoïques ; les mâles en chatons ovoïdes de la grosseur d'un grain de millet, les carpellées encore plus petites ; floraison en février-mars ; cônes globuleux, de la grosseur d'une noix. Le cyprès qui vient des départements du Midi, a bien réussi chez moi, d'un semis qui a facilement levé en terre de bruyère et sur couche.

Le Cyprès pyramidal, — *Cupressus fastigiata,* — D. C., — à branches redressées comme le peuplier d'Italie, fait un bel effet.

Thuya d'Orient. — *Thuya orientalis.* — Linné. — Petit arbre de 5 à 10 m., à rameaux dressés contre le tronc, ressemble au cyprès, mais est plus rustique. On l'emploie assez souvent dans les plantations d'ornement, pour abri et brise-vent, avec le Thuya d'Occident, — *Thuya occidentalis,* — Linné, — qui n'en diffère que par ses branches étalées. Multiplication facile par leurs graines abondantes et levant sans difficulté.

Le genre *Juniperus* est bien différencié des précédents par sa fructification qui, au lieu d'être un cône, consiste en une baie. Végétaux dioïques, c'est-à-dire que les fleurs mâles sont sur un pied et les femelles sur un autre.

1. Genévrier commun. — *Juniperus communis.* — Linné. — Arbrisseau de 1 à 3 m., dressé, formant touffe ; feuil. très-étalées, piquantes, verticillées 3 à 3 ; baies noires. Il est très-commun sur nos coteaux, dans nos bois et nos haies ; ses rameaux servent à certaines fumigations, et ses baies sont employées dans le commerce.

2. G. de Virginie. — *J. Virginiana.* — Linné. — Arbre de 10 à 15 m., d'un fréquent emploi dans les plantations d'agrément. Les sujets que je cultive, quoiqu'ayant déjà 2 m., n'ont pas encore fructifié ; je m'abstiens sur sa description.

3. G. Sabine. — *J. Sabina.* — Linné. — Arbuste étalé sur le sol, ne s'élevant guère qu'à 50 cent., mais formant une touffe aplatie parfois de 2 m. de largeur. Multiplication facile de bouture ou de couchage. Très-ornemental. Les Alpes, les Bermudes, l'Orient, l'Oural, l'Amérique septentrionale et le Mexique, sont venus enrichir la collection de ce genre de résineux.

If a baies. — *Taxus baccata.* — Linné. — Arbre dioïque, de 6 à 10 m.; fl. mâles en petits chatons ovoïdes, en mars-avril ; baies d'un rouge-clair. Cet arbre, qui se prête à la taille, est souvent employé dans les jardins paysagers ; se multiplie facilement par graines.

Ginkgo à feuilles bilobées. — *Salisburia adianthifolia.* — Smith. — Arbre dont la hauteur n'est pas encore bien connue dans nos cultures ; écorce grisâtre sur les jeunes rameaux ; feuil. alternes, caduques, en forme d'éventail ; fruits jaunâtres ressemblant à une prune. Ce singulier conifère, originaire de la Chine, n'est cultivé que comme arbre d'agrément. Il est dioïque, et si l'on veut obtenir des fruits reproducteurs, il faut posséder les deux sexes. Très-rustique, il n'a point souffert de nos rudes hivers, dans ma culture. Arbre d'amateur offrant peu d'intérêt au modeste cultivateur.

*Wellingtonia gigantea.* — Lindl. — Ce géant des forêts a été trouvé en Californie, à une altitude de 1,500 m., ce qui semble le rendre propre à notre climat. Il s'élève de 70 à 100 m.; on cite un sujet dont la tige, de 90 m. de hauteur, mesurait 9 m. de diamètre ; peut-être y a-t-il là un peu d'exagération. Un amateur passionné me montrait un pied de ces conifères : Voyez, me disait-il, mon Wellingtonia ; en voilà pour mes 25 francs ! — A ce prix-là, lui répondis-je, les cultivateurs n'en planteront pas.

L'impression toute récente causée par l'inondation de la Loire, a remis à l'ordre du jour l'étude des moyens propres à prévenir ou atténuer de pareils désastres, se reproduisant à des périodes malheureusement trop rapprochées. Parmi ces moyens, celui entre autres, du reboisement des montagnes, a été souvent proposé par des hommes qui ont fait leurs preuves de connaissance de cause. En effet, ce système ne pourrait avoir que d'excellents résultats, et il ne faut pas de profondes réflexions pour se convaincre de son utilité. Le feuillage des arbres retient l'eau, leurs racines empêchent le ravinement du sol ; les mousses, les bruyères et le gazon sont autant d'obstacles qui brisent le courant que pourrait avoir l'eau sur un terrain dénudé. Il devient évident qu'un volume d'eau, parcourant une distance en 12 ou 24 heures, aura plus de violence et de force, que la même quantité s'écoulant moins rapidement en 48 ou 60 heures. Le pin sylvestre serait propre à ce reboisement ; les montagnes qui bordent la Loire lui conviennent très-bien ; d'ailleurs, sa venue très-rapide, son produit rémunérateur à une époque rapprochée, lui méritent la préférence sur ses congénères ou sur les autres arbres forestiers.

## FAMILLE DES ASPARAGÉES.

Asperge officinale. — *Asparagus officinalis.* — Linné. — La culture des asperges appartenant exclusivement à l'horticulture, ne doit pas trouver place dans cet ouvrage, et le cultivateur qui voudrait posséder une aspergère productive, fera bien de se servir d'un homme de l'art pour l'initier à ce genre de culture.

Genre *Convallaria*. Plantes dioïques.

1. Muguet à tige anguleuse. — *Convallaria polygonatum.* — Linné. — Vulgairement, *Sceau de Salomon.* — Herbe vivace, à souche charnue et horizontale ; tige de 3 à 5 déc., arquée, ayant 9 ou 11 feuil., alternes, entières, ovales, oblongues, de 9 à 11 cent. de longueur, sur un diamètre de 4 cent.; fl. inodores, verdâtres ; baies d'un vert-noirâtre, ressemblant à une airelle, persistant jusqu'en octobre. Cette plante qui, du reste, offre peu d'intérêt aux cultivateurs, se plaît dans les lieux ombragés, les bois, les ravins.

2. M. de mai. — *C. maialis.* — Linné. — Cette plante est cultivée dans les lieux ombragés des jardins pour l'odeur suave de ses petites fleurs.

Fragon à feuilles piquantes. — *Ruscus aculeatus.* — Linné. — Sous-arbrisseau peu élevé, à feuil. persistantes, terminées par une épine ; fl. blanchâtres ; nombreuses baies rouges de la grosseur d'une groseille. Le fragon ne se trouve point dans nos vallons exposés au soleil ; je ne l'ai rencontré que dans le département de l'Isère, en terrain fertile, ombragé et près d'un ruisseau. Il était couvert de ses fruits rouges, et produisait un effet magnifique ; on l'admet dans les jardins paysagers.

Tame commun. — *Tamus communis.* — Linné. — Herbe

vivace, volubile, de 2 à 4 m., à racine grosse et charnue ; feuil. alternes, à pétiole de 4 à 8 cent., peu différentes de celles du liseron des haies ; pied mâle à fl. en grappes axillaires sur de longs pédoncules ; fl. du pied femelle en grappes courtes ; ces fl. sont verdâtres les unes et les autres ; fruits glabres, à style persistant, d'un beau rouge, renfermant cinq graines globuleuses, de la grosseur d'une graine de chou. Le tame n'offre aucun intérêt en agriculture.

Cette plante m'a fourni l'occasion de jouir d'un spectacle ravissant entre tous ceux que nous offre la nature et qui eut charmé plus d'un amateur du beau. C'était sur la fin d'octobre, dans une haie composée d'arbustes déjà en partie dépouillés de leur feuillage, les tiges volubiles du tame garnies de leurs baies d'un rouge luisant, formaient de nombreuses guirlandes. Au-dessus se penchaient les rameaux du fusain, inclinés par la quantité des capsules à angles obtus et d'un rouge-pâle ; tandis qu'à leur pied contrastaient agréablement les baies d'un bleu foncé du sceau de Salomon. C'était l'un de ces tableaux dont se souvient toujours le botaniste ; car, pour lui, la beauté est dans la nature et non dans les dispositions d'agrément faites par la main de l'homme.

## FAMILLE DES AROIDÉES.

Gouet commun. — *Arum vulgare.* — Lamk. — Herbe vivace, à feuil. radicales, grandes, hastées, sagittées, glabres, luisantes, d'un beau vert, naissant au printemps ; fl. monoïques, dans une enveloppe semblable à un capuchon et s'ouvrant verticalement ; hampe ou mieux spadice, long de 1 à 3 décimètres, en massue au sommet, ayant les étamines au milieu et les ovaires tout autour, et devenant d'un beau rouge au moment de la maturité. Cette plante, sans mérite pour l'agriculture, se fait remarquer dans les bois et les haies humides, par son feuillage vert et son fruit brillant dans les sombres fourrés. Par fantaisie, j'ai semé ses graines qui ont levé sans difficulté, mais n'ont pas donné des résultats satisfaisants, ce qui me fait supposer que cette plante est rebelle à la culture.

## FAMILLE DES AMARYLLIDÉES.

Les plantes très-nombreuses de cette famille passent pour ainsi dire inaperçues pour les cultivateurs du centre de la France.

**Galanthine perce-neige.** — *Galanthus nivalis.* — Linné. — Plante vivace par sa racine composée d'une oignon ou bulbe de la grosseur d'une noisette, ovale, à saveur âcre ; feuil. peu nombreuses, généralement deux, linéaires, carénées ; hampe de 1 à 2 déc., uniflore, un peu aplatie, striée ; spathe de 2 à 4 cent., s'ouvrant verticalement ; fl. blanches, solitaires, penchées ; 6 pétales, 3 grands et 3 petits ; capsule charnue. La *perce-neige* ou *nivéole* est la première plante annonçant le printemps ; elle fleurit au milieu des neiges dès le mois de janvier. On la trouve sur les montagnes du Puy-de-Dôme, en Suisse, dans le milieu de l'Europe et en Asie, sur le Caucase. Par sa précocité, elle est cultivée de temps immémorial dans les jardins, en bordure ou en massif ; elle prospère partout, mais préfère un terrain frais et léger à l'ombre. La variété à fleur double, la seule que j'aie étudiée, est la plus commune ; on se contente de transplanter les bulbes tous les trois ans pour les multiplier ; cette facilité de culture la recommande aux cultivateurs. Cette plante et sa congénère, le *Galanthus plicatus*, — B. R., — ont fait créer à Linné, le genre *Galanthus*, en 1737.

Les plantes du genre *Narcissus*, considérées sous leur rapport à l'agriculture, doivent être classées, sinon parmi les plantes nuisibles, au moins parmi les inutiles. Dans les bois, elles embellissent le paysage, mais dans les prés des montagnes où elles abondent, elles donnent un fourrage de très-mauvaise qualité d'une dessication défectueuse et causant, selon des auteurs dignes de foi, du désordre dans l'économie animale. Ce genre ne nous fournit, dans le département de la Loire, que 4 espèces ; mais, d'après Haworth, il se compose de 147 espèces, croissant la plupart dans l'Europe méridionale et s'avançant jusqu'en Asie.

1. **Narcisse faux-narcisse.** — *Narcissus pseudo-narcissus.* — Linné. — Plante vivace, à bulbe ovoïde, de la grosseur d'un petit marron, blanc, inodore ; feuil. oblongues, peu nombreuses, trois à l'ordinaire ; hampe de 1 à 3 déc., un peu aplatie, striée ; spathe membraneuse ; périanthe (faux-pétales) jaune-pâle ; à 5 ou 6 divisions étalées ; couronne (tube) d'un beau jaune, crispée ou crénelée ; 5 ou 6 étamines, de 30 à 40 mill. de longueur ; anthères de 6 à 8 mill., appliquées contre le style après la fécondation ; capsule verte, triangulaire, de la grosseur d'un gros pois, s'ouvrant par 3 valves. On trouve le faux-narcisse à peu près dans tous les bois de l'Europe. Le cultivateur possède souvent, dans son jardin, le grand narcisse jaune à fleur simple, semi-

double ou entièrement double, qu'on aime pour sa précocité, en février et mars. Se multiplie abondamment par ses bulbes ; quelques oignons, plantés dans un pré en vallon, semblent s'y plaire et donnent beaucoup de fleurs.

2. N. des poètes. — *N. poeticus.* — Linné. — Plante vivace ; bulbe un peu oblong ; hampe de 2 à 5 déc., striée, comprimée, uniflore ; fl. blanche, à couronne très-courte. Cette plante croît dans les prés des montagnes assez élevées, notamment à Saint-Genest-Malifaux (Loire), et à Pilat. Elle se prête à la culture dans les jardins.

3. N. Jonquille. — *N. Jonquilla.* — Linné. — Plante vivace, bulbe uni, émettant plusieurs feuilles presque cylindriques ; hampe cylindrique, portant 1 à 4 fl. d'un beau jaune, odorantes, en mars-avril. Variété à fl. doubles ; culture facile ; très-ornementale.

## FAMILLE DES LILIACÉES.

Cette famille fournit à nos jardins un grand nombre de plantes d'un usage quotidien, soit pour le ménage de la ferme, soit pour les condiments de la cuisine soignée. L'ouvrier des champs, comme celui de la ville, en fait une consommation plus ou moins directe. Le floriculteur place celles qu'elle lui donne au premier rang ; elles atteignent un prix très-élevé, et certains bulbes sont cotés depuis 1 fr., 5 fr., 10 fr., jusqu'à 20 et 25 fr. Aucune famille n'a tant occupé les savants que celle des Liliacées ; ses plantes sont répandues dans tout l'univers, quoiqu'elles soient plus abondantes sous les climats tempérés que sous les tropiques où elles semblent affecter la forme arborescente. Dans nos champs, elle ne présente que des espèces peu ornementales, les unes considérées comme plantes inutiles, d'autres comme nuisibles, et quelques-unes même très-nuisibles.

Tulipe sauvage. — *Tulipa sylvestris.* — Linné. — Plante vivace, dressée, uniflore ; fl. jaunes, en avril. N'a nul mérite pour l'agriculture ; assez rare ; on la trouve dans les prés bordant le Gier entre Lorette et Saint-Chamond (Loire). Quant à la Tulipe précoce, — *T. precox,* — Ten., — elle est trop rare pour qu'il soit utile de la décrire.

Le cultivateur qui aime les fleurs, pourra former un petit massif de tulipes cultivées dans son potager. Des hommes se sont fait un nom dans ce genre de culture, et ont tellement élevé le nombre des variétés, qu'on ne l'évalue pas à moins de 1,200. Il est inutile de s'étendre sur ces plantes de mérite.

Fritillaire pintade. — *Fritillaria meleagris.* — Linné. — Herbe vivace, bulbe très-gros, creusé dans son centre; feuil. linéaires; tige de 2 à 4 déc., dressée, uniflore. Plante nulle pour le cultivateur; on la trouve assez rarement dans les haies humides et abritées.

Dans les jardins de nos localités, se voit quelquefois la Couronne impériale, — *Fritillaria imperialis,* — Linné, — qui atteint 6 à 10 déc.; fl. nombreuses, verticillées au-dessous d'un bouquet de feuilles. Chacun connaît cette belle plante, qui nous vient de la Thrace et se développe rapidement après les grands froids. Quoiqu'elle supporte assez bien nos hivers, il est bon de l'abriter et de l'ombrager par quelque arbuste. Le Caucase fournit 7 espèces de Fritillaires; la Sibérie, 4; et 10 espèces sont réparties entre la Russie, la Perse, le Mexique, l'Italie et le Portugal. Elles sont toutes d'une haute considération en horticulture.

Le genre *Lilium* est composé de 2 espèces indigènes, n'offrant nul intérêt à l'agriculteur.

1. Lis martagon. — *Lilium martagon.* — Linné. — Herbe vivace, à bulbe écailleux; tige de 5 à 10 déc., droite, tachée de points noirâtres; fl. rougeâtres, à divisions renversées et ponctuées à la base. Cette belle fl. se trouve sur nos hautes montagnes; pour la faire réussir dans nos cultures, il lui faut la terre de bruyère; quelques bulbes que j'avais confiés en terrain ordinaire, ont péri après trois années d'une végétation languissante.

2. L. orangé. — *L. croceum.* — Chaix. — Herbe vivace, à fl. orangées et ponctuées de noir en dehors. Cette autre espèce est plus rare que la précédente, mais, comme elle, vient sur les hautes montagnes, où je l'ai rencontrée dans un pré qu'elle embellissait en donnant un fourrage de mauvaise qualité. Ces deux espèces forment, de ce genre, toute notre flore indigène, tandis que le Lis blanc, — *L. candidum,* — Linné, — originaire du levant, est cultivé de temps immémorial dans nos jardins; sa culture, ne réclamant aucun soin, fait qu'on le trouve chez tous les cultivateurs.

Environ 36 espèces de lis composent ce beau genre; 15 seulement, de la région septentrionale, supportent le plein air dans nos départements, les autres réclament le châssis ou la serre, elles ne doivent donc être confiées qu'à des hommes experts en la matière. Je crois pouvoir ici donner un aperçu aux cultivateurs, des sacrifices que s'imposent ceux qui veulent se procurer quelques spécimens de nouveautés. Je lis dans la *Revue horticole*, page 16, 1858 :

« En 1830, M. Siébold a importé, du Japon en Europe, un
» lis nouveau auquel il a donné le nom de *Lilium specio-*
» *sum*..... Cette belle espèce a fleuri, pour la première fois
» en France, en 1837, chez MM. Daniel et Rifkogel. Ces
» habiles horticulteurs avaient payé l'oignon qu'ils possé-
» daient alors, *deux mille quatre cents francs!*..... Les tiges
» ont 1 m. 30 à 1 m. 65 d'élévation, et produisent au delà
» de 30 fleurs. »

PHALANGÈRE FAUX-LIS. — *Phalangium liliago*. — Schreb. — Herbe vivace, à racines fasciculées ; feuil. toutes radicales ; hampe nue de 3 à 6 déc.; fl. blanches en grappe simple ; 6 étamines ; capsule globuleuse, ovale. Cette belle plante orne admirablement nos bois exposés au midi ; voilà tout son mérite pour le cultivateur. Quelques pieds que j'ai transplantés dans mes cultures ont très-bien réussi.

Le genre *Scilla* n'est représenté dans nos champs que par deux espèces.

1. SCILLE D'AUTOMNE. — *Scilla automnale*. — Linné. — Herbe vivace ; bulbe oblong à tunique ; feuil. toutes radicales et linéaires ; hampe de 5 à 10 cent.; fl. violet-lilacé, en grappe terminale. Assez rare ; n'est propre qu'à embellir les pelouses sèches.

2. SCILLE à deux feuilles. — *S. bifolia*. — Linné. — Fl. d'un beau bleu ; dans les bois ombragés ; sans mérite pour le cultivateur. L'horticulture, par des importations successives du Cap, de l'Asie ou du nord de l'Afrique, a élevé à une trentaine le nombre des espèces qui méritent la culture.

GAGÉE DES CHAMPS. — *Gagea arvensis*. — Schult. — Herbe vivace ; bulbe accompagné d'un caïeu latéral ; feuil. radicales, au nombre de deux linéaires, canaliculées, de 10 à 15 cent. de longueur ; 2 feuil. florales semblables à des bractées, larges, dépassant les fleurs ; hampe de 4 à 6 cent.; fl. jaunes, en corymbe, s'épanouissant en mars-avril. Cette petite plante, qui se trouve dans les terrains secs et sableux, n'offre aucun intérêt au cultivateur ; je ne l'ai vue nulle part, sinon sur ma propriété, où elle est même assez rare.

La Gagée de Liotard, — *G. Liotardi*, — Schult., — ne se trouve que sur les hautes montagnes.

Le lecteur sera indulgent, je l'espère, si je me permets de sortir du plan agricole que je m'étais tracé, en m'occupant, presque à chaque genre, de plantes étrangères à l'agriculture. Les plantes de la famille des Liliacées sont si belles, si attrayantes, pour la plupart, que, malgré soi, on est entraîné à leur description.

Les espèces du genre *Gagea* s'élèvent environ à 25, toutes à fleurs d'un jaune plus ou moins foncé ; elles appartiennent presque toutes à l'Europe ; leur culture en plein air réclame l'ombre et la terre de bruyère. Les anciens auteurs classaient ces plantes dans le genre *Ornithogalum ;* mais Salisbury en forma un genre à part, et le dédia à T. Gage.

Ornithogale en ombelle. — *Ornithogalum umbellatum.* — Linné. — Herbe vivace, à feuilles toutes radicales, linéaires et canaliculées ; bulbe blanc à tunique ; hampe de 1 à 3 déc.; bractées linéaires à chaque pédicelle ; en mai, fl. blanches, rayées de vert. Cette plante est connue sous le nom de *Dame de onze heures*, parce qu'elle ouvre à cette heure, ses pétales étoilés. Elle est assez commune dans les vignes et dans les blés ; je l'ai même vue abondante dans des prés où elle fournit du fourrage de mauvaise qualité. Le cultivateur doit naturellement en purger ses champs où elle forme d'assez fortes touffes. Je n'ai point étudié les *Ornithogalum angustifolium*, — *O. nutans*, — *O. sulfureum* et *O. Pyrenaicum*, — qui croissent dans les prairies et lieux chauds de nos départements. Des collectionneurs sont parvenus à réunir environ 70 espèces de ce genre brillant. Le cap de Bonne-Espérance seul en a fourni 28 ; le reste est venu de diverses contrées. Le cultivateur fera bien de s'abstenir sur cette culture ; elle réclame des soins qui ne sont pas de sa compétence.

Asphodèle blanc. — *Asphodelus albus.* — Willd. — Cette plante, de 1 à 2 m., assez rare et ne se trouvant que sur les hautes montagnes, offre bien peu d'intérêt aux cultivateurs.

Le genre *Allium* compte plus de 200 espèces offrant beaucoup d'intérêt à l'agriculteur, les unes par leurs bonnes, les autres par leurs mauvaises qualités. 6 étamines ; capsule membraneuse.

1. Ail des vignes. — *Allium vineale.* — Linné. — Herbe vivace, à bulbe oblong ; feuilles fistuleuses, cylindriques ;

tige feuillée jusqu'au milieu, de 4 à 8 déc. de longueur ; fl. d'un rose-pâle, entremêlées d'un grand nombre de bulbilles. Très-commune dans nos terrains secs des coteaux, cette plante ne cause pas de grands préjudices aux récoltes ; mais il en existe une variété dont les ombelles sont formées uniquement de bulbilles ayant la forme et la grosseur d'un grain de blé. Cette variété infeste certains sols légers, et devient d'un triage difficile à la moisson ; lors du battage, ses bulbilles se mêlent aux grains et communiquent au pain un goût d'ail prononcé et désagréable. Le meunier redoute aussi cette plante, qui graisse ses meules et leur laisse sa mauvaise odeur. On peut cependant espérer que le perfectionnement de la culture et des instruments de triage, nous affranchira de cette détestable plante.

Les labours répétés qui se font dans les vignes empêchent à cet ail d'arriver à fleur ; mais ils favorisent la dissémination de ses caïeux ; il s'ensuit une infinité de petites plantes. En traversant une vigne, je fus assez surpris de voir 30 à 50 plantes d'ail par mètre carré ; elles s'étaient produites depuis l'hivernage (novembre) ; au premier labour (avril), elles disparurent, pour reparaître l'année suivante.

2. AIL à feuilles planes. — *Allium complanatum.* — Bor. — Herbe vivace, à bulbe simple et à odeur d'ail; feuil. presque planes au sommet ; tige de 5 à 8 déc.; fl. blanc-sale, en ombelle très-fournie, entremêlées de bulbilles. Autre très-mauvaise plante de nos terres à blé ; mais moins nuisible que la précédente : le nombre de ses bulbilles est moins grand, et leur plus gros volume permet mieux de les enlever.

Les *A. oleraceum,* — Linné ; — *A. intermedium,* — D. C.; — *A. carinatum,* — Linné ; — *A. flexifolium,* — Jord.; — *A. Pulchellum,* — Don., — étant tous à ombelle formée de fleurs et de bulbilles en plus ou moins grande quantité, sont par cela même de très-mauvaises plantes.

3. A. CIVETTE. — *A. Schœnoprasum.* — Linné. — Vulgairement, — *Oignon de Florence.* — Herbe vivace ; bulbes réunis, formant touffe ; feuil. fistuleuses, linéaires ; hampe de 2 à 3 déc., presque toujours nue ; fl. rosées sans mélange de bulbilles. Cultivée en bordure dans les jardins, elle est presque indispensable dans une cuisine ; on la voit trop rarement chez le cultivateur. Multiplication facile par éclats. Des Alpes, des Pyrénées, de la Sibérie et d'ailleurs.

4. A. POIREAU. — *A. porrum.* — Linné. — Herbe bi-

sannuelle ou vivace ; bulbe simple et allongé ; fl. blanchâtres, sans bulbilles. Il n'y a pas de jardin, tant petit soit-il, qui ne possède sa planche de poireaux. Semer fin février et mars ; repiquer dès que le plant a atteint la force suffisante. D'Italie, Espagne, Portugal. On trouve parfois dans les semis, des poireaux dont le bulbe se divise en plusieurs caïeux ; je présume que ce peut être des graines mélangées de l'Ail faux-poireau, — *A. ampeloprasum*, — Linné, — qui est inférieur au précédent.

5. A. ROCAMBOLE. — *A. scorodoprasum*. — Linné. — Herbe vivace ; bulbe composé de plusieurs caïeux ; feuil. planes ; hampe de 5 à 10 déc.; fl. rouges, pédicellées, entremêlées de bulbilles. De l'Europe boréale. Cultivée dans les jardins.

6. A. COMMUN. — *A. sativum*. — Linné. — Herbe vivace, à bulbe composé de caïeux ovales, oblongs, aplatis d'un côté ; feuil. planes, fl. blanchâtres entremêlées de bulbilles. L'ail est un assaisonnement d'un emploi fréquent dans la cuisine de la ferme. Multiplication par caïeux en février-mars. De Sicile, Provence.

7. A. FISTULEUX. — *A. fistulosum*. — Linné. — Herbe vivace ; bulbe simple ; feuil. cylindriques, fistuleuses ; fl. blanchâtres, en ombelle arrondie, sans bulbilles. Multiplication par semis en février et mars ; souvent employée par le cultivateur. On cultive encore, dans le potager, la *Ciboule vivace* en deux variétés ; l'une à feuil. fistuleuses, comprimées, et l'autre à feuil. fistuleuses, cylindriques. Se multiplient toutes deux par éclats.

8. A. D'ASCALON. — *A. Ascalonicum*. — Linné. — Vulgairement, *Echalotte*. — Herbe vivace ; bulbe à caïeux violets ; feuil. filiformes, fistuleuses, cylindriques ; fl. rares. Se cultive rarement dans le jardin de la ferme. Multiplication par caïeux, en mars. De la Syrie, la Palestine.

9. A. OIGNON. — *A. cepa*. — Linné. — Vulgairement, *Oignon*. — D'un usage trop connu et trop répandu pour qu'il soit utile de le recommander. D'Egypte.

10. A. MOLY. — *A. moly*. — Linné. — Herbe vivace ; feuil. lancéolées, engaînantes ; hampe nue de 1 à 3 déc.; fl. d'un beau jaune d'or. Multiplication facile de caïeux. Très-rustique ; mais n'est propre qu'à l'ornementation. De l'Europe méridionale.

Un grand nombre d'espèces de ce genre nous sont venues

de l'hémisphère boréal : leur acclimatation est peu difficile ; mais beaucoup d'autres appartenant à des régions plus chaudes demandent des soins qui n'entrent pas dans les attributs de l'agriculture.

Les plantes du genre *Muscari* ont le périanthe ou fleur en forme de grelot ; capsule triangulaire.

1. Muscari à fleurs en grappe. — *Muscari racemosum.* — Mill. — Herbe vivace ; bulbe à tuniques ; feuil. linéaires, toutes radicales ; hampe de 1 à 2 déc.; fl. bleues, en grappe courte. Cette belle petite plante est inutile au cultivateur, il est vrai ; mais elle ne cause aucun dommage, et je crois même l'avoir vue mangée par les bestiaux dans les pâturages. Elle est assez commune dans nos vignes et nos prés abrités ; j'ai même vu un champ argileux qui en recélait près de 10 bulbes par mètre carré. L'effet de sa fleur est admirable ; sa capsule à 3 angles saillants, persiste après la dessication de la plante.

2. M. A TOUPET. — *M. comosum.* — Mill. — Vulgairement, *Oignon des blés.* — Herbe vivace ; bulbe à tunique, ovale, de la grosseur d'une noix ; feuil. largement linéaires ; hampe de 2 à 5 déc.; fl. inférieures, fertiles, les supérieures, stériles. L'oignon des blés infeste certains sols légers dans les vallons ; il y pullule à foison, et je n'exagère point en évaluant à 10 plantes par mètre carré, la production de cet oignon, dans une propriété appartenant à mon beau-père. Sa place de prédilection paraît être dans les terrains qui conviennent aux arbres fruitiers, dont les racines rendent difficile l'extraction du bulbe. Les labours répétés lui semblent favorables. Ses graines très-nombreuses communiquent un goût amer à la farine. En un mot, je la considère comme l'une des plantes les plus nuisibles à nos cultures.

Ainsi qu'elle l'a fait des autres genres de Liliacées, l'horticulture s'est emparée du genre *Muscari*, qui a été formé par Tournefort, et dont une douzaine d'espèces sont originaires de l'Europe ou du levant et sont cultivées comme les lis. Je passe sous silence un grand nombre de plantes de cette famille, qui ne sont que des jardins et n'ont pas trait à l'agriculture ; telles sont la *Jacinthe*, l'*Hémérocale*, le *Fonkie*, l'*Agapenthe*, le *Yucca*, l'*Alstroémère*, etc.

## FAMILLE DES COLCHICACÉES.

**Colchique d'automne.** — *Colchicum autumnale.* — Linné.
— Herbe vivace, bulbeuse ; feuil. toutes radicales, lancéolées, paraissant au printemps ; fl. lilas-tendre, en septembre-octobre, composée de 6 segments soudés à la base et longs de 35 à 40 mill.; 6 étamines portant des anthères jaunes et vacillantes, de 6 à 8 mill. de longueur ; 3 styles à stygmates crochus ; capsule de la grosseur d'une noix, à folicule renflée, contenant une grande quantité de graines globuleuses. Cette plante singulière a beaucoup de poussière fécondante ; le style qui la reçoit est long de 14 à 16 cent., car l'ovaire est au sommet du bulbe très-profond dans la terre. Outre qu'elle fournit un fourrage détestable, la colchique est même dangereuse. Un propriétaire digne de foi m'a assuré qu'après avoir extrait de l'un de ses prés une grande quantité de bulbes, il eut la maladresse de les laisser à la portée de deux porcs, qui en mangèrent avidement ; le lendemain, on les trouva morts : ils s'étaient empoisonnés avec les bulbes de la colchique.

## FAMILLE DES IRIDACÉES.

Plantes n'offrant qu'un intérêt secondaire à l'agriculture.

**Safran printanier.** — *Crocus vernus.* — All. — Herbe vivace, à racine bulbeuse, de la grosseur d'une cerise ; feuil. linéaires, toutes radicales, enveloppées dans une gaîne à la base ; périanthe régulier, à 6 segments dressés ; en février, mars ou avril, fl. violettes, blanches ou rayées. Se trouve rarement dans le département de la Loire, mais elle est assez commune dans les Vosges, le Jura, les Pyrénées et les Alpes, où elle forme d'immenses tapis. Elle fait l'ornement de nos jardins ; sa culture ne demande aucun soin ; et sa multiplication est facile par ses jeunes caïeux ; j'en ai planté dans plusieurs sortes de sol, ils ont toujours réussi. 28 espèces ont été introduites dans la culture ; elles viennent de diverses contrées, de la Corse, la Grèce, la Turquie, etc. Le *Safran jaune* est cultivé en grand pour divers usages.

**Iris faux-acore.** — *Iris pseudo-acorus.* — Linné. — Herbe vivace ; rhizôme horizontal et charnu ; feuil. allongées, en glaive, uniformes ; hampe de 5 à 7 déc., rameuse, pluriflore; fl. jaunes. Tout à fait nulle pour le cultivateur, cette plante est commune dans les fossés, les marais et les étangs.

On aime à posséder, soit dans un coin du jardin, soit sur un vieux mur ou sur un rocher, l'Iris de Germanie, — *Iris Germanica*, — Linné ; — plante de peu de mérite. — L'Iris de Florence, — *I. Florentina*, — Linné, — est cultivé en grand pour l'usage de la pharmacie : c'est avec son rhizôme que se fabriquent les pois à cautère. L'horticulture en possède des collections de plus de 100 espèces ou variétés.

Glaïeul des moissons. — *Gladiolus segetum*. — Gawler. — Herbe vivace ; racine bulbeuse ; feuil. en glaive, engaînantes ; tige de 4 à 10 déc.; fl. roses, sur deux rangs ; vient dans les blés ; mais elle est rare et n'offre nul intérêt en agriculture. Ce beau genre a été formé par Tournefort ; il renferme plus de 50 espèces presque toutes originaires du cap de Bonne-Espérance. Il serait à désirer que l'on cultivât, dans le jardin de la ferme, un petit massif du *Gladiolus Gandavensis*, qui produit un effet magnifique, et dont la culture est des plus faciles : il suffit d'arracher, conserver et replanter les bulbes de la même manière que les dahlias ou les pommes de terre.

## FAMILLE DES COMMELINACÉES.

Tradescantie de Virginie. — *Tradescantia Virginica*. — Linné. — Vulgairement, *Éphémère de Virginie*. — Herbe vivace ; racines fasciculées ; feuil. oblongues, lancéolées, nervées ; tige de 4 à 5 déc., articulée; calice à 3 sépales concaves ; corolle à 3 pétales ovales-arrondis ; fl. d'un beau bleu, accompagnées de bractées allongées et foliacées ; capsules à 3 loges. Si je mentionne cette belle plante, c'est 1º parce que je ne l'ai trouvée que dans le jardin des cultivateurs ; et 2º à cause de la rare particularité du nombre 3 qu'elle présente dans ses sépales, ses pétales et sa capsule. Pleine terre ; multiplication d'éclats.

## FAMILLE DES ORCHIDÉES.

Genre *Orchis*. — Les nombreuses plantes composant ce genre à fleurs belles et bizarres, sont communes dans les prés, les pâturages, les bois et presque partout. Elles peuvent être considérées comme inutiles ; néanmoins où elles abondent, elles sont plutôt nuisibles ; leurs feuilles en rosace sur le sol, sont peut-être pâturées au printemps, mais à la fauchaison leur hampe desséchée fournit un mauvais fourrage. Pendant l'été, elles passent inaperçues, c'est leur période de repos, jusqu'à ce que les pluies d'octobre viennent remettre leur végétation en mouvement ; on voit alors apparaître leurs feuilles qui, dans quelques espèces, ne se montrent qu'au printemps. La racine de quelques-unes se compose de 2 bulbes globuleux du volume d'une noisette, et se renouvelant chaque année.

Il est inutile de décrire les nombreuses espèces de ce genre ; leurs fleurs présentent diverses formes et couleurs particulières à chacune d'elles : elles sont rouges, verdâtres, grises, bleues, etc.; les unes ont une hampe de 1 déc., d'autres d'un mètre ; tantôt inodores, tantôt à odeur suave ou nauséabonde. L'horticulture moderne traite un grand nombre d'Orchis exotiques dans des serres spéciales, construites et conduites à cet effet. Parmi ces plantes, un certain nombre croissent en parasites sur d'autres végétaux.

Genre *Ophrys*. — Ce genre n'a pas plus de mérite agricole que le précédent ; ses plantes ne croissent guère que sur les pelouses sèches, où elles ne peuvent nuire. Tous les naturalistes admirent la forme si bizarre et si étrange du périanthe de ces plantes ; le plus indifférent les distingue ; aussi ai-je rencontré des personnes, ne possédant aucune notion de botanique, me parler des Ophrys avec admiration.

L'Ophrys homme pendu, — *Ophrys anthropoforum*, — Linné, — représente un cadavre suspendu ; — l'Ophrys araignée, — *O. aranifera*, — Huds., — imite cet insecte ; — l'O. bourdon, — *O. fucifera*, — Rchb.; — l'O. abeille, — *O. apifera*, — Huds.; — et enfin l'O. mouche, — *O. muscifera*, — Huds., — sont plus ou moins bien la reproduction de ces insectes ailés.

Genre *Néotia*. — Néotie d'automne. — *Neotia autumnalis*. — Sw. — Herbe vivace ; tubercules oblongs ; feuil. ovales, lancéolées, radicales, formant une petite rosace ; — hampe de 1 à 2 déc.; fl. blanchâtres ou verdâtres, unilatérales, contournées en spirale, en septembre-octobre. Cette petite plante, nulle pour le cultivateur, est chère au botaniste, qui ne la rencontre que rarement. Pelouses et prés, à Saint-Romain-en-Jarrêt (Loire).

Genre *Epipactis*. — Epipacte à feuilles ovales. — *Epipactis ovata*. — All. — Herbe vivace, à racines fibreuses ;

tige pubescente de 3 à 4 déc., garnie vers son milieu de 2 feuilles ovales, soudées, comme connées ; fl. verdâtres, disposées en grappe effilée. N'offrant pas plus d'intérêt agricole que les autres, cette orchidée, peu commune, se trouve dans les prés humides et ombragés. Les autres espèces de ce genre n'ont pas plus de mérite.

Il est inutile de parler des genres *Goodieria, Liparis, Corallorhiza, Epipogium, Limodorum* et *Gypripedium*, qui ne se trouvent en général que sur les hautes montagnes.

## FAMILLE DES JONCÉES.

Les nombreuses plantes des familles qui vont se succéder jusqu'à la fin, étant dépourvues de fleurs ou plutôt n'ayant pas de pétales brillants et apparents, semblent peu dignes d'attention ; mais quelques-unes sont de la plus haute importance en agriculture. Je ne parlerai que d'un petit nombre et des plus essentielles ; d'ailleurs, le temps m'a manqué pour les étudier toutes. Il est vrai aussi qu'en décrivant toutes ces plantes, mon programme essentiellement agricole n'eût pas été rempli ; car le cultivateur n'a ni le temps ni les connaissances voulues pour parcourir de trop longs ouvrages.

Ces lignes, étant adressées à de simples cultivateurs comme moi, ne devraient renfermer aucun de ces mots techniques trop souvent répétés dans les travaux scientifiques. J'ai cherché à les éviter autant que possible ; mais pour ne pas tomber dans une confusion pouvant déterminer le doute, j'ai été obligé de me servir de quelques-uns de ces mots qui ne se rencontrent guère dans le dictionnaire de l'Académie.

J'ai cru devoir écarter la famille des Alismacées, composée de plantes toutes aquatiques, qui ne se trouvent que dans les fossés, les mares, les étangs et même les fleuves, et sont inconnues dans nos vallons secs. Il en est de même de la famille des Hydrocharidées dont les espèces sont peu nombreuses.

Le genre *Juncus* fournit des plantes qui sont assez communes dans nos cultures. Elles sont vivaces ou annuelles, à racines fibreuses ou traçantes et à tiges élevées ou naines. On les trouve toujours dans les fossés, les étangs et les lieux humides des prés et des champs cultivés. En un mot, ce sont des plantes nuisibles qu'il ne faudrait jamais voir dans une propriété.

1. Jonc des boues. — *Juncus tenageia.* — Linné. — Herbe annuelle, à racine fibreuse ; tiges très-rameuses, de 1 à 3 déc.; feuil. dressées ; fl. brunâtres, formant une panicule rameuse. Je possède un champ dont quelques parcelles sont humides et dans lesquelles abonde le jonc des boues, surtout lorsqu'au moment de l'ensemencement du blé, l'humidité suinte au-dessus. Dans ces conditions, cette mauvaise plante couvre le sol, et, quand vient l'été, elle fait cruellement ressentir les effets funestes de la sécheresse ; la récolte est gravement compromise, sans qu'aucun moyen soit à la disposition du cultivateur pour en atténuer le préjudice.

2. Jonc à fleurs agglomérées. — *J. conglomeratus.* — Linné. — Herbe vivace, formant de grosses touffes ; tiges de 4 à 9 déc., finement striées, ayant à leur base des gaînes roussâtres ; fl. latérales, grisâtres, en panicule. Très-commun partout ; fossés, ruisseaux, mares et étangs.

3. Jonc glauque. — *J. glaucus.* — Ehrh. — Herbe vivace, à grosses touffes ; tiges dressées, glauques, striées ; fl. brunes, en panicule latérale. Les tiges de ce jonc n'ayant que peu ou point de moëlle, sont fortes et sont susceptibles de torsion ; aussi sont-elles d'un emploi journalier pour liens en horticulture. Commun dans les pâturages humides et dans les marais.

4. Jonc à fruits brillants. — *J. lamprocarpus.* — Ehrh. — Herbe vivace, à racines traçantes ; feuil. noueuses, comprimées ; fl. en petits capitules. Cette plante envahissante forme d'assez grands tapis dans les lieux marécageux des prairies humides ; sa dessication très-lente démontre suffisamment que le fourrage qui en provient doit être de très-mauvaise qualité. Parmi les moyens employés pour sa destruction et celle de ses analogues, — *J. ustulatus,* — Hoppe, — et *J. sylvaticus,* — Reich., — le drainage est le plus efficace de tous. J'ai employé avec avantage les cendres de lessive, la suie de mes cheminées et la cendre de houille, qui favorisent le développement des légumineuses ; et si les joncées ne sont pas entièrement détruites par l'emploi de ces engrais, du moins leur végétation en souffre et leurs mauvais effets sont sensiblement atténués.

On trouve encore dans nos prés une variété du *J. lamprocarpus,* qui produit des bractées très-développées. Il existe d'autres espèces de joncs que le cultivateur n'a pas intérêt à connaître ; mais il ne faut pas chercher dans nos localités le *J. arcticus*, — Willd.; — c'est une plante alpestre qui ne s'étend guère au delà de son habitat.

Le genre *Luzula* fournit des plantes dont le feuillage plane commence à nous rapprocher des graminées ; elles en diffèrent pourtant par les poils blancs dont elles sont garnies. Elles fournissent un assez bon fourrage, et les bestiaux les pâturent avec avidité.

1. Luzule champêtre. — *Luzula campestris*. — Linné. — Herbe vivace, à racines fibreuses, émettant des drageons traçants ; feuil. radicales, planes, munies de poils blancs de 2 à 6 mill. de longueur ; pédoncules rares, 1 ou 2 par touffe, avec une feuille à moitié de leur hauteur ; fl. disposées généralement en plusieurs épis, dont l'un est sessile et muni de 1 ou 2 bractées, et les autres pédicellés ; périanthe composé de 6 divisions scarieuses, formant une étoile au moment de l'épanouissement. Cette petite plante gazonnante fait plaisir à voir sur la fin de février, lorsqu'elle fleurit dans les lieux chauds. Prés secs et pâturages. Bonne plante.

2. Luzule blanc de neige. — *L. nivea*. — D. C. — Herbe vivace, à racines fibreuses ; feuil. radicales, très-longues, poilues ; tige élancée, de 4 à 8 déc.; bractées linéaires, de 9 à 11 cent.; pédicelles de 4 cent., portant des fl. blanches passant au blanc-terne, en capitules formant un corymbe par leur réunion. On la trouve dans les bois humides de nos vallons un peu froids.

## FAMILLE DES CYPÉRACÉES.

Cette famille joue un rôle important en agriculture, en tant qu'elle se compose d'un assez grand nombre de plantes, dont quelques-unes sont fourragères et très-communes dans les prés et pâturages humides. Par leur feuillage elles ressemblent aux graminées, mais s'en éloignent par leurs tiges sans nœuds et leur mode de fructification.

Le genre *Carex* fournit une grande quantité de plantes, dont 50 espèces se rencontrent dans nos prés et nos champs. Les hommes versés dans la science de la botanique trouvent leur tâche ardue lorsqu'ils ont à étudier ce genre ; ce serait bien pis encore pour nous, cultivateurs : cinquante noms latins nous jetteraient bientôt dans la confusion. Aussi pensé-je qu'il vaut mieux n'en citer aucun et parler de tout le genre en général.

Les *Carex* sont des plantes herbacées, presque toutes vivaces, à racines drageonnantes, parfois fibreuses ; la plupart sont monoïques, quelques-unes dioïques ; les fleurs sont représentées par plusieurs épis cylindriques, ressemblant aux chatons des Amentacées, les staminifères sont dressées et presque toujours au sommet, les carpellées pédicellées et penchées, sont au-dessous et quelquefois accompagnées de bractées foliacées ; les tiges sont striées, triangulaires ou cylindriques, et d'un vert-glauque dans un certain nombre, ainsi que leur feuillage.

Quel est le mérite agricole des Carex comme bon ou mauvais fourrage ? je ne saurais me prononcer sur une semblable question. A première vue ces plantes paraissent grossières ; je crois même que les bestiaux les dédaignent aux pâturages, s'ils trouvent d'autres herbes à manger, sinon ils s'en nourrissent quand même. Je connais un fermier dont les prés ne sont peuplés presque que de Carex ; ses bestiaux ne sont ni moins beaux ni moins productifs que ceux des autres.

A l'extrémité nord de ma commune, se trouve un point culminant d'où sortent de nombreuses sources d'eau vive, formant deux petits ruisseaux qui suivent une direction opposée : l'un se dirige au nord, va se jeter dans la Loire pour se rendre à l'Océan, tandis que l'autre va, au sud, affluer au Rhône, dont l'embouchure est dans la Méditerranée. Un petit vallon agreste borde les sinuosités de ces petits ruisseaux, dans lesquels tracent quelques renoncules rampantes ; de loin en loin se balancent les flocons blancs formés par le duvet de la linaigrette ; le reste n'est à peu près que des Carex. Le fourrage y est serré, mais peu élevé : on doit faucher le plus près du sol possible pour ne pas supporter des pertes notables. C'est là qu'un bon faucheur est apprécié !

Chacun a pour sa profession une espèce d'amour-propre qui la lui fait chérir et parler avec chaleur des diverses occasions qu'il a eues de montrer son habileté. J'étais un jour en affaires avec un faucheur, quand en survint un autre auquel il adressa la parole en ces termes : — Dis-donc, je voudrais bien te voir au pré des *Rues* ; c'est là que l'herbe voit venir son homme. Lorsque de 8 à 10 heures, la rosée s'en va, il faut surprendre l'herbe pour la *tomber* ; elle semble se redresser contre vous. Quand on donne son coup (de faux) on croit couper un fil de fer : l'herbe saute à deux pieds de haut. C'est tout au plus si l'on peut faucher la longueur du *foussil* (manche de la faux) sans aiguiser, et souvent on ne peut faire que deux pas! — Ce simple aperçu peut donner une idée du fauchage des Carex, car ce pré des *Rues* n'a pas d'autre herbage.

Le genre *Eriophorum* est composé d'un certain nombre d'espèces particulières aux prairies tourbeuses, marécageuses ou montagneuses.

Linaigrette à feuilles étroites. — *Eriophorum polystachium.* — Linné. — Herbe vivace, à racines stolonifères ; feuil. triangulaires ; pédoncules glabres ; écailles noires ; épis pendants. Cette plante, qui se plaît dans les mêmes terrains que les Carex, offre une particularité singulière ; ce sont des poils blancs qui s'allongent beaucoup après la floraison, et ont l'apparence de flocons de laine blanche, de la grosseur d'une noisette et se voyant de loin ; toutes les espèces présentent la même singularité. Le fourrage produit par ces plantes est analogue à celui du genre précédent.

Le genre *Scirpus* fournit aussi un grand nombre d'espèces ; les unes à racines drageonnantes, d'autres fibreuses. Ces plantes, se trouvant presque toutes au bord des cours d'eau ou des réservoirs, donnent un mauvais fourrage, peu nutritif et guère aimé des bestiaux. Néanmoins, quelques espèces font exception à la règle commune à ce genre.

1. Scirpe à épi comprimé. — *Scirpus compressus.* — Pers. — Herbe vivace, à racines traçantes ; tige feuillée à la base, de 1 à 2 déc. ; épillets bruns, formant un seul épi terminal. Ce scirpe, que j'ai remarqué dans les prairies un peu humides, doit fournir un fourrage de qualité passable.

2. Scirpe des bois. — *Scirpus sylvaticus.* — Linné. — Herbe vivace ; tige de 4 à 8 déc., feuillée ; épillets verdâtres, en panicule très-décomposée ; bractées foliacées. Commun ; fournit un mauvais fourrage.

Le Scirpe des étangs, — *Scirpus lacustris,* — Linné, — fournit ce qu'on nomme vulgairement *Jonc,* et dont on se sert pour empailler les chaises.

## FAMILLE DES GRAMINÉES.

La famille des Rosacées se fait admirer au printemps, par ses arbres chargés de myriades de fleurs au vif éclat, et à l'automne, par les fruits succulents qu'ils nous donnent ; celle des légumineuses est précieuse pour l'alimentation de l'homme et des animaux ; la réjouissante Ampélidée donne à l'homme la force et le courage ; enfin les familles des Conifères et des Amentacées fournissent le bois propre à construire les flottes qui semblent faire la force des Empires. Malgré ces mérites incontestables, malgré le rang de supériorité qu'elles semblent occuper dans la création, ces familles ne sauraient être comparées à celle des Graminées, dont les plantes sont privées de fleurs brillantes ; ces plantes, qui sont réduites à de faibles dimensions, et que nous foulons aux pieds chaque jour et à chaque pas. Aux bords des fleuves, sur les flancs des coteaux, au sommet des montagnes, partout et toujours nous trouvons ces bienfaisantes plantes herbacées dont l'importance de premier ordre en agriculture ne saurait être mise en doute.

Reportons-nous, par la pensée, aux premiers âges du monde, et traçons à grands traits une esquisse de ces temps primitifs. Ne nous semble-t-il pas apercevoir de riants vallons produisant abondamment des graminées verdoyantes ondulant sous la brise comme une mer paisible? Voyez ces rois-pasteurs, vénérables patriarches, auxquels nos métaux précieux sont inconnus, et dont la richesse consiste en troupeaux innombrables. Leur prairie n'est point de 50 ou 100 hectares, c'est une vallée tout entière qui leur appartient par droit de premier occupant. Leur postérité devient-elle, par sa multiplication, une charge pour l'autorité qu'ils ne sauraient partager? Une colonie se sépare et va fonder un nouveau peuple. Nous les voyons encore, ces tribus nomades, remontant le cours des fleuves, jusqu'à ce qu'un passage leur permette de les franchir ; car l'industrie encore dans l'enfance ne leur a pas appris à jeter des ponts ni à construire des navires. Le fleuve franchi, s'il se présente une vallée au sol fécond, pouvant fournir aux besoins de leur famille et de leurs troupeaux, ils s'y établissent en toute sécurité, car ils n'ont rien à craindre des empiètements des voisins, et leur arrivée n'a pas été annoncée par l'électricité.

Mais laissons les choses un peu vagues des temps reculés et contentons-nous de pénétrer dans le parc des riches de nos jours ; nous y verrons les graminées employées en bordure autour de massifs éclatants de Géraniums, de Pétunias, de Cannas ou de Wiggandias au grand feuillage. Vienne l'hiver, toutes ces fleurs sont rentrées dans la serre, mais les graminées restent et forment toujours un gazon fin et serré ; s'il survient un brouillard, elles n'en souffrent pas, mais en sont embellies par les gouttelettes sans nombre qui se forment à chaque feuille. On croit généralement que les petites gouttes d'eau qui se forment au sommet de chaque plante de graminées, lorsqu'elle est bien jeune, proviennent de la rosée ; mon opinion n'est pas la même à ce sujet, car j'ai eu l'occasion de voir, dans un appartement, un pot de jeunes plantes de froment dont l'extrémité supérieure était constamment chargée de ces perles si limpides et d'un si charmant effet. Ce ne pouvait être l'effet de la rosée, mais bien plutôt le suintement ascensionnel de l'eau qui baignait le pied du pot.

Il suffit, pour faire apprécier cette famille, de dire qu'elle renferme les plantes servant de base à l'alimentation de la grande race humaine répandue sur tout le globe; pour nous, c'est principalement le blé, ailleurs c'est le riz, et en certaines contrées, le maïs; mais toujours des graminées. Elles sont rares de nos jours, les peuplades ne vivant que de chasse et de pêche.

Genre *Triticum*. — 1. Froment cultivé. — *Triticum sativum*. — Linné. — Vulgairement, *Blé*. — Dans tous les sols où peut réussir le froment, on le cultive à l'exclusion des autres céréales. Certains cantons lui conviennent mieux que d'autres ; ce sont des terrains privilégiés.

De nombreuses variétés sont venues enrichir nos cultures; j'en ai étudié un bon nombre en 1866, mais ce produit, appartenant exclusivement à la grande culture, devrait, ce me semble, être expérimenté par quantités de 20 litres au moins, de chaque variété, et traitées dans les mêmes conditions d'engrais, de culture et de terrain. Je ne crois donc pas devoir donner ici mes observations; d'ailleurs des sommités scientifiques en matière agricole ont traité ce sujet et s'en occupent encore avec une compétence sans égale.

Le cultivateur prudent doit étudier le sol qu'il cultive, car telle nouveauté faisant merveille en un lieu, peut bien être inférieure dans un autre terrain; tandis qu'une médiocrité dédaignée peut donner de bons et beaux produits. En 1863, la majeure partie de ma récolte de blé fut attaquée par la carie ; à côté, chaulé et semé au même moment, le froment rouge d'Ecosse ne fut nullement atteint. Cela me semble prouver que le changement de semence est une bonne chose.

2. F. épeautre. — *T. spelta*. — Linné. — La culture de ce froment propre aux pays froids, est inconnue dans ma

contrée. Je l'ai semé en automne et en mars ; il a également réussi dans l'une et l'autre de ces conditions. L'adhérence de la balle au grain le fait dédaigner. Ses grains placés sur deux rangs lui donnent de la ressemblance à l'orge à 2 rangées.

3. F. LOCULAR. — *T. monococum.* — Linné. — Variété propre aux terrains pauvres.

4. F. RENFLÉ. — *T. turgidum.* — Linné. — Vulgairement, *Godelle.* — Rarement cultivé dans ma contrée. Il paraît donner d'abondants produits, mais de qualité médiocre. Le rendement que j'en ai obtenu a été satisfaisant.

J'ai reçu, sous les noms de *Seigle de Barbarie* et de *Seigle de Pologne,* une céréale que des auteurs classent parmi les froments. Pendant trois années d'essai, je n'ai pu obtenir un résultat favorable ; j'y ai renoncé. Epi lâche de 12 à 14 cent.; glumes de 20 à 25 mill., arêtes de 7 à 9 cent.; grains de 10 à 12 mill., au nombre de 30 à 40 dans un épi ordinaire.

5. F. RAMPANT. — *T. repens.* — Linné. — Vulgairement, *Gramen.* — Herbe vivace, à racine traçante ; tiges de 5 à 10 déc., solitaires et éparses ; épillets sans arêtes, sur 2 rangs, formant un épi de 9 à 11 cent. Cette plante est l'une des plus nuisibles ; elles infeste les champs et fait le désespoir du cultivateur. Sans cesse proscrit et poursuivi, le gramen reparaît toujours ; ce n'est qu'après bien des labours, des hersages et des binages répétés qu'on parvient à s'en défaire. Linné l'a placé dans le genre *Froment,* mais les auteurs modernes l'ont classé dans le genre *Agropyrum.*

6. F. DES FORÊTS. — *T. sylvaticum.* — Moench. — Herbe vivace ; tiges de 5 à 10 déc.; feuil. planes, dures, rudes, velues, à gaînes de même ; fl. en épi distique. Très-commune dans les bois et les haies.

Mes souvenirs d'enfance me rappellent qu'à l'âge de sept ans, je commençais à aider à la garde d'un petit troupeau de mon père. Je remarquai que le bétail s'abstenait de manger plutôt que de pâturer le rude feuillage du froment des forêts. C'est à partir de cette époque que je me suis appliqué à observer les plantes recherchées ou refusées par les bestiaux. Ce froment porte divers noms, tels que *T. bromus, T. Festuca, T. brachypodium.*

DIGITAIRE SANGUINE. — *Digitaria sanguinalis.* — Scop. — Herbe annuelle, couchée, puis redressée ; tiges de 2 à 5 déc.; feuil. à gaînes poilues ; fl. unilatérales, imbriquées sur 2 rangs ; 3 à 6 épis dressés ou étalés, digités. Se plaît dans les terrains secs et légers ; abonde surtout dans les vignes. Elle ne lève que tard dans le printemps, et en juillet elle couvre le sol où elle nuit autant par la sécheresse qu'elle favorise que par sa qualité envahissante. Couchée sur la terre, elle retient la poussière que la pluie fait adhérer à ses parties, ce qui la fait refuser aux bestiaux.

Le genre *Hordeum* fournit des plantes plus ou moins cultivées dans nos champs. Ce sont l'Orge commune, — *Hordeum vulgare*, — Linné ; — l'Orge à six rangées, — *H. hexastichon*, — Linné, — et l'Orge à deux rangées, — *H. distichon*, — Linné. — Ces trois espèces ont fourni des variétés dont l'une est très-préconisée ; c'est l'*Orge chevalier*. Les essais que j'ai tentés dans mon sol n'ont abouti qu'à de faibles rendements.

On trouve fréquemment au pied des murs, en lieux secs, l'Orge queue de rat, — *H. murinum*, — Linné, — dont les tiges n'ont que 3 à 5 déc., formant touffe et souvent coudées à la base. Fourrage de médiocre qualité.

Le genre *Panicum* nous offre des plantes plutôt propres au midi qu'à nos départements, mais qui, prenant du développement en peu de temps, peuvent rendre de grands services comme plantes fourragères.

1. PANIC VERTICILLÉ. — *Panicum verticillatum*. — Linné. — Herbe annuelle, à tige dressée, de 3 à 5 déc.; fl. serrées en épi cylindrique. Cette plante, assez commune, vient dans les sols fertiles de nos terres à blé ; mais n'y arrivant à maturité qu'en juillet-octobre, elle est peu nuisible. Cependant elle est parfois incommode dans les récoltes sarclées.

2. P. VERT. — *P. viride*. — Linné. — Herbe annuelle, ayant beaucoup de rapport avec la précédente. Très-commune surtout dans les vignes en terrain léger ; on s'en débarrasse par des binages répétés.

3. P. D'ITALIE. — *P. Italicum*. — Linné. — Herbe annuelle, de 5 à 10 déc., à feuil. un peu rudes ; fl. en panicule. Cette plante fournit un fourrage d'été assez abondant ; mais il lui faut un bon terrain. Mes bestiaux se sont assez bien trouvés des essais que j'en ai faits. Les plantes que j'avais laissées pour porte-graines, ont été complétement dévalisées par nos petits chantres sylvains ; car les oiseaux granivores s'en sont montrés très-friands.

Une autre plante de ce genre, connue sous le nom de *Moha de Hongrie*, peut être traitée comme fourrage vert ; mon sol trop léger ne lui a pas été favorable.

Le genre *Phalaris* donne des plantes cultivées ayant beaucoup d'analogie avec les millets ; mais elles ne sont propres qu'aux contrées méridionales. On s'en sert pour nourrir les petits oiseaux en cage. Dans quelques jardins de cultivateurs, se voit le *Phalaris arundinacea*, — Linné, — dont le feuillage mêlé ou plutôt rayé de vert et de blanc la rend singulière ; cette herbe alpestre fleurit rarement chez nous.

CHAMAGROSTIS NAIN. — *Chamagrostis minima*. — Linné. — Herbe annuelle, de 2 à 8 cent.; tiges rougeâtres, filiformes, dressées ; feuil. canaliculées ; fl. en épi linéaire, un peu unilatéral. Plante mignonne, excessivement abondante et commune sur nos coteaux secs et dans les vignes. Si elle ne peut être considérée comme plante utile, on ne peut non plus lui attribuer aucun méfait.

CYNOSURE A CRÊTES. — *Cynosurus cristatus*. — Linné. — Herbe vivace ; tiges de 4 à 8 déc.; feuil. planes ; épillets garnis à la base de bractées pectinées, particularité assez étrange chez les graminées. Abondante dans nos prairies en côte où elle donne un fourrage de bonne qualité ; il serait à désirer qu'on la mulipliât dans nos prés un peu secs.

DACTYLE PELOTONNÉE. — *Dactyllis glomerata*. — Linné. — Herbe vivace, de 5 à 10 déc., à tiges dressées et racines gazonnantes ; fl. formant une panicule unilatérale, très-serrée. Assez commune dans nos prés, et quoique son fourrage soit estimé, ses tiges sont un peu grossières.

Le genre *Poa* mérite bien l'attention des cultivateurs, parce qu'il fournit beaucoup d'espèces qui croissent dans nos prés et donnent un bon fourrage.

PATURIN AQUATIQUE. — *Poa aquatica*. — Linné. — Herbe vivace ; racine stolonifère ; feuil. planes; fl. en panicule rameuse. Cette plante est très-commune dans les fossés, les réservoirs et lieux humides.

Un riche propriétaire possédant plusieurs étangs, construisit à leur proximité une petite ferme de 8 à 10 têtes de gros bétail. Il stipula, sur le bail de son fermier, une condition qui étonnera plus d'un cultivateur ; ce fermier devait fournir 70 à 80 tombereaux de fumier de sa ferme pour nourrir les poissons de ses étangs. On chargeait un tombereau à un seul cheval qui était conduit sur la chaussée.

Une barque *ad hoc* recevait le fumier ; cette barque était montée par deux hommes, dont l'un était chargé de la diriger et l'autre jetait à droite et à gauche le chargement dans l'eau. J'ignore si le procédé donna de bons résultats ; mais je sais bien que le pauvre fermier détournait ses regards lorsque son engrais était ainsi conduit dans l'eau. Il avait bien peu de prairies naturelles, encore produisaient-elles beaucoup de joncs. Il est vrai que le droit de pâturage lui était acquis sur les chaussées, les fossés et les queues d'étangs ; et je me souviens d'avoir vu ses vaches se mettre dans l'eau jusqu'au milieu du ventre, quelques-unes allaient même si loin qu'on ne leur voyait que la tête, et cela uniquement pour atteindre le Paturin aquatique, qui abondait dans ces étangs.

Ce que je viens de dire ne doit pas bien surprendre, car certains naturalistes rapportent que le buffle, espèce ruminante ayant quelque ressemblance avec nos vaches, se tient dans l'eau des marais pour se garantir des moustiques et autres insectes incommodes.

Le Paturin commun, — *Poa trivialis*, — Linné, — abonde parfois dans nos champs.

Le genre *Bromus* se compose de plantes très-communes, dont quelques-unes sont nuisibles et d'autres utiles.

1. BROME DES SEIGLES. — *Bromus secalinus*. — Linné. — Herbe annuelle de 6 à 10 déc.; panicule lâche, penchée à la maturité. Très-nuisible par son grain qui ne peut guère se trier ; au sarclage on a quelque peine à la distinguer des céréales.

2. B. RUDE. — *B. squarrosus*. — Linné. — Herbe annuelle ou bisannuelle, de 3 à 8 déc.; panicule simple, penchée à la maturité. Ce brôme est très-commun dans les champs et au bord des chemins ; son fourrage est un peu grossier.

De nos jours, se font partout des essais répétés sur le *Brôme Schrader*, qui fournit un bon fourrage dans un sol convenable ; j'en ai tenté la culture dans mon terrain léger ; elle n'a pas été satisfaisante.

3. B. DRESSÉ. — *B. perennis*. — Will. — Herbe vivace, de 5 à 10 déc.; épillets un peu rudes, oblongs, portant 5 à 10 fleurs, en panicule dressée. Cette plante est assez commune dans nos prés en côte, où elle fournit un fourrage un peu dur et grossier, mais de bonne qualité. On la trouve encore sur les rochers et au bord des champs.

Barbon pied de poule. — *Andropogon ischœmum.* — Linné. — Herbe vivace, à grosses racines fibreuses ; plante formant touffe ; feuil. de 2 déc. de longueur, ayant des poils blancs ; tige de 4 à 7 déc., à nœuds rougeâtres ; épis dressés de 6 à 10 digitations purpurines, longues de 5 à 7 cent. Plante assez rare, ne se trouvant que sur les pelouses sèches.

Houque laineuse. — *Holcus lanatus.* — Linné. — Herbe vivace, de 5 à 7 déc.; racines fibreuses ; toute la plante est velue, même les nœuds ; fl. blanchâtres en panicule. On la trouve fréquemment dans nos prés, où elle donne un bon fourrage ; elle est encore assez commune dans nos champs cultivés.

Arrhénatère bulbeuse. — *Arrhenatherum bulbosum.* — Presl. — *Avena elatior.* — Linné. — Vulgairement, *Gramen à chapelets.* — Herbe vivace formant de grosses touffes ; racines formées de plusieurs tubercules arrondis ; tiges de 5 à 10 déc., grêles, élancées, à nœuds velus. C'est surtout dans nos champs secs au terrain léger qu'abonde ce gramen. Les labours d'avril et mai le font périr, mais si l'on attend le mois de juillet, les binages et les hersages semblent le favoriser, car sa végétation n'en est que plus belle. Plus précoce que le blé, ses épis sont déjà égrenés au moment de la moisson et infestent les champs. Le cultivateur soigneux et prévoyant fera bien de faire suivre ses cultures et de faire couper les panicules du gramen à chapelets, lorsqu'il se dresse au-dessus du froment, afin de ne pas laisser mûrir leurs graines.

Mélique ciliée. — *Melica ciliata.* — Will. — Herbe vivace, de 4 à 7 déc.; racines fibreuses ; panicule dressée, allongée, interrompue à la base, blanche ; glumelles bordées de longs cils. Peu commune ; ne vient que dans les lieux arides ; elle est pâturée.

Genre *Agrostis.* — 1. Agrostis stolonifère. — *Agrostis stolonifera.* — Linné. — Vulgairement, *Traînasse.* — Herbe vivace, couchée et s'enracinant à chaque nœud ; feuil. planes ; languettes frangées ; panicule étroite et serrée ; glumelle sans arête. La traînasse est une bonne plante des prés sableux et humides ; sa végétation prolongée la rend précieuse. Dans nos champs humides et légers, elle devient très-incommode ; on la voit parfois envahir tout le sol et nuire considérablement aux récoltes sarclées, dans le court espace de temps qui s'écoule entre le semis ou la plantation et la récolte.

2. Agrostis jouet du vent. — *A. spica venti*. — Linné. — Vulgairement, *Fenasse*. — Herbe annuelle, à racines fibreuses ; tiges dressées de 7 à 11 déc.; feuil. graminées, planes et rudes ; languettes scarieuses ; panicule ample, à rameaux ouverts. J'ai vu un cultivateur qui, possédant un champ de bonne qualité, se piqua d'honneur pour le cultiver. Outre un labour très-profond, il l'amenda avec de la colombine (fiente de pigeon) ; mais le printemps fut pluvieux et favorisa la fenasse, de telle sorte que, quand vint la moisson, il fut obligé de faucher sa récolte pour fourrage ; tandis que ses voisins, ayant moins bien travaillé et moins fumé, eurent encore une récolte passable. Il est vrai que c'est l'un de ces cas exceptionnels qui ne se présentent que rarement.

Cynodon digité. — *Cynodon dactylon*. — Pers. — Herbe vivace, à racine traçante et envahissante ; chaumes rares, de 2 à 4 déc.; feuil. disposées sur 2 rangs opposés ; épis digités, au nombre de 4 ou 5 ; rougeâtres, à fl. unilatérales. Ce gramen est le plus rebelle de tous à la destruction ; le plus petit fragment de racine suffit pour le reproduire, et j'ai vu des défoncements, où il avait été enfoui à une grande profondeur, être infestés de ses plantes vigoureuses et presque indestructibles. J'ai un pré sec dont il s'est emparé ; on ne le voit pas au printemps, car il reste caché sous d'autres herbes ; mais après la fauchaison, le sol est tout blanc de ses feuilles que la sécheresse fait pâlir. Son fourrage est assez bon.

## FAMILLE DES POTAMÉES.

1. Potamot flottant. — *Potamogeton fluitans*. — R. — Herbe aquatique, vivace, plus ou moins longue, selon la profondeur de l'eau où elle croît ; racines drageonnantes ; feuil. alternes, pétiolées, flottant à la surface du liquide ; épi cylindrique venant s'épanouir au-dessus de l'eau. Afin d'étudier cette plante, j'en jetai un jeune pied dans une petite pièce d'eau près de mon habitation ; au bout de trois ans l'eau était, en été, couverte de son feuillage. Quelque temps après j'avais quelques réparations à faire à ce réservoir, et j'essayais d'en extraire la plante que j'y avais intro-

duite et qui était devenue trop abondante ; mais, malgré mes efforts, elle a persisté.

2. Potamot à feuilles crispées. — *P. crispus.* — Linné. — Herbe aquatique, vivace, à racines abondantes au fond de l'eau ; feuil. sessiles, oblongues et ondulées sur les bords, entièrement submergées comme toute la plante. Toutes les plantes de cette famille n'offrent aucun intérêt en agriculture ; elles sont très-nombreuses et toutes particulières aux lieux inondés ; se trouvent fréquemment dans les étangs.

### FAMILLE DES LEMNACÉES.

Elle est tout à fait inutile à l'agriculture ; ce sont ces petites feuilles solitaires ou réunies qui flottent sur l'eau des mares et des fossés. Elles ont tout au plus 2 ou 3 mill. de diamètre, et ont une petite racine dans l'eau, longue de 8 à 12 mill.

### FAMILLE DES ÉQUISÉTACÉES.

La *Prêle commune* est trop répandue et ne présente pas assez d'intérêt, pour qu'il soit utile de s'étendre sur cette espèce et ses variétés.

### FAMILLE DES FOUGÈRES.

Cette famille offre beaucoup plus d'intérêt au botaniste qu'à l'agriculteur ; car ce dernier ne regarde qu'avec indifférence les différentes espèces qui croissent dans les fentes des rochers et des vieux murs, tandis que l'amateur en botanique y trouve une série de nombreuses observations.

Ophioglosse commune. — *Ophioglossum vulgatum.* — Linné. — Herbe vivace, à racines étalées ; tige de 1 à 3 déc.; feuil. unique, très-entière, un peu concave, longue de 5 à 7 cent. sur 3 à 4 de largeur ; la fructification est disposée sur 2 rangs, en épi allongé. Cette petite plante est considérée comme curieuse plutôt que comme utile ; elle est rare ; mais elle abonde dans les prés humides de ma propriété.

La Doradille polytric, — *Asplenium trichomanes,* — et la Doradille septentrionale, — *Asplenium septentrionale,* — sont assez communes sur les vieux murs et les rochers.

La grande Fougère des bois ou Polystic fougère mâle, — *Polystichum filix mas*, — Roth., — offre plusieurs avantages : elle fournit de la litière à des pauvres gens qui n'ont pas de paille ; elle donne un air de propreté à l'emballage de divers fruits ; enfin, elle fournit une végétation à certains revers de collines dépourvues d'arbustes. Mais parmi nos cultures, j'ai vu ses racines traçantes enfouies à de très grandes profondeurs, créer de sérieuses difficultés pour arriver à leur destruction et empêcher leur envahissement. Le fond de nos vallons, nos coteaux, le sommet même de nos montagnes sont amplement pourvus de cette plante qui devient parfois assez incommode.

La Scolopendre officinale, — *Scolopendrium officinale*, — Sm., — émet une ou plusieurs feuilles entières de 1 à 5 déc.; plante curieuse et peu commune ; bois couverts, entre les rochers.

Dans le bassin houiller de la Loire, on voit souvent, sur les débris des carrières, des empreintes de fougères pétrifiées. Elles sont parfaitement reconnaissables, et, inscrutées soit dans la pierre, soit dans la houille ; il est facile de se convaincre de la parfaite identité de cette reproduction, en les comparant à nos vraies fougères. Quelques fragments de houille que j'ai recueillis sur les lieux, à Rive-de-Gier, ne m'ont laissé aucun doute à ce sujet. Les visiteurs qui entrent pour la première fois au palais des Arts, à Saint-Etienne, ne peuvent s'empêcher d'admirer les énormes blocs de charbon qui y sont déposés et sur lesquels sont parfaitement visibles les empreintes des fougères fossiles.

## FAMILLE DES LYCOPODIACÉES.

Ce n'est que pour mémoire que je cite le LYCOPODE à feuilles de genévrier, — *Lycopodium annotinum*, — Linné. — Cette plante se rapproche beaucoup des Mousses, par son port et sa forme ; mais ne croissant que dans les bois des hautes montagnes, elle n'offre guère d'intérêt qu'au botaniste, qui la trouvera au saut du Gier, à Pilat, où je l'ai cueillie.

FIN.

Paris, librairie. — Mirecourt, imp. Humbert.

# TABLE DES MATIÈRES

DES PLANTES UTILES ET NUISIBLES EN AGRICULTURE.

|  | Pages |
|---|---|
| Avant propos | 3 |
| Famille des Renonculacées | 5 |
| — des Berberidées | 10 |
| — des Magnoliacées | 11 |
| — des Nymphéacées | 11 |
| — des Papavéracées | 12 |
| — des Fumariacées | 15 |
| — des Crucifères | 15 |
| — des Cistinées | 28 |
| — des Violariées | 30 |
| — des Résédacées | 32 |
| — des Polygalées | 33 |
| — des Droséracées | 33 |
| — des Caryophyllées | 33 |
| — des Linées | 40 |
| — des Malvacées | 41 |
| — des Aurantiacées | 43 |
| — des Hypéricinées | 44 |
| — des Tilliacées | 45 |
| — des Acérinées | 46 |
| — des Oléinées | 46 |
| — des Hyppocastanées | 50 |
| — des Ampélidées | 51 |
| — des Géraniacées | 65 |
| — des Oxalidées | 66 |
| — des Balsaminées | 67 |
| — des Rutacées | 68 |
| — des Célastrinées | 68 |
| — des Rhamnées | 69 |
| — des Térébinthacées | 70 |
| — des Légumineuses | 70 |
| — des Rosacées | 112 |
| Extrait de la famille des Solanées | 118 |

## TABLE DES MATIÈRES.

| | |
|---|---|
| Suite de la famille des Rosacées | 135 |
| Famille des Onagrariées | 161 |
| — des Lythraires | 163 |
| — des Tamariscinées | 163 |
| — des Cucurbitacées | 164 |
| — des Paronychiées | 170 |
| — des Portulacées | 171 |
| — des Crassulacées | 171 |
| — des Cactées | 173 |
| — des Grossulariées | 173 |
| — des Saxifragées | 174 |
| — des Ombellifères | 175 |
| — des Caprifoliacées | 178 |
| — des Hédéracées | 180 |
| — des Loranthées | 180 |
| — des Rubiacées | 181 |
| — des Valérianées | 182 |
| — des Dipsacées | 183 |
| — des Composées | 183 |
| — des Campanulacées | 196 |
| — des Vacciniées | 197 |
| — des Ericacées | 197 |
| — des Monotropées | 198 |
| — des Primulacées | 198 |
| — des Apocynées | 199 |
| — des Gentianées | 200 |
| — des Convolvulacées | 200 |
| — des Solanées | 201 |
| — des Borraginées | 204 |
| — des Verbénacées | 206 |
| — des Labiées | 208 |
| — des Bignoniacées | 214 |
| — des Personnées ou Anthyrinées | 215 |
| — des Orobanchées | 219 |
| — des Plombaginées | 219 |
| — des Plantaginées | 219 |
| — des Amarantacées | 220 |
| — des Chénopodées | 220 |
| — des Polygonées | 221 |
| — des Phytolacées | 223 |
| — des Thymelacées | 223 |
| — des Laurinées | 224 |

## TABLE DES MATIÈRES.

| | |
|---|---|
| Famille des Euphorbiacées. | 224 |
| — des Urticées. | 225 |
| — des Artocarpées | 227 |
| — des Ulmacées | 227 |
| — des Juglandées | 228 |
| — des Amantacées | 229 |
| — des Conifères | 238 |
| — des Asparagées | 243 |
| — des Aroidées | 243 |
| — des Amaryllidées | 245 |
| — des Liliacées | 247 |
| — des Colchicacées | 254 |
| — des Iridacées | 254 |
| — des Commelinacées | 255 |
| — des Orchidées | 255 |
| — des Joncées | 257 |
| — des Cypéracées | 259 |
| — des Graminées | 261 |
| — des Potamées | 269 |
| — des Lemnacées | 270 |
| — des Equisétacées | 270 |
| — des Fougères | 270 |
| — des Lycopodiacées | 271 |

FIN DE LA TABLE.

# En vente
## à la Librairie HUMBERT, à Mirecourt (Vosges)

FRANCO PAR LA POSTE

**Économie (l') rurale** d'après Xénophon, à l'usage des Cultivateurs, des Membres des Comices agricoles, des Instituteurs et des Élèves des écoles primaires, par M. DEFRANOUX. 1 volume in-18. Prix............ 50 c.

**Étude de la Rupture des Bourgeons** à l'état herbacé. Dessin et texte, planche lithographiée, par M. TROUILLET. In-folio. Prix.......... 50 c.

**Greffe-Laurent**, planche in-4° avec 5 dessins représentant, sur toutes les faces, la nouvelle manière de greffer sur le tronc même de l'arbre. Prix............................................................ 20 c.

**Livre (le) d'Or, fortune des campagnes**. Conseils et leçons en histoires donnés par le Père Lebon, ancien berger au Val-d'Ajol, chevalier de la Légion d'honneur, capitaine en retraite, par D. HUMBERT. Prix..... 1 fr.

**Notions préliminaires d'arboriculture** à la portée de tout le monde. Conseils pratiques, par M. TROUILLET. Prix................................. 50 c.

**Nouvelle Culture de la pomme de terre**, méthode Folcher. Cette méthode a été l'objet d'un rapport adressé à S. Exc. M. le Ministre du Commerce et de l'Agriculture, par une Commission d'agronomes. — Par décisions ministérielles, un encouragement de 1,000 francs a été donné à l'auteur. Dessin de la plantation d'un champ et texte, planche lithographiée, in-folio. Prix............................................................ 1 fr.

**Prédications agricoles**, destinées à guider les instituteurs et les praticiens instruits dans l'enseignement de l'agriculture, à l'école, à la veillée et dans les conférences instituées au village. 4 volumes, format charpentier. Prix............................................................ 3 fr.

**Recherches sur la Culture du merisier** et la fabrication du kirsch, par J.-C. CHAPELLIER. 1 volume in-12. Prix........................... 1 fr.

**Régénération de la Vigne** par une nouvelle plantation, la plus conforme aux lois connues de la végétation, par M. TROUILLET. Brochure in-12. Prix............................................................ 75 c.

**Transformation des Inondations** en de fécondes irrigations, ou l'agriculture rendue florissante par l'emploi des eaux pluviales, au moyen d'un système perfectionné de labourage horizontal, d'un système de plantations irriguées et de bassins irrigateurs, par M. F. D'OLINCOURT. 1 volume in-12. Prix............................................................ 2 fr.

**Vie (la) des Champs** comparée à celle des villes, ou la désertion de nos campagnes jugée au tribunal du sens commun, par M. A. LEROY, agronome praticien. 1 volume grand in-32............................... 30 c.

Mirecourt, imp. Humbert.